U0322031

国家精品课程主干教材

普通高等教育电子通信类国家级特色专业系列规划教材

# 现代交换原理

张　毅　余　翔　韦世红
唐　宏　胡　庆　编著

科学出版社

北　京

# 内 容 简 介

本书为国家精品课程主讲教材。全书共 7 章,第 1~2 章为交换基础,讲解交换的共性内容;第 3 章为电路交换系统,介绍经典的电路交换原理和思想;第 4 章为通信网与 No.7 信令系统,介绍通信网络结构和信令系统,树立全程全网的概念;第 5 章为数据分组交换,介绍分组交换思想和 IP 化的基础知识;第 6~7 章为软交换与 IMS 技术,介绍当前正在使用的交换技术和今后的发展方向。本书各章后有综合性的思考题,以促进学生主动思考和对知识的融会贯通。

本书可作为通信专业、电子信息专业的教材,也可供相关工程技术人员参考。

**图书在版编目(CIP)数据**

---

现代交换原理/张毅等编著. —北京:科学出版社,2011.11

(普通高等教育电子通信类国家级特色专业系列规划教材·国家精品课程主干教材)

ISBN 978-7-03-032664-5

Ⅰ.①现… Ⅱ.①张… Ⅲ.①通信交换-高等学校-教材
Ⅳ.①TN91

中国版本图书馆 CIP 数据核字(2011)第 224855 号

---

丛书策划:匡 敏 潘斯斯
责任编辑:潘斯斯 / 责任校对:张怡君
责任印制:徐晓晨 / 封面设计:迷底书装

**科 学 出 版 社**出版

北京东黄城根北街 16 号
邮政编码:100717
http://www.sciencep.com

**北京东华虎彩印刷有限公司** 印刷

科学出版社发行 各地新华书店经销

\*

2012 年 1 月第 一 版 开本:787×1092 1/16
2018 年 5 月第六次印刷 印张:17 3/4
字数:450 000

**定价:59.00 元**

(如有印装质量问题,我社负责调换)

# 前　言

交换是通信系统的核心,因此,"交换原理"是通信专业的骨干课程,是掌握通信系统的重要专业基础课程。2007年,学校交换课程组老师编写了《电信交换原理》教材,使用至今。但交换技术本身的发展变化迅速,为了使学生的学习内容紧跟专业技术的发展,也为了方便教师们授课,我们在原有《电信交换原理》的基础上,根据这几年交换技术的发展,重新编写而成本书。本书的内容变动与交换领域的商业技术发展一致:减少电路交换的内容,删除一些电路交换的细节,只保留电路交换的基本原理和交换思想;增加分组交换原理、以太网工作原理、IP网络功能原理;增加软交换、IMS网络结构、网元、网络协议等方面的内容。

目前,运营商对通信网络的改造,已完成了从基于传统的电路交换技术到基于软交换技术的改造,只在网络的边缘保留一些传统的PSTN的交换端局。随着网络交换技术的发展,交换的内涵发生了很大的变化。原有程控交换设备上的交换主要完成呼叫控制、寻址和路由的功能,在NGN网络中,这些功能被分离到了不同的网络层面的设备实现,如寻址和路由分离到了传送层,呼叫控制功能分离到了控制层。因此,不仅仅是分组承载网络中的交换属于传统交换的范畴,控制层中的呼叫控制也属于传统交换技术的范畴,只不过在现代网络中,技术分工更细,原有集成在程控交换机上的、类似于黑盒子一样封闭的技术,在NGN网络中随着网络功能的分离一起被分离成多种设备和协议。这要求学生掌握更多的网络结构形式、协议种类以及相关设备的工作原理,从市场调研结果看,社会需要的也是掌握分组网络、掌握软交换和IMS技术的人才。

本书的编写的思路是,给读者树立交换原理的整体框架,注重理清各种交换技术的背景、交换思想及它们之间的区别和联系,使读者能尽量抓住各种交换技术和实现方式的实质;突出各种交换技术的发展背景,从其历史背景和不同的具体实现技术中提炼出基本的交换原理,重点在交换思想层面的理解;强调信号在整个通路中的流程和控制方法,不拘泥于具体的技术细节。

本书分4部分来组织内容。

第1部分是交换的基础,包括第1~2章。主要介绍整个交换技术的基础,重点在于从交换的发展和历史背景中理解为什么需要交换,交换的根本作用是什么,交换在通信系统中处于什么样的地位;交换技术发展到今天,主要的交换方式有哪些;交换中的核心部件——交换网络的实现方式,以及其他与交换相关的基础内容。

第2部分是电路交换及信令,包括第3~4章。主要介绍经典的电路交换方式,电路交换机的硬件结构、软件结构,以及信令系统。

第3部分是分组交换基础和相关交换技术,包括第5章。主要介绍另一大类交换方式——分组交换的基本思想和原理,分组交换是目前各种具体交换技术的公共基础,这里重点把它作为一大类交换方式,介绍其基本原理和思路,并在思想和方法上与前一大类交换方式——电路交换方式比较异同,作为理解后续具体交换技术的基础。由分组交换思想发展出来的局域网交换技术、IP路由交换技术、ATM交换技术、IP交换技术、多协议标记交换技术都在这一章进行介绍。

第4部分是软交换和IMS,包括第6~7章。其中第6章介绍软交换技术,包含软交换的网络体系结构、媒体网关控制协议和SIGTRAN协议,媒体网关控制协议重点介绍当前网络中使用最多的H.248协议。第7章介绍IMS技术,重点介绍IMS的网络架构和SIP协议。

　　本书第 1 章、第 2 章由张毅编写；第 3 章由张毅、余翔、唐宏编写；第 4 章由胡庆编写；第 5 章由余翔编写；第 6 章、第 7 章由韦世红编写。在此感谢卢威、毛岩琪同学收集整理了大量资料，并绘制了相关的插图，协助完成本书的编写工作。

　　为了配合教师授课，本书配备了多媒体课件，可赠送给任课教师。

　　由于编者水平有限，书中不妥之处在所难免，恳切希望广大读者批评指正。

　　联系方式 E-mail：yizhang@cqupt.edu.cn

编　者

2011 年 11 月

# 目　　录

# 第1章 交换技术概论

本章主要讲解交换技术的基础和基本概念。首先让读者明白通信网络为什么需要交换机，然后从交换的发展和历史背景中理解交换的根本作用，以及交换在通信系统中的地位，最后从技术角度讲述目前的一些主要交换方式。

## 1.1 交换的基本概念

### 1.1.1 为什么需要交换

众所周知，人们说话的声音可以在空气中传播，它主要靠声波来传播，但它传播的距离很有限。从古代的烽火台、驿站快马传递等通信手段，到近代利用电信号发明的电报，人们也可以进行一些远距离的通信，但这些通信手段有不少先天缺陷，受制约的因素很多，难以得到进一步发展。真正面向大众且能实时交互的通信是从发明电话机时开始的。1876 年，贝尔利用电磁感应原理发明了电话，把声音信号转换成电信号，利用金属导线作为媒介，才实现了远距离实时通话，其原理示意图如图 1-1 所示。

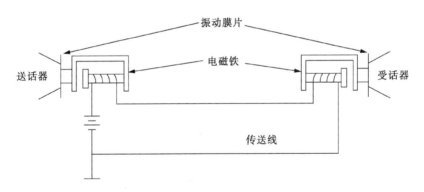

图 1-1　贝尔第一部话机原理示意图

参考图 1-1，是否会联想起中学做过的电磁感应实验？该话机的结构非常简单，其工作原理是：在一个电磁铁上装上振动膜片，说话时声波引起振动膜片的振动，从而使铁芯与衔铁之间的磁通产生变化，使线圈中产生相应变化的感应电流（完成声/电的转换），这个变化的电流流过另一只电磁铁的线圈，使得电磁铁底部的振动膜片按照电流的变化规律产生振动（完成电/声的转换），膜片振动产生声音送到人耳。

在该装置中，语音信号以电的形式在线路上传送，同时称连接两个话机的这一对线为一条线路。这种概念至今仍然在使用，现在的一对用户线、一对中继线仍然称为一条线路。

因此，可以给电话下一个定义，电话是用电信号来传送人类语言信息的一种通信方式，这种通信方式称为电话通信。

这种两个话机直连的方式只能实现固定的两个人之间的通话，远远不能满足人们的通信要求,人们需要的是任意人之间都能进行通信,那应该如何实现? 假如 5 个人都有电话机,这 5 部电话机应该如何连接起来才能实现他们之间任意通话呢? 自然的想法是将 5 部电话机全部两两相连,即可实现互相之间的任意通话,如图 1-2 所示。

由图 1-2 可知,5 部电话之间要实现任意两两电话之间互通,就需要任意两两电话之间都有连线,即连接 5 部电话需要 $C_5^2 = 10$ 条线路,$N$ 部电话需要 $C_N^2 = N(N-1)/2$ 条线路,若有 10 000 部电话,则需要 $C_{10\,000}^2 \approx 5 \times 10^8$ 条线路。我国有 4 亿个电话用户,由此可计算这样需要多少线路。由此可知,这种方法存在以下几个问题。

(1)随着用户数的增加,用户线路条数急剧增大,呈指数增长,不满足经济性要求,也难以施工。

(2)在实际连接中,每个话机不可能同时都与其他话机相连,否则打电话就成广播了。那么每次通话前,被叫用户如何知道哪个用户需要与他通话,从而将他对应的线路连通?

(3)每新增加一个电话机,都需要与前面的所有电话进行连线。这不仅麻烦,更重要的是也承担不起这种费用。如我国已有 4 亿固定用户,若新增加一部话机,则需要与前面所有 4 亿用户进行协商和连线,这完全是无法实现的事情。

因此,这种连线方法没有任何实用价值。因此,怎样才能解决这个问题呢?

解决的办法是采用中央交换的方法,在用户分布区域中心安装一套公共设备,称为交换机,其连接方式如图 1-3 所示。

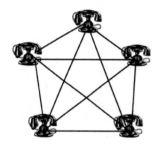                                              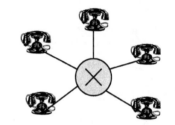

图 1-2  两两相连示意图                      图 1-3  采用交换机连接的示意图

这种连接方式,每个话机只与交换机连接,这种线路称为用户线。这样,线路数从原来的 $N(N-1)/2$ 变成 $N$,新增用户也只需增加他所属的那一条用户线路即可。各个话机通过中心交换机实现相互连接,当任意两个用户要通话时,由交换机利用其内部的公用线路将他们连通,通话完毕后将公用线路拆除(也称为释放链路),把该公用线路再提供给其他用户通话使用。

这就是交换机产生的关键原因,通过以上的分析也可以得出交换的一些基本思想。

## 1.1.2  交换的基本功能和要求

根据前面的分析,结合生活中一个完整的打电话接续过程,可以得出交换机必须具备的功能有以下几点。

(1)交换机能及时发现用户的呼叫请求,并向用户发出拨号音,以指示用户可以进行下一步操作——拨被叫电话号码。

(2)交换机能及时正确理解主叫用户呼叫的目的地,即接收该用户发来的被叫电话号码。

(3)交换机能根据接收到的被叫电话号码进行分析,判别出被叫用户的位置,然后进行路由选择。

（4）交换机能判别被叫用户当前的忙闲状态。若被叫用户忙,能向主叫用户发送忙音提示。若被叫用户空闲,交换机应能向主叫用户发送回铃音,作为状态指示,同时能发送信号通知被叫用户有电话呼入,即振铃指示。

（5）交换机能及时检测被叫摘机应答信号,并选择一条内部的公用链路建立主叫用户和被叫用户之间的连接,使双方进入通话状态。

（6）在通话过程中,交换机能随时监控通话状态,及时发现用户的挂机信号,并拆除这对连接通路,释放刚才选用的内部公用链路,供其他用户选用。

从总体上看,交换机完成的通话接续还应该满足以下两个基本要求。

（1）能完成任意两个用户之间的通话接续,即具有任意性。

（2）在同一时间内,能使若干对用户同时通话且互不干扰。

### 1.1.3 交换的作用和地位

前面提到交换机可以将很多用户集中连接在一起,通过它来完成任意用户之间的连接。但是一个交换机能连接的用户数和覆盖的范围是有限的,因此需要用多个交换机来覆盖更大的范围,如图 1-4 所示。这样就存在两种传输线,一种是电话机与交换机之间的连线,称为用户线;另一种是交换机与交换机之间的连线,称为中继线。用户线是属于每个用户私有的,采用独占的方式;中继线是大家共享的,属于公共资源,因此希望它的利用率高,能为更多的通话服务。二者的传输方式不同,这将在后续的章节中讲解。

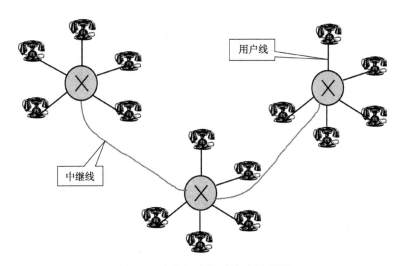

图 1-4　交换机之间的连接示意图

交换机与交换机的连接方式有网状网、环型网、星型网和树型网,以及用这些基本网络形式构成的复合网,具体的网络结构将在第 5 章讲解。

通过交换机相互进行连接和扩展,最终形成一个完整的覆盖全球的通信网。整个通信网主要由三大部分组成,即用户终端设备、传输设备和交换设备,如图 1-5 所示。

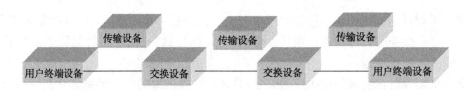

图 1-5　通信网的三大组成部分

用户终端设备是与用户打交道的设备,是人们利用通信网络的基本入口,主要完成信号的发送和接收,以及信号变换、匹配等功能。

传输设备是用来将用户终端设备和交换设备,以及多个交换设备相互连接在一起的传输媒介,主要完成信号的远距离传输,以及信号转换、匹配等功能。

交换设备是完成前面所讲述的连接功能的设备,主要完成信号的交换,以及结点链路的汇集、转接、分配等功能。

从网络图论的角度看,交换设备是点,传输设备是边,点是网络的核心,所以交换设备是通信网的核心,其基本作用就是为网络中的任意用户之间构建通话连接,类似于交通网中的枢纽站和立交桥,起着关键的作用。

## 1.2　交换的发展

从 1876 年贝尔发明电话和 1878 年发明第一个交换机开始,电话交换已经从电路交换方式发展到了分组交换和包交换阶段,但整个交换是从电路交换方式发展起来的。其中,电路交换方式的整个发展又经历了三个发展阶段:人工交换阶段、机电式自动交换阶段、电子式自动交换阶段。下面分别介绍这几个阶段的主要特点,并从这几个交换阶段的发展过程中体会交换的本质思想和实现原理。特别是人工交换阶段,虽然它很原始,功能很简单,但它却能最直观地反映出交换的本质思想。通过对人工交换的学习,既可以理解交换的原理,也可以了解交换的起源。

### 1.2.1　人工交换阶段

1878 年,美国新港市出现了世界上第一台人工交换机,它是磁石式人工交换机,其结构如图 1-6 所示,每个用户话机通过用户线连接到交换机的用户塞孔上,每个塞孔对应一个用户号牌,用来指示该用户的呼叫情况。当用户通过话机发来呼叫信号时,用户号牌掉下来,提示话务员有用户请求呼叫。交换机的操作平台上有若干公用的线路,在这里称为绳路,绳路两端各有一个塞子,一端称为应答塞子,另一端称为呼叫塞子。将绳路两端插入两个用户塞孔,就

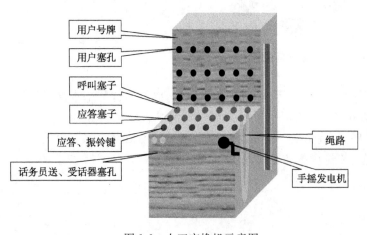

图 1-6　人工交换机示意图

可为这两个用户之间构建一条连接通路。同时,每条绳路对应一个应答、振铃键,通过该键的转换,可以将话务员的话机和手摇发电机连接到对应的绳路,用于话务员与用户之间的交流和向用户发送振铃音。

下面以 1 号用户呼叫 3 号用户为例,说明人工交换机的工作原理和过程。

(1)1 号用户为主叫,他通过话机上的手摇发电机送出呼叫信号,使交换机上 1 号用户塞孔上对应的用户号牌掉下来。

(2)话务员看到该呼叫信号后,选择一条空闲的绳路,将其应答塞子插入主叫 1 号的用户塞孔,并扳动应答键,用话机应答主叫,询问 1 号用户所需的被叫号码(这里假设为 3 号用户)。

(3)话务员将刚才选择绳路的另一端(呼叫塞子)插入 3 号用户塞孔,扳动振铃键,用手摇发电机向 3 号用户发送呼叫信号。

(4)3 号用户接收到呼叫信号(振铃音),摘机应答,1 号用户和 3 号用户通过话务员选择并连接的绳路即可进行通话。

(5)话务员间断地监听用户之间的通话是否还在进行,若通话已经结束,则及时拆下绳路,将该绳路复原,再次用于其他用户之间的连接。

分析上述人工交换机的接续过程,可以归纳出如下的基本功能。

- 检测主叫用户的呼叫请求;
- 建立电话交换机到主叫用户的临时通路,通过此通路获得被叫用户信息;
- 通过振铃呼出被叫用户;
- 为主、被叫建立通话通路;
- 检测通话结束,释放通路。

在人工交换系统中,话务员的工作内容可以归纳为如下三点。

- 进行主叫检测后,判断该主叫是否有呼出权限;
- 向被叫振铃前,判断该被叫是否正与其他用户通话;
- 建立通路前,判断是否存在空闲的绳路等。

接入磁石交换机的用户话机自带一个手摇发电机,用于发出呼叫请求。同时,用户自备一个直流电池,因为电话线上没有直流信号,语音信号的能源取自用户的自备电池。

后来将磁石交换机改进成了共电式交换机,取消了磁石交换系统中的自备电池和手摇发电机,由交换机统一馈送铃流和直流电,这种方式一直沿用至今,而且称这种由交换机统一供电的方式为中央馈电,这个术语一直沿用至今。

共电交换机连接的话机为共电式电话机,用户利用摘机或挂机所产生的直流信号来表示呼叫或表示通话完毕。这里所说的直流馈电情况是:当用户话机处于挂机状态时,共电交换机向用户馈送的馈电由于没有形成直流回路,也就没有产生电流;当用户话机摘机后,相对交换机而言,等于接入了一路负载,从而引起了馈电回路电流的变化,只要交换机采集到电流的变化,就知道用户话机处于何种状态。所以,在共电交换系统中,直流馈电的作用有两点:一是检测用户摘机状态,向话务员发出呼叫信号;二是为用户通话提供所需的工作能源。现代的交换系统中仍然是采用这种方式。

在人工交换系统内,无论是磁石式或是共电式,其核心的工作还是由人工完成。它所具备的优点是设备简单,安装方便,成本低廉。缺点是容量小,需要占用大量的人力;话务员工作繁重,接线速度慢,易出错,劳动效率低。

虽然人工交换机的接续过程很简单,但它直观地反映出了交换机的整个思想,后来发展的交换机仅是在具体实现和性能上进行了改进,其交换的原理和思想还是未变。一些术语和用户线上的接口标准,如中央馈电、摘/挂机、振铃、主/被叫等,一直都还在电话系统中使用。

### 1.2.2 机电式自动交换阶段

为了克服人工交换机的缺点,交换机逐步向自动交换发展。由前面人工交换的过程分析可知,要实现自动交换,必须解决两个关键问题。

一是要为每个用户话机编号,同时话机要能发出号码。因为人工交换机靠话务员来询问被叫的号码,而自动交换不需要话务员,必须由主叫话机向交换机发出它能识别的号码。

二是交换机如何识别电话机发来的号码。

机电式自动交换机的典型代表是步进制交换机和纵横制交换机。

#### 1. 步进制交换机

第一部自动电话交换机出现在 1892 年,发明人是美国人史端乔。他原是一个殡仪馆老板,每当有死者的家属向话务员(人工台交换)说明要接通一家殡仪馆时,那个话务员总是把电话接到另一家殡仪馆,他因此失掉了很多生意。史端乔很气愤,为此,他发誓要发明一种不用人转接的自动交换机,并于 1892 年 11 月 3 日取得了成功,他发明的步进制自动电话交换机正式投入使用,又称为史端乔交换机。

1892 年,人们对电信号的控制还处于简单的交流和直流方式,远远达不到现在数字时代的水平,因此,表示号码的最直接方式就是类似古人通过在绳子上打结计数的思想一样,在一条光滑的绳子上打一个结就表示 1,打两个结就表示 2。对电信号也一样,在平直的直流电平波形上断开一次即可表示 1,断开两次即可表示 2。这就是当时用来表达号码的脉冲串方式。因此,话机上增加了一个称为拨号盘的部件,用户通过拨号盘控制电话机直流馈电环路的通断而产生断续的脉冲电信号来表示号码,即号码 1、2、3、4、5、6、7、8、9、0 分别用 1~10 个等宽的断续脉冲来表示,用这个方法就解决了前面所述的关键问题之一。1896 年,美国人爱立克森发明了旋转式电话拨号盘。

关键问题之二的交换机,主要采用一种称为选择器的部件来实现接收号码的功能,选择器由电磁控制的机械触点组成,它的动作可以由拨号盘产生的拨号脉冲直接控制,接收电话机发来的断续脉冲,并根据脉冲个数进行相应步长的运动,从而将主被叫用户连通,其结构示意图如图 1-7 所示。

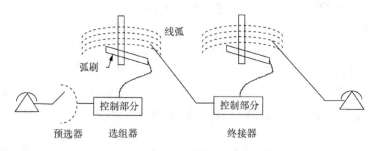

图 1-7  步进制交换机结构示意图

步进制交换机主要由预选器、选组器、终接器组成。每一个用户配一个预选器,它是一种旋转形的选择器;选组器和终接器公用,它是一种先上升后旋转的选择器。

下面以用户拨打 236 这个号码为例来简单了解步进制交换机的接续过程。

(1)主叫摘机,与主叫用户相连的预选器随即自动旋转,在它所连接的选组器中寻找一个空闲的选组器,找到空闲的机键时,即停止旋转,占用这一选组器,由选组器向用户送拨号音,通知用户可以拨号。

(2)主叫用户听到拨号音,首先拨被叫用户的第一位号码"2",送出两个脉冲,选组器的弧刷即上升到第二层,同时停送拨号音,然后在第二层上自动旋转寻找空闲出线,找到后停止旋转,占用第二号组的终接器。

(3)主叫用户拨第二位号码"3"时,终接器的弧刷随之上升到第三层;拨第三位号码"6"时,终接器的弧刷再在第三层旋转 6 步,接到被叫用户 236 的电话机上,由终接器向被叫用户振铃,同时向主叫用户送回铃音,表示已经接通被叫。

(4)被叫用户听到铃声后摘机应答,终接器停止振铃,把供电桥路接通到被叫用户,双方即可通话。

(5)通话结束双方挂机后,各级电路均自动复位。

步进制交换机中的选择器主要由继电器和接线器构成,这也是被称为机电式自动交换的原因。同一时期也出现了基本原理相同但基本部件有些差异的其他类型。步进制交换机的主要特点是由用户拨号脉冲直接控制接线器的动作,脉冲的发送、接收、选线同时进行,其选择器既是控制部分同时又作为话路链路,因此称为直接控制方式。

2. 纵横制交换机

由于步进制交换机存在机械动作幅度大、噪声大、维护工作量大、接线速度慢、故障率高、杂音大和控制电路利用率低等缺点,后来人们又研究出了纵横制自动交换机。

图 1-8 纵横制交换机的组成

1926 年,第一台纵横制自动交换机在瑞典开通。它将话路部分与控制部分分开,这同人工交换机一样,不同的是控制部分的人变成了机电设备,如图 1-8 所示。

话路部分由用户电路、交换网络(纵横接线器)、出/入中继、绳路组成。控制部分由标志器、记发器组成,如图 1-9 所示。

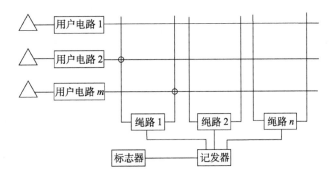

图 1-9 纵横制交换机结构示意图

纵横制交换机话路部分的核心组成部分是由纵横式接线器组成的交换网络,它通过纵棒与横棒的结合来构成接续链路,比步进制中的选择器行进的物理距离短很多,因而噪声小,故障率低。它的特点是采用间接控制方式,话路设备和控制设备分立,话路设备只负责接通话路,在通话的整个过程中一直被占用,数量较多,以满足用户可能出现的最大通话数量;控制设备公用,数量较少,因而有很高的利用率。

### 1.2.3　电子式自动交换阶段

纵横制交换机中最复杂的就是控制部分,它是一种逻辑布线控制方式,由事先设计并连接好的线路来控制,一旦做好后就难以修改,很不灵活。后来,随着计算机技术的发展,使用计算机即可进行交换控制。20 世纪 60 年代中期,美国 AT&T 公司开通了世界上第一部存储程序控制的空分制电话交换系统,即 1ESS 电子交换机。与纵横制交换机相比,它的交换部分变化不大,但其控制部分则使用了计算机。

随着数字技术和光纤技术的发展,在电话中继线路上,信息的传送逐渐由模拟向数字方式过渡,这导致交换机中直接进行交换动作的部件也发生了革命性的变化。1970 年,世界上第一台时分电子交换机在法国投入运营。在这部交换机中,不仅控制部分使用了计算机,交换部分也使用了数字的电子器件和新的交换结构。模拟的语音信号经过模/数转换,变为数字信号送入交换部分,并采用时分复用的方式来利用公用链路。自此,交换技术进入了电子化、数字化和计算机化的新时代。

电子式自动交换机的典型代表是时分数字程控交换机,话路部分是时分的,交换的信号是脉冲编码调制(PCM)数字信号,控制部分采用计算机,通过计算机中的专用程序来控制交换,因此称为数字程控交换机。它是计算机技术与 PCM 技术发展相结合的产物。数字程控交换机的组成示意图如图 1-10 所示。

数字程控交换机同纵横制交换机一样,话路部分和控制部分是分开的,话路系统由交换网络、用户电路、中继电路组成;控制部分由处理机、存储器和 I/O 接口设备组成。数字程控交换机的特点是将程控、时分、数字技术融合在一起,由于程控优于布控,时分优于空分,数字优于模拟,所以数字程控交换机相对于其他制式交换机有以下许多优点。

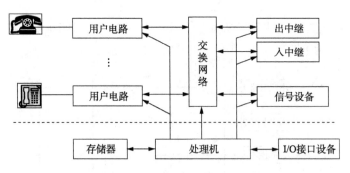

图 1-10　数字程控交换机的组成示意图

- 体积小,耗电少;
- 通话质量高;
- 便于保密;
- 能提供多种新业务;
- 维护管理方便,性能可靠;
- 灵活性大,适应性强;

• 便于采用公共信道信令方式。

从整个电路交换的发展过程来看,控制部分从最早的人工控制到电子自动阶段的计算机控制,话路部分从人工交换阶段的物理导线作为内部链路,一条线路传一路电话,到电子自动阶段的电子元件作为内部链路,以及采用时分方式使得一条线路可以传输多路电话,交换技术的发展和变化的内容很多,但所有的这些变化都只是具体实现技术的变化,其交换的本质和作用还是未变。

## 1.3　交 换 方 式

虽然具体的交换技术种类很多,但从交换的思想和根本方式上来区分,交换方式可分为三大类:电路交换方式、报文交换方式、分组交换方式。前面所讲的所有交换技术都属于电路交换方式。下面分别讲解这三种方式的特点和区别。

### 1.3.1　电路交换方式

电路交换是针对最早的语音通信来设计的,语音通信的特点是差错率要求不高,但实时性要求很高。差错率要求不高,可以从日常的语言交流中有所感觉,对同一个词,不同的人说,声音都不一样,但人们都可以听懂,即人对语音的误差有一定的容错能力。另外,语言的交流必须具有很好的实时性,否则,说一句话需要很长时间才传到对方,交流就会很困难。

针对语音通信的这个基本要求,电路交换采用面向连接且独占电路的方式来满足实时性的要求。电路交换的基本过程包括电路建立阶段、通话阶段、电路释放阶段三个过程。电路建立阶段是根据用户所拨的被叫号码,由交换机负责连接一条电路,在通话阶段该电路由该用户独占,即使他们不讲话,不传输信息,该电路也不能分配给其他用户使用。电路交换过程示意图如图 1-11 所示。

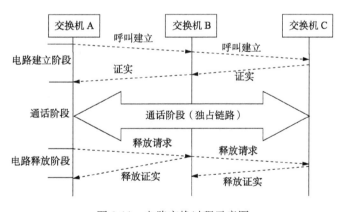

图 1-11　电路交换过程示意图

归纳起来,电路交换主要有如下优点。

(1)信息的传输时延小,对一次接续而言,传输时延固定不变。

(2)信息以数字信号形式在数据通路中"透明"传输,交换机对用户的数据信息不存储、不分析、不处理,交换机在处理方面的开销比较小,对用户的数据信息不需要附加用于控制的额外信息,也不进行差错控制处理,信息的传输效率比较高。

(3)信息的编码方法和信息格式由通信双方协调,不受网络的限制。

（4）用基于呼叫损失制的方法来处理业务流量，业务过负荷时呼损率增加，但不影响已建立的呼叫。

同时，电路交换存在的主要缺点有以下几点。

（1）电路的接续时间较长。当传输较短信息时，通信通道建立的时间可能大于通信时间，网络利用率低。仅当呼叫建立与释放时间相对于通信的持续时间很小时才呈现出高效率。

（2）整个通话期间，即使没有通话信息，电路资源也被通信双方独占，电路利用率低。

（3）通信双方在信息传输、编码格式、同步方式、通信协议等方面要完全兼容，这就限制了各种不同速率、不同代码格式、不同通信协议的用户终端直接互通。

（4）物理连接的任何部分发生故障都会引起通信中断。

（5）存在呼损，即可能出现由于交换网络负载过重而呼叫不通的情况。

综上所述，电路交换是一种固定的资源分配方式，在建立电路连接后，即使无信息传送也占有电路，电路利用率低；每次传输信息前需要预先建立连接，有一定的连接建立时延，通路建立后可实时传送信息，传输时延一般可以忽略不计。

### 1.3.2　报文交换方式

报文交换克服了电路交换中各种不同类型和特性的用户终端之间不能互通、通信电路利用率低及存在呼损等方面的缺点。它的基本原理是"存储—转发"，不需要提供通信双方的物理连接，而是将所接收的报文暂时存储再寻机发送。即如果 A 用户要向 B 用户发送信息，A 用户不需要先连通与 B 用户之间的电路，而只需与交换机接通，由交换机暂时把 A 用户要发送的报文接收和存储起来。报文中除了有用户要传送的信息以外，还有目的地址和源地址，交换机根据报文中提供的 B 用户的地址来选择输出路由，并将报文送到输出队列上排队，等到该输出线空闲时才将该报文送到下一个交换机，最后送到终点用户 B，其过程如图 1-12 所示。

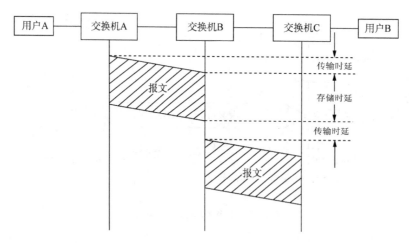

图 1-12　报文交换过程示意图

在报文交换中的信息以报文为基本单位。一份报文包括三个部分：报头或标题（由发信站地址、终点收信站地址及其他辅助信息组成）、正文（传输用户信息）和报尾（报文的结束标志）。

公用电信网的电报自动交换是报文交换的典型应用。20 世纪 80 年代，电报因其有快捷、安全等特性而深受欢迎。进入 20 世纪 90 年代，电话、手机、电子邮件、网络等新的通信工具迅速崛起,电报逐渐退出历史舞台,但其交换思想仍具有一定的生命力。

报文交换的基本特征是交换机要对用户的信息进行存储和处理,其主要优点如下。

(1)报文以存储转发方式通过交换机,输入/输出电路的速率、码型格式等可以不同,很容易实现各种不同类型终端之间的相互通信。

(2)在报文交换的过程中没有电路接续过程,来自不同用户的报文可以在一条线路上以报文为单位进行多路复用,线路可以以它的最高传输能力工作,大大提高了线路的利用率。

(3)用户不需要通知对方就可发送报文,无呼损,并可以节省通信终端操作人员的时间。如果需要,同一报文可以由交换机转发到许多不同的收信地点,即可以发送多目的地址的报文,类似于计算机通信中的多播机制。

报文交换的主要缺点如下。

(1)信息通过交换机时产生的时延大,而且时延不固定,变化也大,不利于实时通信。

(2)交换机要有能力存储用户发送的报文,其中有的报文可能很长,要求交换机具有高速处理能力和足够大的存储容量。

### 1.3.3 分组交换方式

随着计算机的发展,数据通信的需求越来越大。由于数据与语音的传输要求不同,因此采用前面的电路和报文交换方式都不能很好地满足数据通信的要求。为了理解不能满足要求的具体原因,这里先来分析一下语音和数据对通信要求的区别。

语音通信的特点是差错率要求不高,一般为 $10^{-6}$ ,但实时性要求很高,达到在毫秒级。数据通信刚好相反,它对实时性要求不强,可以在分钟甚至小时级,但对差错率要求极高,一般要求误码率达到 $10^{-9}$ ,同时还要进行差错控制,保证数据完全正确。对实时性的要求可以从发送一封电子邮件中有所体会,发送一封电子邮件有几分钟的延迟时间,人们都可以接受,甚至认为是很快的了。在网页类的交互数据中,还是需要一些实时性更高的数据通信。对差错率的要求可以从下载一个数据包得到直观的感受,从网上下载一个 zip 文件,若错了一个关键的位,整个包都无法解包使用。这就是数据通信与语音通信完全相反的两个要求,针对这种不同的要求,如何改进或提出新的交换方式来适应数据通信的要求?

前面介绍的电路交换不利于实现不同类型的数据终端设备之间的相互通信,而报文交换信息传输时延又太长,不满足许多数据通信系统的实时性要求(注意,这里数据通信的实时要求是指利用计算机通信的用户可以交互传输信息,相对于语音时延要求,数据实时传输时延要求要宽松得多),分组交换方式较好地解决了这些矛盾。

分组交换采用报文交换的"存储—转发"方式,但不像报文交换那样以报文为单位进行交换,而是把报文裁成许多比较短且被规格化了的"分组"进行交换和传输。由于分组长度较短,具有统一的格式,便于在交换机中存储和处理,"分组"进入交换机后只在主存储器中停留很短的时间,进行排队处理,一旦确定了新的路由,就很快输出到下一个交换机或用户终端,"分组"穿过交换机或网络的时间很短("分组"穿过一个交换机的时间为毫秒级),能满足绝大多数数据通信用户对信息传输的实时性要求。

采用存储转发方式的分组交换与报文交换的不同在于:分组交换将用户要传送的信息分割为若干个分组,每个分组中有一个分组头,含有可供选路的信息和其他控制信息。分组交换节点对所收到的各个分组分别处理,按其中的选路信息选择去向,以发送到能到达目的地的下一个交换节点。分组交换的分组传输过程和时延如图 1-13 所示。比较图 1-12 与图 1-13 可知,分组交换的时延小于报文交换的时延。这是因为分组交换是分成多个分组来独立传送,收到一个分组即可以发送,从而显著减少了存储的时间。其实,这种思想与 CPU 中的流水线机制类似。

但是,正是由于分组分成多个,开销也增加了。为此,分组长度的确定是一个重要的问题。分组长度缩短会进一步减少时延,但会增加开销;分组长度加大则减少开销,但增加了时延,这二者是一对矛盾,理论上找不到二者兼顾的最佳点,因此,在实际应用中通常根据具体的应用要求兼顾到时延与开销两方面来选择分组长度。

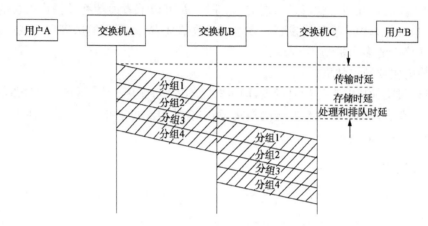

图 1-13   分组传输过程和时延示意图

相对于电路交换的固定资源分配方式,分组交换属于动态资源分配方式,它对链路的使用是采用统计复用的方式,不是独占的方式,因此其链路利用率高。同时,它采用差错控制等措施,使其可靠性高,但传输时延大。当然这也满足了前面提出的针对数据通信的要求。

另外,需要说明的是,分组交换是一种大类交换方式,后来发展起来的 ATM、IP、MPLS 等其他交换技术,从根本的交换思想和方式上而言都属于分组交换这个大类,只是具体的技术细节有所区别。

## 1.4   话务理论基础

在组建一个交换局时,首先要考虑的是该交换局的交换设备和局间中继线的配备数量。考虑或设计它的主要依据是什么呢? 这就是话务理论要解决的问题。

电话用户总希望无论何时,只要提出通信请求都可以立即进行通话。在理论上,可以为所有用户同时通话提供足够多的交换设备和中继传输电路,以此来保证所有电话用户在任何时候都能立即打通电话。但是这样做既不经济,也没有必要。因为出现所有用户同时通话情况的概率很小,实际上,只有每天通话最忙时,才会出现较多用户同时通话的情况,而且即使在这种情况下也不是所有用户都同时通话,因此,就没有必要为所有用户配备数量相等的交换设备和中继线路。那么应该配备多少,才能做到既能保证良好的服务质量,又充分发挥交换设备的效率,同时还能尽量节省设备和中继数量呢? 这就是话务理论研究的基本任务。

### 1.4.1　话务量的基本概念

#### 1. 话务量的含义

话务量表示话务负荷。由于用户的电话呼叫完全是随机的,因此话务量是一种统计量,它是设计交换设备、中继设备的基本依据。

#### 2. 话务量的三要素

话务量由呼叫强度、占用时长、考察时间三要素组成。

(1)呼叫强度:表示单位时间内发生的平均呼叫次数,用 $\lambda$ 表示。

(2)占用时长:表示每次呼叫平均占用时间的长度。针对一次接续,包括听拨号音、拨号、振铃、通话、挂机整个期间对设备的占用时间,用 $S$ 表示。

(3)考察时间:表示对通话业务观测时间的长度,用 $T$ 表示。

话务量一般用 $Y$ 表示,它是这三要素的乘积,$Y=\lambda ST$。因此,话务量的大小与用户通话的频繁程度和通话占用的时间长度,以及统计观察的时间长度有关。

#### 3. 话务量强度

话务量只是提供了考察时间内通信的业务总量,但人们更关心通信业务的繁忙程度。生活中有类似的例子,如汽车,人们关心一辆车在一个月内消耗的油量,这与它行驶的里程有关,不能直接反映汽车本身的性能,因此人们更关心它的油耗性能,即每百千米的耗油量。对话务量而言,最关心的是单位时间内的话务量,称为话务量强度,用 $A$ 表示。同时为了称呼方便,将话务量强度简称为话务量,它是度量通信系统繁忙程度的指标,话务量强度的定义为

$$A=\frac{\lambda ST}{T}=\lambda S$$

除了前面的定义之外,人们所说的话务量都是指话务量强度,本书后面所说的话务量也都是指话务量强度。

#### 4. 忙时话务量

由于每个用户的通信时间是随机的,因此通信设备被占用的数量也是随机的。有时呼叫用户很多,通信设备很繁忙,如白天上班时间;有时呼叫用户很少,通信设备又空闲很多,如半夜休息时间。图 1-14 表示某一天内呼叫的变化情况。现在的问题是,在设计交换设备和中继设备数量时,到底以哪个时间为依据才能满足用户的要求呢? 为了使用户在任何时候都能通话,应该以一天中最繁忙的那一个小时为考察依据。因此,把一天中通信设备最繁忙的那一个小时称为忙时,称一天中最忙的一个小时的话务量为忙时话务量。

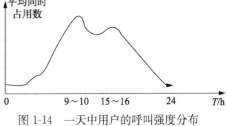

图 1-14　一天中用户的呼叫强度分布

#### 5. 话务量单位

由话务量的定义式 $A=\lambda S$ 可知,$\lambda$ 的量纲为“次/h”,$S$ 的量纲为“h/次”,这样话务量 $A$ 没有

量纲。为了纪念话务理论的创始人——丹麦数学家爱尔兰(Erlang),于是以他的名字作为话务量的量纲,用 Erl 表示,并规定若 $\lambda$、$S$ 均采用 h(小时)为时间单位,则 $A$ 的单位为 Erl。

1Erl 就是一条电路可能处理的最大话务量。例如,一条电路被连续不断地占用了 1h,话务量就是 1Erl;如果这条电路在 1h 内被占用了 30min,那么,话务量就是 0.5Erl。

用户线上的话务量一般为 0.2Erl,那它的含义是什么? 它表示在忙时内,该用户呼叫 4 次,每次占用 3min;或者每次占用 2min,呼叫 6 次;或者呼叫 1 次,占用 12min。中继线上的话务量一般为 0.7Erl 左右。

### 1.4.2　线束的概念

不管交换网络内部如何连接,表现在交换系统外部则是若干入线和若干出线,入线可以通过交换网络连接到出线,这些出线可以组成一个线束或几个线束。话务负荷由用户出发、经交换网络的入线流向它的出线。因此入线是线束的负载源,把能连接到一定线束的负载源(入线)的总和称为"负载源组",如图 1-15 所示。图 1-15(a)交换网络的出线组成了一个线束,图 1-15(b)交换网络的出线组成了两个线束,当然也可以组成多个线束。

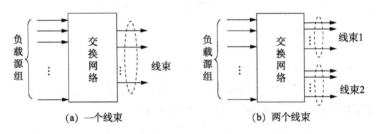

图 1-15　负载源与线束

这里有两个概念:线束的容量和线束的利用度。

线束中的出线数代表线束的大小,称它为线束的容量,用 $M$ 表示。每条入线能够到达的出线范围,即每条入线能够选用的出线数量,称为利用度,用 $D$ 表示。

根据交换网络线束构成的不同,可把线束分成两类:全利用度线束和部分利用度线束。

#### 1. 全利用度线束($D=M$)

线束中的任一出线都能被使用这个线束的负载源组中的任一负载源所选用,这类线束称为全利用度线束。图 1-16 是一个全利用度线束的例子。这里 4 条出线所组成的线束能被 5 条入线中的任何一条入线所选用。它的线束容量 $M=4$,线束的利用度 $D=4$,因此若线束的利用度等于线束容量,即 $D=M$,则这样的线束为全利用度线束。

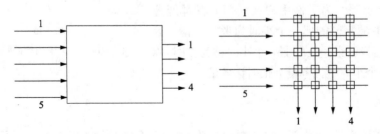

图 1-16　全利用度线束

## 2. 部分利用度线束(D<M)

任一负载源仅能选用其线束中的部分出线,也就是说线束中的部分出线不能被全部负载源组中的任一负载源所选用,这类线束称为部分利用度线束,如图 1-17 所示。入线 1、2 只能选择出线 1、4;入线 3、4 只能选择出线 2、4;入线 5、6 只能选择出线 3、4。这里 $D=2$,$M=4$。显然部分利用度线束满足 $D<M$。

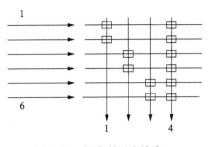

图 1-17 部分利用度线束

### 1.4.3 爱尔兰公式

在电话系统中,考察话务量是服务提供商的工作,用户关心的是服务质量,即打不通电话的概率有多大。服务质量指标指的是交换设备未能完成接续的电话呼叫业务量与用户发出的电话呼叫业务量之比,即呼叫损失率,简称呼损。呼损越低,服务质量越高。话务量、呼损与交换设备数量之间存在着固有的关系,研究三者固有关系的理论即是话务理论。爱尔兰在 1918 年首先应用概率论中的统计平衡理论,发表了立即制呼损计算公式。

在讨论呼损计算公式之前,先明确以下两个基本概念。

(1)流入话务量($A$):指在平均占用时长内负载源发生的平均呼叫次数,即呼叫强度。

(2)完成话务量($A_完$):指在平均占用时长内交换设备发生的平均占用次数,即结束强度。

#### 1. 呼损的计算方法

呼损是指由于交换机内部链路或者中继线不足引起的阻塞概率,是衡量通信系统质量的重要指标之一,呼损可用小数表示,也可用百分数表示。

同话务量一样,呼损也是一个统计量,它的计算方法有两种,一种是按时间计算的呼损 $E$,另一种是按呼叫次数计算的呼损 $B$。

1)按时间计算的呼损 $E$

按时间计算的呼损 $E$ 等于出线全忙的时间与总的考察时间(一般为忙时)的比值,或者在 1h 内全部出线处于忙状态的概率,那么

$$E=线束处于全忙的概率=\frac{T_阻(t_1,t_2)}{t_2-t_1} \tag{1-1}$$

2)按呼叫次数计算的呼损 $B$

按呼叫次数计算的呼损 $B$ 是指一段时间内出线全忙时,呼叫损失的次数占总呼叫次数的比例,那么

$$B=一个呼叫发生后被损失掉的概率=\frac{C_损(t_1,t_2)}{C_总(t_1,t_2)} \tag{1-2}$$

#### 2. 爱尔兰公式

在全利用度条件下,设交换网络的负载源数目为 $N$,线束容量为 $m$,当 $N \gg m$ 且 $m$ 有限时,满足爱尔兰分布条件,则有 $n$ 个呼叫同时发生的概率为

$$P_n = \frac{A^n/n!}{\sum_{i=0}^{m} A^i/i!} \quad (n=0,1,2,\cdots,m) \tag{1-3}$$

其中，$A = \lambda S$ 是流入话务量。

根据前面呼损的计算方法，按时间计算的呼损 $E$ 等于线束全忙的概率，$E$ 即 $m$ 个呼叫同时发生的概率，那么

$$E = P_m = \frac{A^m/m!}{\sum\limits_{i=0}^{m} A^i/i!} = E_m(A) \tag{1-4}$$

这就是爱尔兰公式，反映了呼损、线束容量、话务量三者之间的关系。爱尔兰公式非常有用，为了书写方便，常用 $E_m(A)$ 表示，$E$ 为呼损，$m$ 为线束容量，$A$ 为流入话务量。

$E_m(A)$ 的含义是在线束容量为 $m$ 的全利用度线束中，流入话务量为 $A$（单位为 Erl）时，按爱尔兰呼损公式计算的呼损为 $E_m(A)$。

为了应用方便，将爱尔兰呼损公式的计算值列成表，只要知道 $E$、$m$、$A$ 三个量中任意两个，通过查表就可求出第三个量的值。爱尔兰呼损公式计算表见附表 1 和附表 2。

已知 $m$、$A$，求 $E$。

如 $m = 20$，$A = 11.5 \text{Erl}$，由附录 B 可得 $E_m(A) = E_{20}(11.5) = 0.006\,866$。

已知 $m$、$E$，求 $A$。

设 $E_m(A) = 0.030$，$m = 48$，由附录 C 可查出 $A = 40.018 \text{Erl}$。

由爱尔兰公式可知，呼损是流入话务量 $A$ 和出线数 $m$ 的函数。当呼损一定时，流入话务量 $A$ 和出线 $m$ 之间的关系如图 1-18 和图 1-19 所示。

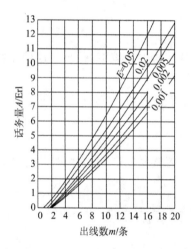
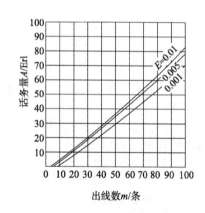

图 1-18　流入话务量与出线数关系(1)　　　图 1-19　流入话务量与出线数关系(2)

该曲线表明：

(1)当 $E$ 一定时，中继线越多，所能承担的话务量就越大。

(2)当话务量 $A$ 一定时，出线数 $m$ 越多，呼损 $E$ 就越小；即呼损越小，为处理相同话务量所需要的出线数越多。

(3)当出线数 $m$ 一定时，话务量越大则呼损就越大；或者说，$m$ 一定时，允许的呼损越大，能承担的话务量就越大。

(4)当线束 $m$ 很大时，话务量 $A$ 与出线数 $m$ 呈现线性关系，每线承担的话务量趋于常数。

### 1.4.4 线束的利用率

线束的利用率表示线束使用效率的高低,即线束的平均使用效率。在单位时间内,线束空闲的时间越短,占用时间越长,其利用率就越高。从前面的概念可知,线束被占用就是该线束承担着话务量,因此也可以说,线束承担的话务量越大,线束的利用率就越高。从这个概念出发,线束利用率在数值上可以用每条出线承担的平均话务量来表示。如果用 $\eta$ 来表示线束的利用率,则有

$$\eta = \frac{A_完}{m} = \frac{A(1-E)}{m} \tag{1-5}$$

怎样才能提高线束的利用率呢? 这里首先来分析 $m$、$E$、$\eta$ 之间的关系。

**1. $m$ 与 $\eta$ 的关系($E$ 不变)**

设 $E=0.01$,改变 $m$ 的值,分别用爱尔兰公式求出对应的 $A$,然后用式(1-5)求出 $\eta$。

当 $m=5$ 时,查附录 C 得 $A=1.361$Erl,则 $\eta=1.361 \times (1-0.01)/5=0.269$;

当 $m=10$ 时,查附录 C 得 $A=4.461$Erl,则 $\eta=4.461 \times (1-0.01)/10=0.442$;

当 $m=20$ 时,查附录 C 得 $A=12.031$Erl,则 $\eta=12.031 \times (1-0.01)/20=0.596$;

当 $m=50$ 时,查附录 C 得 $A=37.901$Erl,则 $\eta=37.901 \times (1-0.01)/50=0.750$;

当 $m=80$ 时,查附录 C 得 $A=65.36$Erl,则 $\eta=65.36 \times (1-0.01)/80=0.809$;

当 $m=100$ 时,查附录 C 得 $A=84.06$Erl,则 $\eta=84.06 \times (1-0.01)/100=0.832$;

当 $m=150$ 时,查附录 C 得 $A=131.58$Erl,则 $\eta=131.58 \times (1-0.01)/150=0.868$。

由这个结果可知:

(1)在呼损一定的条件下,当线束较小时,其利用率较低。

(2)当线束容量增大时,其利用率逐步升高。

(3)当线束容量大到一定程度时,其利用率提高得很慢,这是因为线束的利用率已经趋于饱和。

因此,在通信网中,应尽可能地将小线束组合成大线束,以节省投资;同时,线束的容量也不能过大,一般以 100 条出线为一个线束单位为宜。因为线束过大,利用率上升很慢,而且其"过负荷"能力很弱。在发生过负荷时,流入话务量增加,但线束利用率难以提高,反而会造成呼损值增加,使服务质量严重下降。

**2. $E$ 和 $\eta$ 的关系($m$ 不变)**

设出线数 $m=20$ 不变,改变 $E$ 值,用爱尔兰公式求出相应的 $A$ 值,再用式(1-5)求出 $\eta$。

当 $E=0.001$ 时,查附录 C 得 $A=9.411$Erl,$\eta=9.411 \times (1-0.001)/20=0.47$;

当 $E=0.005$ 时,查附录 C 得 $A=11.092$Erl,$\eta=11.092 \times (1-0.005)/20=0.552$;

当 $E=0.01$ 时,查附录 C 得 $A=12.031$Erl,$\eta=12.031 \times (1-0.01)/20=0.596$;

当 $E=0.05$ 时,查附录 C 得 $A=15.249$Erl,$\eta=15.249 \times (1-0.05)/20=0.724$。

从这个结果可知,当呼损 $E$ 增大时,在不增加出线数 $m$ 的情况下,其所能承担的话务量 $A$ 增大,也使线群的利用率上升,但为了保证服务质量,呼损不能超过规定值。

### 1.4.5 局间中继线的计算

话务量最直接的一个应用就是分析和计算交换设备和中继线路的数量。如果是数字程控局的数字中继,根据局间话务量和呼损指标,直接查爱尔兰呼损表,即可求得中继线数。

**例**　有三个程控交换局需要设立数字中继,要求的呼损 $E=0.005$。通过调查统计得到各局之间的话务量要求分别是,2 局至 3 局之间的流入话务量为 $A_{23}=61.74\mathrm{Erl}$,2 局至 4 局之间的话务量为 $A_{24}=57.81\mathrm{Erl}$,3 局至 4 局之间的话务量为 $A_{34}=231.44\mathrm{Erl}$。计算各局之间应该设置多少条中继线路。

**解**　在 2 局至 3 局之间,$A_{23}=61.74\mathrm{Erl}$,$E=0.005$,查附表 B 得 $m=79$;

在 2 局至 4 局之间,$A_{24}=57.81\mathrm{Erl}$,$E=0.005$,查附表 B 得 $m=75$;

在 3 局至 4 局之间,$A_{34}=231.44\mathrm{Erl}$,附表 B 中无法直接查到,该怎么办?

这时可以利用前面 $m$ 和 $\eta$ 的关系,当 $m>100$ 时,出线的利用率 $\eta$ 提高很慢,其利用率几乎不变,因此,可以用 100 条出线的利用率作为大于 100 条出线时的利用率来计算出线数。

在本例中,$E=0.005$,其 $m=100$ 时,查附录 C 得 $A=80.91\mathrm{Erl}$。因为

$$\eta=\frac{A_{完}}{m}=\frac{A_{入}(1-E)}{m}=\frac{80.91\times(1-0.005)}{100}=0.805\,1$$

则 $A_{34}=231.44\mathrm{Erl}$ 的出线数 $m=231.44(1-0.005)/0.8051=286.05$,取 287 条。

<h3 style="text-align:center">思考题</h3>

1. 为什么说交换是通信网的核心? 生活中有哪些系统类似于交换?

2. 交换的核心功能有哪些?

3. 交换性能的差别对业务会造成什么影响?

4. 为什么允许存在呼损? 它有什么坏处? 又能带来什么好处?

5. 分组交换与电路交换在交换思想上有什么本质的区别? 二者有哪些缺点,有哪些可以改进的方法?

# 第 2 章　交换单元及网络

交换机的核心是交换网络,交换网络的核心部件是基本交换单元。本章主要讲解构成交换网络的基本交换单元,在了解基本交换单元的基础上,学习如何通过基本交换单元,采用哪些方法构成大的交换网络。学习本章内容可以了解常用的交换网络及其构建方法。

交换网络的结构与它要处理的具体信号形式有关,经过 100 年的发展,通信系统已经基本走完数字化的过程,在目前的通信系统中,处理的信号形式大都是数字信号,因此,首先复习一下数字信号的概念及其在交换系统中的相关问题。

## 2.1　模拟信号数字化和时分复用基础

### 2.1.1　模拟信号数字化

大家知道,信号可分为模拟信号和数字信号两类。模拟信号是指在时间和幅度数值上连续变化的信号。人通常与模拟信号打交道,如语音信号、图像信号等。数字信号是指在时间和幅度取值上离散的编码信号。由于数字信号在处理和传输中具有很多优点,因此,目前的通信系统和计算机系统都采用数字信号。

模拟信号变成数字信号是模拟信号数字化的过程。数字信号的调制方法有多种,出现最早且在国际上应用最广的是脉冲编码调制(PCM)。脉冲编码调制主要有三个步骤:采样、量化和编码。

采样:采样的目的是将模拟信号在时间上进行离散化,以相等的时间间隔抽取信号的瞬时值。人的语音频率主要集中在 $300\sim3\,400\,\mathrm{Hz}$ 的频带内,根据奈奎斯特(Nyquist)定理,采样频率为 $8\,\mathrm{kHz}$,就能保证信号不失真。经过采样后得到的信号称为 PAM 信号,其特征是时间离散、幅度值的数量无限。

量化:量化是对采样后的信号进行分级取整,目的是为了减少后续编码的位数。其基本方法是将幅度值分成固定的等级数,然后对采样后的信号在等级内进行类似四舍五入的变换,从而使信号幅度变成离散化的有限个数值。

但是,量化会带来固有的量化误差。假如,将 $0\sim5\mathrm{V}$ 的信号均匀分成 6 个等级(0、1、2、3、4、5),原来幅度为 $4.267\mathrm{V}$ 的一个采样点,量化后变为 $4\mathrm{V}$,产生了 $0.267\mathrm{V}$ 的误差,从而使信号失真,其相对误差即失真率为 $0.267/4.267=0.06$;原来幅度是 $1.267\mathrm{V}$ 的信号,量化后变为 $1\mathrm{V}$,也产生了 $0.267\mathrm{V}$ 的误差,其相对误差即失真率为 $0.267/1.267=0.21$。可见,虽然两者的绝对误差一样,但后者的相对比率比前者大,即造成的失真影响比前者大。这种量化方法称为均匀量化,可见在均匀量化方式下,大小信号的绝对误差一样,但相对误差不一样,造成的失真影响不一样,对大信号失真影响小,但对小信号失真影响大。

为了解决这种对小信号失真影响偏大的问题,需采用非均匀量化的方式,其基本思想就是使信号误差的相对值一致,而不是保持绝对值一致,这样就可以使大小信号的信噪比都保持在规定的范围之内,即小信号采用小间隔,大信号采用大间隔的方式。在实际操作中,采用称为压扩法的方式,即先将大信号缩小(压)、小信号放大(扩),然后再按照均匀量化的方式进行量化。具体量化又分为两种制式:一种称为 A 律(13 折线),在欧洲和中国使用;另一种称为 $\mu$ 律(15 折线),在北美和日本使用。

编码:编码是将量化后的信号值编成二进制码,即将每次采样量化后的值变成一个 8 位的二进制码。

整个过程如图 2-1 所示。

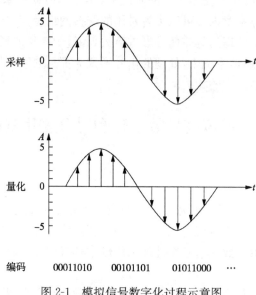

图 2-1   模拟信号数字化过程示意图

### 2.1.2   时分多路复用

信号在数字化的基础之上可以进行数字时分多路复用。在数字化的过程中,将信号在时间上进行了离散,如前所述,对语音信号采用 8 000Hz 进行采样,那么在每两次采样之间的空闲时间就可以用来传输其他话路的信号,这就是时分复用的基本思想。具体地说,就是把时间分成均匀的时间间隔,将每一路信号的传输时间分配在不同的时间间隔内,以达到互相分开的目的。这里,每一路信号所占用的时间间隔称为"路时隙",简称"时隙"。

如果复用路数为 $n$,设第 1 路语音信号的一个采样值经量化编码后的 8 位码占用第 1 时隙,同样第 2 路的 8 位码占用第 2 时隙⋯⋯依此类推,直到把第 $n$ 路传输完毕,再进行第二轮传送,每一轮称为 1 帧。

对于语音信号而言,采样频率为 8 000Hz,则采样周期为 1s/8 000＝125$\mu$s,这就是 1 帧的时间长度。对于 32 路的 PCM 系统(称为 E1 系统)而言,再将 125$\mu$s 的时间分成 32 个时隙。因此,在 32 路 PCM 系统中,一个时隙所占用的时间为 125$\mu$s/32＝3.9$\mu$s。即 1 帧长度为 125$\mu$s,有 32 个时隙,每个时隙占 3.9$\mu$s,传输 8 位数据,整个 PCM 链路的数据速率为 32×8bit/125$\mu$s＝2.048Mbit/s。32 路 PCM 系统的帧结构如图 2-2 所示。

当 PCM 用在中继传输时,在 32 个时隙中,TS0 用来传输帧同步码和帧对告码帧失步时向对方发送的告警码,简称对告码。当帧同步时为 0,帧失步时为 1,以告诉对方,收端已经失步。TS16 用来传输各话路的标志信号,每帧的一个 TS16 只能传两个话路的标志信号。在一帧中,除了 TS0 和 TS16 外,还有 30 个话路,因此需要 15 帧才能传完所有话路的标志信号,再加上传输复帧定位和复帧对告码,共 16 帧为一个单位,这称为复帧。

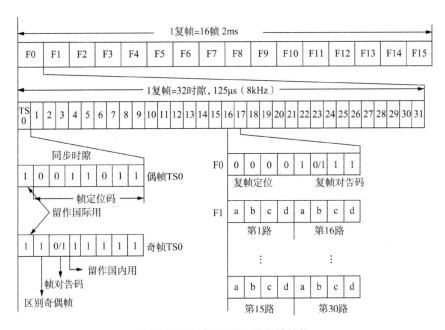

图 2-2　32 路 PCM 系统的帧结构

图 2-3 用图形表示了利用 32 路 PCM 系统传输一个话路信号的情况,首先将模拟语音信号经过采样量化编码后形成二进制的编码,然后通过 PCM 系统中每一帧的 TS1 组成一个通路,将该话路的二进制码传输到对方,对方从每个 TS1 中收到该话路的数字编码,再通过 D/A 转换还原成模拟语音信号。这就是语音数字化和时分复用的整个过程和思路。时分复用是现在所有通信系统的基础,一定要充分理解它的思想和原理,它不仅在交换系统中使用,在其他数字系统中也要用到。

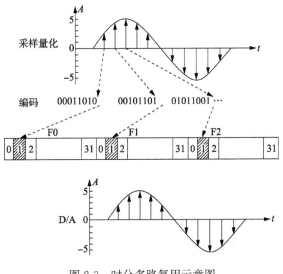

图 2-3　时分多路复用示意图

# 2.2　交换单元模型及其数学描述

## 2.2.1　交换单元模型

### 1. 交换单元的基本概念

交换单元是构成交换网络最基本的部件,用若干个交换单元按照一定的拓扑结构和控制方式就可以构成交换网络。因此,交换单元的功能是交换的基本功能,即在任意的入线和出线之间建立连接,或者说将入线上的信息分发到出线上去。

不管交换单元内部结构如何,总可以把它看成一个黑箱,对外的特性只有一组入线和一组出线,入线为信息输入端,出线为信息输出端,如图 2-4 所示。这样可以暂时不考虑各种具体交换单元的个性,而从普遍意义上讨论交换单元的基本概念和数学模型。

图 2-4 中的交换单元具有 $M$ 条入线和 $N$ 条出线,这是一个 $M \times N$ 的交换单元。其中,入线可用 $0 \sim M-1$ 编号来表示,出线可用 $0 \sim N-1$ 的编号来表示。若入线数与出线数相等且均为 $N$,则为 $N \times N$ 的对称交换单元。交换单元通常还具有完成控制功能的控制端和描述内部状态的状态端。

当有信号到达交换单元的某条入线需进行交换时,交换单元可根据外部送入的命令或根据信号所携带的出线地址在交换单元内部建立通道,将该入线与相应的出线连接起来,入线上的输入信号沿内部通道在出线上输出,如图 2-5 所示。在信息交换完毕时,还需将已建的通道拆除。由此可知,交换单元的基本功能通过交换单元连接入线和出线的"内部通道"完成。这样的"内部通道"通常被称为"连接",建立内部通道就是建立连接,拆除内部通道就是拆除连接。

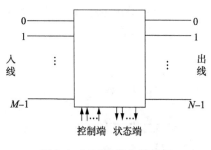

图 2-4　$M \times N$ 的交换单元

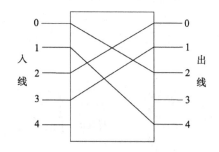

图 2-5　交换连接示意图

### 2. 交换单元的方向性

交换单元按信息流向可以分为有向交换单元和无向交换单元。

"有向"是指信息经交换单元的流动方向是从入端到出端,具有唯一确定的方向,如图 2-6(a)所示。

在 $M \times N$ 的交换单元中,若入端和出端是双向的,入端可以输入输出,出端也可以输入输出,任一入端可以和任一出端相连,但入端组和出端组内部不能相连,则称该 $M \times N$ 交换单元为 $M \times N$ 无向交换单元,如图 2-6(b)所示。这里,"无向"相对于"有向"而言,是指在信息端上,信息既可输入,也可输出,但仍用入端和出端来区别这两组信息端,不过入端和出端的选择是任意的,按习惯而定。

在 $M \times N$ 的无向交换单元中,若 $M = N$,把相同编号的入端和出端合并,则可得到一个新的交换单元。它有 $N$ 个信息端,可以任意连接,如图 2-6(c)所示,称为 $N$ 无向交换单元。

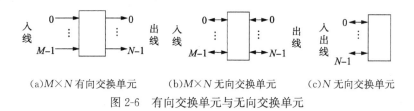

(a)$M \times N$ 有向交换单元    (b)$M \times N$ 无向交换单元    (c)$N$ 无向交换单元

图 2-6　有向交换单元与无向交换单元

这几种交换单元又常统称为 $M \times N$ 交换单元。

### 3. 集中式交换单元与扩展式交换单元

交换单元按使用需要的不同可分为集中式和扩散式,如图 2-7 所示。
(1)集中式:入线数大于出线数($M > N$),又称为集中器。
(2)扩展式:入线数小于出线数($M < N$),又称为扩展器。

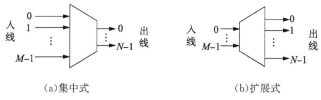

(a)集中式    (b)扩展式

图 2-7　集中式交换单元与扩展式交换单元

集中器和扩展器一般用于用户模块,完成大量用户线数与少量交换链路线数之间的连接,起话务集中和扩展的作用。

### 4. 交换单元的性能指标

从外部描述一个交换单元的性能指标,主要考虑它的容量、接口、功能和质量 4 个方面。
1)容量
考察一个交换单元的容量,最基本的是交换单元的入线和出线的数目,称为交换单元的大小;其次是交换单元每个入端上可以送入的信息量,如模拟信号的带宽、数字信号的速率等。二者的综合是交换单元所有入端可以同时送入总的信息量,这称为交换单元的容量。
2)接口
不同的线路允许传送的信号往往不一样,同样,不同的交换单元入端可以接收的信号也往往不同。例如,有的交换单元用于模拟信号,有的用于数字信号;有的交换单元是单向的,有的是双向的,因此,需要规定交换单元的信号接口标准。
3)功能
交换单元的基本功能是在入端和出端之间建立连接并传送信息,但不同的交换单元有不同的功能。有的任何一个入端可以和任何一个出端建立连接,有的一个入端只能和一些出端之间建立连接,有的具有同发功能或广播功能,有的具有小存储功能等。
4)质量
质量包含以下两个方面。

（1）完成交换功能的情况：完成交换动作的速度，以及是否在任何情况下都能完成指定的连接。

（2）信号经过交换单元的损伤：信号经过交换单元的时延和其他损伤，如信噪比的降低等。

### 2.2.2　交换单元的数学描述

既然已将交换单元的基本功能具体表述为建立连接和拆除连接，则说明连接是交换单元的基本特性，它反映交换单元入线到出线的连接能力。对连接特性进行有效而正确的描述就可以反映交换单元的特性。那么，如何描述交换单元的连接特性呢？下面分别从连接集合和连接函数出发来讨论。

首先可以把一个交换单元的一组入线和一组出线各看成一个集合，称为入线集合和出线集合，并记为：

（1）入线集合 $I=\{0, 1, 2, \cdots, M-1\}$；

（2）出线集合 $O=\{0, 1, 2, \cdots, N-1\}$。

定义：$i \in I$，即 $i$ 是 $I$ 的一个元；$o \in O_j$，$O_j \subseteq O$，即 $O_j$ 是 $O$ 的一个子集，$o$ 是 $O_j$ 的一个元，则集合 $C=\{i, O_j\}$ 为一个连接。

其中，$i$ 为连接的起点，$o \in O_j$ 为连接的终点。即交换单元的一个连接就是入线集合 $I$ 中的一个元 $i$ 与出线集合 $O$ 中的一个子集 $O_j$ 组成的集合。

若 $o \in O_j$，$O_j$ 中只含有一个元，则称该连接为点到点连接。

若 $o \in O_j$，$O_j$ 中含有多个元，则称该连接为点到多点连接。

若一个交换单元可以提供点到多点连接，但 $O_j \neq O$，则称其具有同发功能，即从交换单元的一条入线输入的信息可以交换到多条出线上输出；若此时 $O_j = O$，则称该交换单元具有广播功能，即从交换单元的一条入线输入的信息可以在全部出线上输出。例如，普通的电话通信只需要点到点连接，而像电视会议、有线电视等则需要同发功能和广播功能。

对于一个具有一组入线和一组出线的交换单元，上述定义的连接可以同时有多个，这就构成了交换单元的连接集合 $C=\{C_0, C_1, C_2, \cdots\}$。其中，起点集为 $I_C=\{i; i \in C_i, C_i \subset C\}$，终点集为 $O_C=\{o; o \in O_j, O_j \subset C_i, C_i \subset C\}$。

特别值得注意的是，这里所说的连接和连接集合应该对应于某一时刻。对于一个正在工作的交换单元，某一时刻处于某种连接集合 $C$，不同时刻的连接应该可变，连接集合也可变。若连接和连接集合固定不变，则意味着交换单元的入线和出线总是处在固定连接中，那么能够连接任意入线和出线的交换功能也就无从谈起了。当然，这种变化需要通过某种控制方式才可进行。一个交换单元可能提供的连接集合的数目越多，它的连接能力就越强。

在某一时刻，一个交换单元正处于连接集合 $C$，若一条入线 $i \in I_c$，则称该入线 $i$ 处于占用状态，否则处于空闲状态；同理，若一条出线 $o \in O_c$，则称该出线 $o$ 处于占用状态，否则处于空闲状态。

有时，从应用的角度看，一个交换单元连接集合中的一部分连接是相同的。如果要求交换单元的某条入线任选一条出线输出，并不在乎是哪条出线，则包含该入线和其他任意出线的连接都可以看成是等效的。

下面来讨论用连接函数描述交换单元的连接特性。

每一个交换单元都可用一组连接函数来表示，一个连接函数对应一种连接。连接函数表示相互连接的入线编号和出线编号之间的一一对应关系，即存在连接函数 $f$，在它的作用下，入线

$x$ 与出线 $f(x)$ 相连接,$0 \leqslant x \leqslant M-1$,$0 \leqslant f(x) \leqslant N-1$。连接函数实际上也反映了由入线编号构成的数组和由出线编号构成的数组之间对应的置换关系或排列关系。所以,连接函数也被称为置换函数或排列函数。另外,从集合角度来讲,一个连接函数反映了入线集合和出线集合的一种映射关系。

常见的连接函数的表示形式有下列三种。

### 1. 函数表示形式

用 $x$ 表示入线编号变量,用 $f(x)$ 表示连接函数。通常,$x$ 用若干位二进制数形式来表示,写成 $x_{n-1}x_{n-2}\cdots x_1 x_0$（如 $x=6$ 时,可以表示为 $x_2 x_1 x_0 = 110$）,连接函数表示为 $f(x_{n-1}x_{n-2}\cdots x_1 x_0)$。例如,均匀洗牌函数表示为

$$\sigma(x_{n-1}x_{n-2}\cdots x_1 x_0) = x_{n-2}\cdots x_1 x_0 x_{n-1}$$

式中,等号左端括号内是入线编号变量的二进制数表达式,等号右端是该函数的具体表达式。如 $N=8$ 时,有表达式 $\sigma(x_2 x_1 x_0) = x_1 x_0 x_2$,则有 $\sigma(000)=000$,$\sigma(001)=010$,$\cdots$,$\sigma(111)=111$,即入线 0 与出线 0 相连接,入线 1 与出线 2 相连接,入线 2 与出线 4 相连接等。

函数形式的连接函数在进行信息交换时对运算十分方便。

### 2. 排列表示形式

排列表示形式也称输入/输出对应表示形式。因为交换单元的连接实际上是各入线与各出线编号之间的一种对应关系,所以可以将这种对应关系一一罗列出来,表示为

$$\begin{pmatrix} i_0, i_1, \cdots, i_{n-1} \\ o_0, o_1, \cdots, o_{n-1} \end{pmatrix}$$

其中,$i_i$ 为入线编号,$o_i$ 为出线编号,$n \leqslant N$。

应注意,上述表示形式并不一定要求第一行按大小自左至右排成自然的顺序。

若 $i_0, i_1, \cdots, i_{n-1}$ 与 $o_0, o_1, \cdots, o_{n-1}$ 均无重复元素,则该连接必为点到点连接;若 $i_0, i_1, \cdots, i_{n-1}$ 有重复元素,$o_0, o_1, \cdots, o_{n-1}$ 无重复元素,则该连接必为一点到多点连接;若 $i_0, i_1, \cdots, i_{n-1}$ 无重复元素,$o_0, o_1, \cdots, o_{n-1}$ 有重复元素,则意味着有多条入线同时接到同一条出线上,造成出线冲突,这在交换中是应避免的情况。

在点到点连接的情况下,上面的表示形式可改写为

$$\begin{pmatrix} 0, 1, \cdots, N-1 \\ o_0, o_1, \cdots, o_{n-1} \end{pmatrix}$$

这时,入线编号按自然数顺序排列,表示入线 0 连接到出线 $o_0$,入线 1 连接到出线 $o_1$,$\cdots$,入线 $N-1$ 连接到出线 $o_{n-1}$。若存在空闲出线,则 $o_0, o_1, \cdots, o_{n-1}$ 存在空元素,可用空格或符号 $\varphi$ 表示。

例如,$N=8$ 的均匀洗牌函数可表示为

$$\begin{pmatrix} 0,1,2,3,4,5,6,7 \\ 0,2,4,6,1,3,5,7 \end{pmatrix}$$

这种将入线编号按顺序排列,再对应列出出线编号的表示形式,称为出线排列形式。同理也可用入线排列形式表示为

$$\begin{pmatrix} i_0, i_1, \cdots, i_{n-1} \\ 0, 1, \cdots, N-1 \end{pmatrix}$$

这表示入线 $i_0$ 连接到出线 0，入线 $i_1$ 连接到出线 1，…，入线 $i_{n-1}$ 连接到出线 $N-1$。
出线排列和入线排列可进一步简化为 $o_0,o_1,\cdots,o_{n-1}$ 和 $i_0,i_1,\cdots,i_{n-1}$。

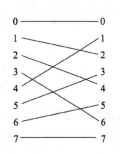

图 2-8　$N=8$ 的均匀洗牌连接

根据排列表示形式可以推出，对于一个 $N\times N$ 交换单元，假设没有空闲的入线和出线，$N$ 条入线和 $N$ 条出线任意进行点到点连接，则该交换单元的一个连接集合就是 $N$ 个自然数的 1 种排列，它所能提供连接集合的个数就应该是 $N$ 个自然数的全排列，即为 $N!$。因此，一个 $N\times N$ 交换单元最多可有 $N!$ 个点到点连接的连接集合。

3. 图形表示形式

将以十进制数表示的入线编号与出线编号均按顺序排列，左边为入线编号，右边为出线编号，再用直线连接相应的入线与出线，即为连接函数的图形表示形式。

例如，前面所述 $N=8$ 的均匀洗牌连接就可表示为图 2-8 所示的形式。

## 2.3　基本交换单元

在讨论了交换单元的模型及其数学描述后，再来分析交换单元的内部。首先想到的问题是，交换单元内部如何实现，有哪些实现方式，交换单元又如何具体实现交换的基本功能，如何将任意的入线与任意的出线连接起来。

这里讨论几种重要而典型的交换单元，即不带存储功能的开关阵列、总线，带存储功能的存储型交换单元等。

### 2.3.1　开关阵列

1. 基本原理

在交换单元内部，要建立任意入线和任意出线之间的连接，最简单直接的办法就是使用开关。在每条入线和每条出线之间都各自接上一个开关，所有的开关就构成了交换单元内部的开关阵列。开关阵列也是最基本、最直截了当、最早使用的交换单元。

若交换单元的每条入线能够与每条出线相连接，则被称为全连接交换单元；若交换单元的每条入线只能够与部分出线相连接，则被称为部分连接交换单元或非全连接交换单元。本节讨论的均为全连接交换单元，故以下不再说明。

若交换单元由空间上分离的多个小的交换部件或开关部件按一定的规律连接构成，则称为空分交换单元。开关阵列是一种空分交换单元。

开关阵列中的开关通常有两种状态：接通或断开。当开关接通时，该开关对应的入线和出线就被连接起来；当开关断开时，入线和出线就不被连接。

开关阵列在拓扑结构上可排成方形或矩形二维阵列，并分别被称为 $N\times N$ 方形开关阵列和 $M\times N$ 矩形开关阵列。图 2-9 表示了用 $M\times N$ 有向矩形开关阵列实现的 $M\times N$ 有向交换单元及 $M\times N$ 无向矩形开关阵列。其中，连接线代表入线和出线，交叉点代表开关，则共有 $M\times N$ 个开关，位于第 $i$ 行第 $j$ 列的开关记为 $\mathrm{K}_{ij}$。

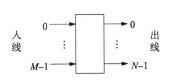

(a)$M\times N$有向交换单元

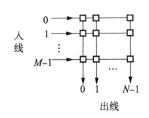

(b)$M\times N$有向矩形开关阵列

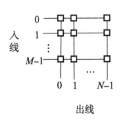

(c)$M\times N$无向矩形开关阵列

图 2-9 交换单元的开关阵列

2. 特性

开关阵列的主要特性如下。

(1)因为每条入线和每条出线的组合都对应着一个单独的开关,所以在任何时刻,任何入线都可连至任何出线。由于从任何给定的入线到出线的通道上只存在一个开关,所以开关控制简单,具有均匀的单位延迟时间。

(2)一个交叉点代表一个开关,因此通常用交叉点数目表示开关数目。对于指定入线和出线数的交换单元,由于开关数反映了实现的复杂度和成本的高低,所以应尽量减少交叉点数目。如何减少交叉点数目是交换领域的重要研究课题。开关阵列的交叉点数取决于交换单元的入线和出线数,是两者的乘积,当入线和出线数增加时,交叉点数目会迅速增加,因此开关阵列适合于构成较小的交换单元。

(3)当某条入线与其连接的所有出线间的一行开关部分或全部处于接通状态时,开关阵列很容易地实现了同发功能和广播功能。同样,若某条出线对应的一列开关部分或全部接通,若干条入线同时接至一条出线,也很容易产生出线冲突。前者是可以利用的优点,后者是应该避免出现的情况。所以,一列开关只能有一个接通状态。

(4)由于开关是开关阵列中的唯一部件,所以交换单元的性能依赖于所使用的开关。如果开关可以双向传送信息,则可构成无向交换单元;如果开关只能单向传送信息,则可构成有向交换单元。如果开关用于传送数字信息,则交换单元也用于交换数字信息;如果开关用于传送模拟信息,则交换单元也用于交换模拟信息。光开关还可构成光交换单元。

3. 开关阵列的控制端和状态端

对于开关阵列的控制端和状态端,最简单的情况是每个开关都有一个控制端和状态端,分别用于控制和表示开关的通断状态。此时一个 $M\times N$ 的交换单元共有 $M\times N$ 个控制端和 $M\times N$ 个状态端,它们均为二值电平。

$M\times N$ 个控制信号可以排成一个方阵,称为控制方阵。位于第 $i$ 行第 $j$ 列的元素 $C_{ij}$ 的值为 1 或 0 用于控制第 $i$ 个入端和第 $j$ 个出端之间接通或断开。同理,状态端也可同样排成一个方阵。

$M\times N$ 个二值控制信号共有 $2^{MN}$ 种不同的组合,每种组合都是一种可能送入交换单元控制信号的取值,但并非 $2^{MN}$ 个控制信号的取值都是允许的,如在不允许同发和广播时,控制方阵中同一行的元素中只能有一个为 1,因此它往往远小于 $2^{MN}$。

4. 实际开关阵列举例

1)继电器

继电器常用于构成小型交换单元,利用继电器的吸合与断开来控制交叉点。其交换单元应该可以双向传送信息,并且模拟信号和数字信号均可以传送。

继电器构成交换单元的缺点是:

- 继电器的动作会对其他部件产生干扰和噪声;
- 继电器的动作较慢,一般为毫秒数量级;
- 继电器的体积较大,一般为厘米数量级。

2)模拟电子开关

模拟电子开关利用半导体材料制成,取代继电器构成小型交换单元。例如,Motorola 公司生产的 MC142100 和 MC145100 都是 4×4 的电子开关阵列。

与继电器相比,其构成的交换单元有以下重要特点:

- 体积小,如构成 8×8 交换单元的全部开关及其连线可以集成在一个芯片上;
- 开关动作比继电器快得多,同时产生的干扰和噪声极小;
- 信号在半导体材料中传送,只能单方向传送,并且衰减和时延较大。

3)数字电子开关

它可以简单地用逻辑门构成,用于数字信号的交换,其开关动作极快并且没有信号损失。

4)2×2 交叉连接单元

2×2 交叉连接单元有两个入端和两个出端,处于平行连接或交叉连接两个状态。交叉连接状态对应于断开状态,平行连接状态对应于接通状态。用它构成的交换单元如图 2-10 所示。

5)多路选择器

最早的步进制电话交换机使用的基本交换部件就是一种多路选择器。

参考图 2-11,$M×N$ 开关阵列的物理实现并不一定要求一个交叉点使用一个开关,也可使用多路选择器。将一行或一列出线连接在一起的开关等效为一个 $M$ 条入线和 1 条出线(即 $M$ 中选一)的多路选择器,也可将一行或一列入线连接在一起的开关等效为一个 1 条入线和 $N$ 条出线(即 $N$ 中选一)的多路选择器,如图 2-11 所示。区别仅在于:对于一行或一列连接在一起的开关,可以实现一点到多点的连接;对于多路选择器,一般只允许点到点连接。

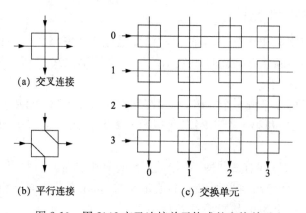

(a) 交叉连接

(b) 平行连接

(c) 交换单元

图 2-10  用 2×2 交叉连接单元构成的交换单元

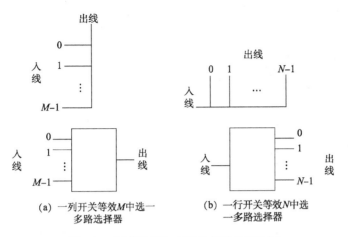

图 2-11 开关阵列与多路选择器的等效图

图 2-12(a)为用 $N$ 个 $M$ 中选一的多路选择器构成的 $M \times N$ 的交换单元,图 2-12(b)为用 $M$ 个 $N$ 中选一的多路选择器构成的 $M \times N$ 的交换单元。

(a)$N$ 个 $M$ 中选一多路选择器构成的 $M \times N$ 交换单元 　 (b)$M$ 个 $N$ 中选一多路选择器构成的 $M \times N$ 交换单元

图 2-12 多路选择器构成的 $M \times N$ 交换单元

### 2.3.2 空间交换单元

空间接线器用来完成同步时分复用信号的不同复用线之间的交换功能,而不改变其时隙位置,简称 S 接线器。

1. 结构

空间接线器由电子交叉矩阵和控制存储器(CM)构成,图 2-13 表示了两种控制方式的空间接线器。

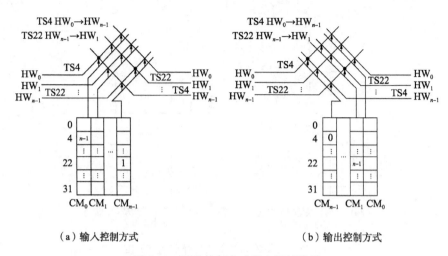

（a）输入控制方式　　　　　　　　　　　（b）输出控制方式

图 2-13　两种控制方式的空间接线器

图 2-13 中的 HW 表示 PCM 总线，它是相对低速支路信号而言的高速总线（High Way），因此也称为 HW 总线。PCM 总线和 HW 总线可以等同使用，本书对 PCM 总线和 HW 总线也不再区分。对于有向交换单元，称入线为上行 HW 总线，记为 UHW；出线为下行 HW 总线，记为 DHW。

从结构上看，它包括一个 $N \times N$ 的电子交叉矩阵和相应的控制存储器。$N \times N$ 的交叉矩阵有 $N$ 条输入复用线和 $N$ 条输出复用线，每条复用线上传送由若干个时隙组成的同步时分复用信号，任一条输入复用线可以选通任一条输出复用线。

这里所说的复用线不一定是 32 路的 PCM 系统，因为实际系统还要将各个 PCM 系统进一步复用，使一条复用线上具有更多的时隙，以更高的码率进入电子交叉矩阵，从而提高其效率。因为每条复用线上具有若干个时隙，即每条复用线上传送了若干个用户的信息，所以输入复用线与输出复用线应在某一指定的时隙内接通。例如，第 1 条输入复用线的第 1 个时隙可以选通第 2 条输出复用线的第 1 个时隙，它的第 2 个时隙可能选通第 3 条输出复用线的第 2 个时隙，它的第 3 个时隙可能选通第 5 条输出复用线的第 3 个时隙。所以，空间接线器不进行时隙交换，而仅仅实现同一时隙的空间交换。当然，对应于一定出入线的各个交叉点按复用时隙高速工作。在这个意义上，空间接线器以时分方式进行工作。

各个交叉点在哪些时隙内应闭合，在哪些时隙内应断开，决定于处理机通过控制存储器所完成的选择功能。如图 2-13（a）所示，每条入线有一个控制存储器（CM），用于控制该入线上每个时隙接通哪一条出线。控制存储器的地址对应时隙号，其内容为该时隙所应接通的出线编号，所以其容量等于每一条复用线上时隙数。每个存储单元的字长，即位数则决定于出线地址编号的二进制码位数。例如，若交叉矩阵是 32×32，每条复用线有 512 个时隙，则应有 32 个控制存储器，每个存储器有 512 个存储单元，每个单元的字长为 5 位，可选择 32 条出线。

图 2-13（b）与图 2-13（a）基本相同，不同的是这时每个控制存储器对应一条出线，用于控制该出线在每个时隙内接通哪一条入线。所以，控制存储器的地址仍对应时隙号，其内容为该时隙所应接通的入线编号，字长为入线地址编号的二进制码位数。

电子交叉矩阵在不同时隙内闭合和断开，要求其开关速度极快，所以它不是普通的开关，它通常由电子选择器组成。电子选择器也是一种多路选择器，只不过其控制信号来源于控制存储器。

### 2. 工作原理

参考图 2-13,空间接线器按照控制存储器配置的不同而划分为如下两种方式。

(1)按输入线配置的称为输入控制方式,如图 2-13(a)所示。

(2)按输出线配置的称为输出控制方式,如图 2-13(b)所示。

在图 2-13(a)中,$CM_0$ 号存储器第 4 单元由处理机控制写入了 $n-1$。第 4 单元对应于第 4 个时隙,当每帧的第 4 个时隙到达时,读出第 4 单元中的 $n-1$,表示在第 4 个时隙时应将第 0 号入线与第 $n-1$ 号出线接通,也就是第 0 号入线与第 $n-1$ 号出线的交叉点在第 4 时隙时应该接通,且接通的时间只有 1 个时隙的时间,即刚好够传输 1 个时隙内 8 位的时间。然后该结点就断开,让这两条线又与其他线相连。

在图 2-13(b)中,如果仍然要使第 0 号入线与第 $n-1$ 号出线在第 4 时隙时接通,应由处理机在第 $CM_{n-1}$ 号控制存储器的第 4 单元写入线号码 0,然后在第 4 个时隙到达时,读出第 4 单元中的 0,控制第 $n-1$ 号出线与第 0 号入线的交叉点在第 4 时隙时接通。

输入控制与输出控制相比,在电子交叉矩阵中的连接点位置不变,只是在控制存储器中的控制单元和内容有所变化。

在同步时分复用信号的每一帧期间,所有控制存储器各单元的内容依次读出,控制矩阵中各个交叉点的通断。

输出控制方式有一个优点:某一入线上的某一个时隙的内容可以同时在几条出线上输出,即具有同发功能和广播功能。例如,在每个控制存储器的第 $K$ 个单元中都写入了入线号码 $i$,使得入线 $i$ 的第 $K$ 个时隙中的内容同时在出线 $0 \sim n-1$ 上输出。对于输入控制方式,若在多个控制存储器的相同单元中写入相同的内容,则会造成出线冲突,这对于正常的通话是不允许的。

### 2.3.3　时间交换单元

前面的 S 接线器只能完成不同总线上相同时隙之间的交换,不能满足任意时隙之间的交换要求。对于同步时分信号来说,每个时隙传输一个用户的信息,要实现不同用户之间的交换,必须设计一种能够在不同时隙之间完成交换功能的交换单元,因此设计了时间交换单元。对于同步时分信号,用户信息固定在某个时隙里传送,一个时隙就对应一条话路。因此,对于用户信息的交换就是对时隙内容的交换,即时隙交换。可以说,实现同步时分复用信号交换的关键是时隙交换。时间接线器用来实现在一条复用线上时隙之间交换的基本功能,简称 T 接线器。

### 1. 结构

时间接线器采用缓冲存储器暂存语音信号,并用控制读出或控制写入的方法来实现时隙交换,因此,时间接线器主要由语音存储器(SM)和控制存储器(CM)构成,如图 2-14 所示。其中,语音存储器和控制存储器都由随机存取存储器(RAM)构成。

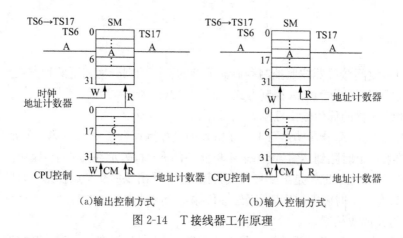

图 2-14　T 接线器工作原理

　　语音存储器用来暂存数字编码的语音信号。每个话路时隙有 8 位编码,故语音存储器的每个单元的位宽应至少为 8 位。语音存储器的容量,也就是所含的单元数应等于输入复用线上的时隙数。假定输入复用线上有 512 个时隙,则语音存储器要有 512 个单元。

　　控制存储器的容量通常等于语音存储器的容量,每个单元所存储的内容由处理机控制写入。如在图 2-14(a)中,控制存储器的输出内容作为语音存储器的读地址。如果要将语音存储器 TS6 输入的内容 A 在 TS17 中输出,可在控制存储器的第 17 单元中写入 6。

　　现在来观察完成时隙交换的过程。在图 2-14(a)中,各个输入时隙的信息在时钟脉冲的控制下依次写入语音存储器的各个单元,时隙 1 的内容写入第 1 号存储单元,时隙 2 的内容写入第 2 号存储单元,依此类推。控制存储器在时钟控制下依次读出各单元内容,读至第 17 单元时(对应于语音存储器输出时隙 TS17),其内容 6 用于控制语音存储器在输出时隙 TS17 读出第 6 号单元的内容,从而完成了 TS6～TS17 之间的时隙交换。

　　一个输入时隙选定一个输出时隙后,由处理机控制写入控制存储器的内容在整个通话期间保持不变。于是,每一帧都重复以上的读/写过程,输入 TS6 的语音信号,每一帧都在 TS17 中输出,直到通话终止。

　　显然,控制存储器每个单元的位宽决定于语音存储器的单元数,也就是决定于复用线上的时隙数。

　　应该注意到,每个输入时隙都对应着语音存储器的一个存储单元,这意味着 T 接线器通过空间位置的划分来实现时隙交换。从这个意义上说,T 接线器带有空分的性质,其实质是通过空间分割的手段来完成时隙交换。

　　2. 工作原理

　　就控制存储器对语音存储器的控制而言,有以下两种控制方式。

　　(1)顺序写入,控制读出,简称输出控制。

　　(2)控制写入,顺序读出,简称输入控制。

　　图 2-14(a)为输出控制方式,即语音存储器的写入是由时钟脉冲控制按顺序进行,而其读出要受控制存储器的控制,由控制存储器提供读地址。例如,当有语音信号 A 需要从 TS6 交换到 TS17 时,语音存储器的第 6 号单元顺序写入语音信号 A,由处理机控制在控制存储器的第 17 号单元写入数据 6 作为语音存储器的输出地址。当第 17 个时隙到达时,从控制存储器的第 17 号

单元中读出其内容 6,作为语音存储器的输出地址,从语音存储器第 6 号单元中读出语音信号 A 输出,完成交换。

图 2-14(b)为输入控制方式,即语音存储器是控制写入,顺序读出,其工作原理与输出控制方式相似,不同之处不过是控制存储器用于控制语音存储器的写入。还是以 TS6~TS17 的交换为例,当第 6 个输入时隙到达时,由于控制存储器第 6 号单元写入的内容是 17,用它作为语音存储器的写入地址,就使得第 6 个输入时隙中的语音信号 A 写入到语音存储器的第 17 号单元。当第 17 个时隙到达时,语音存储器按顺序读出 17 号单元的语音信号 A,完成交换。

需要注意的是,控制存储器只有一种工作方式,它的内容由处理机根据交换的需要随机写入,按顺序读出,即控制存储器只能按控制写入方式进行工作。

实际上,在一个时钟脉冲周期内,由 RAM 构成的语音存储器和控制存储器要完成写入和读出两个动作,这由 RAM 本身提供的读/写控制线控制,在时钟脉冲的正负半周分别完成。

### 3. 容量和时延

时间接线器的容量等于语音存储器的容量及控制存储器的容量,即等于输入复用线上的时隙数,一个输入 N 路复用信号的时间接线器就相当于一个 $N \times N$ 交换单元。因此,增加 N 就可以增加交换单元的容量。当然,在输入复用信号帧长确定时,N 越大,存储器读/写数据的速度就要越快,所以 N 的增加是有限制的。

若单路信号的速率为 $v$,采用的存储器为双向数据总线,数据总线的宽度(即每次存取数据的位数)为 B 位,需要时间 $t$,则下述关系式成立

$$2Nv = B/t$$

由上式可知,增加时间接线器容量的方法包括以下三种。

(1)使用快速的存储器,这相当于减少上式中的 $t$。

(2)增加存储器数据总线的宽度,即增加上式中的 B。

(3)使用单向数据总线的存储器(如双口 RAM),这相当于去掉上式中的因子 2。

因为经过时间接线器进行的是时隙交换,所以每个时隙的信号都会在存储器中产生大小不等的时延。同步时分复用信号经过一个时间接线器的时延包括以下两点。

(1)信号进行串并变换时的时延。这项时延与存储器的数据总线宽度成正比。因此,在通过增加存储器数据总线的宽度来增加时间接线器容量的同时,也增加了信号经过时间接线器的时延。

(2)存储器中的时延。因为时隙互换的关系,所以每个时隙的信号在经过存储器后都会有大小不等的时延。时延最小的情况发生在 1 个时隙的信号在写入存储器后立即被读出时,时延最大的情况发生在 1 个时隙的信号在写入存储器后要等待一帧后才可读出时。应注意,实际交换中各时隙中的单路信号经历的时延各不相同。

### 2.3.4　时间交换单元的扩展

如前所述,增加时间接线器的容量受到芯片读/写速度的限制,那么有什么方法可进一步增加交换单元的容量呢? 同前面的开关阵列思想一样,将一个时间接线器看成一个开关点,将多个时间接线器组成一个阵列,从而可以构成一个更大的交换单元,如图 2-15 所示。

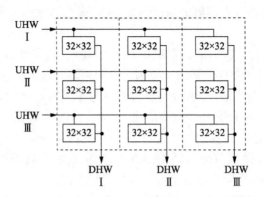

图 2-15　时间接线器的扩展

　　图 2-15 由 9 个时间接线器扩展成一个 3 倍容量的交换单元,但这种方式的缺点是需要的时间接线器数量与扩展倍数 $N$ 按 $N^2$ 增长,因此它只适合于扩展倍数小的情况,扩展倍数大时需要采用其他方式来构成大的交换网络,如采用多级连接的方式。下面将介绍多级交换网络的构成。

### 2.3.5　总线型交换单元

#### 1. 一般结构

　　"总线"是一个最早用在计算机领域中的名词,它指的是把计算机中的各个部件连接在一起的一种技术设备。在最简单也最一般的情况下,它就是一组连线,但与一般连线不同的是,总线一般是把多于两个的器件连接在一起。"总"字在这里有"汇总"或"集中"的意思。例如,在普通的计算机中,在中央处理器从存储器中读数、中央处理器向存储器写数、中央处理器向外设写数或读数等时,各个部件之间的数据传输都经过总线进行。总线相当于一个数据的集散地,也就是说,送数据、取数据都经过总线来进行。因此,易知总线也完全可以用于电信交换。

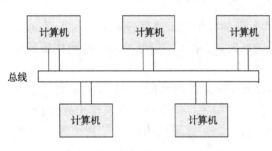

图 2-16　计算机局域网总线结构

　　计算机局域网就使用了总线来完成电信交换的功能。计算机都通过一根同轴电缆连接在一起。各个计算机向这个总线发送数据,也从这个总线上接收数据,如图 2-16 所示。

　　在电信交换中使用的总线型交换单元的一般结构如图 2-17 所示。它包括入线控制部件、出线控制部件和总线三部分。交换单元的每条入线都经过各自的入线控制部件与总线相连,每条出线也经过各自的出线控制部件与总线相连。总线按时隙轮流分配给各个入线控制部件和出线控制部件使用,分配到的入线控制部件将输入信号送到总线上,通过总线将该信号送到出线控制部件。

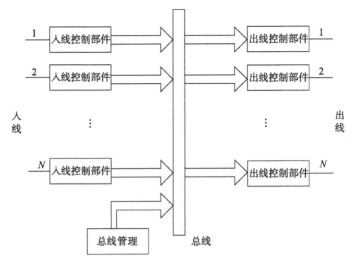

图 2-17 总线型交换单元的一般结构

### 2. 功能及特点

各部件功能如下所述。

(1)入线控制部件的功能是接收入线信号,进行相应的格式变换,放在缓冲存储器中,并在分配给该部件的时隙上把收到的信号送到总线上。因为输入信号是连续的比特流,而总线上接收和发送的信号则是突发的,所以设一个入线控制部件每隔时间 $\tau$ 获得一个时隙,输入信号的速率为 $V(\text{bit/s})$,则缓冲存储器的容量至少应是 $V\tau$ 位。

(2)出线控制部件的功能是检测总线上的信号,并把属于自己的信号读入一个缓冲存储器中,进行格式变换,然后由出线送出,形成出线信号。同理,设一个出线控制部件在每个时间段 $\tau$ 内获得的信号量是一个常数,而出线的数字信号的速率为 $V(\text{bit/s})$,则缓冲存储器容量至少应是 $V\tau$ 位。

(3)总线一般包括多条数据线和控制线。数据线用于在入线控制部件和出线控制部件之间传送信号,控制线用于控制各入线控制部件获得时隙和发送信号,以及出线控制部件读取属于自己的信号。其中,数据线的多少对于交换单元的容量有决定性的意义,因此把总线包括的数据线数量称为总线的宽度。

(4)总线时隙分配要按一定的规则进行。最简单也最常用的规则是不管各入线控制部件是否有信号,只是按顺序把时隙分给各入线。比较复杂但效率较高的规则是只在入线有信号时才分配时隙给它。

由上述的功能描述可知,总线上的信号是一个同步时分多路复用信号,并且所有输入信号将被复合成为一个信号。若有 $N$ 条入线,每条入线的信号速率是 $V(\text{bit/s})$,则总线上的信号速率就是 $NV(\text{bit/s})$。因此,在总线型交换单元中,总线是信息的集散地。若入线较多且输入信号的速率较高,则总线上的信息速率会变得非常高。所以,总线型交换单元入线数和信号速率受总线能够传送的信号速率及入线、出线控制电路的工作速率的限制。

设总线上的一个时隙长度不超过 $T$,且在一个时隙中只能传送 $B$ 位,则有

$$kNV = B/T$$

式中，$k$ 为时隙分配规则因子。若采用简单的固定分配时隙的规则，$k=1$；若采用按需分配的规则，$k<1$。$1/k$ 反映了总线的利用程度。因此，可以通过增加 $B$、减少 $T$ 或减少 $k$ 来增加交换单元的容量。最直接的增加 $B$ 的方法是增加总线的宽度。总线中数据线的数目增加，在一个操作中可以送到总线上的信号量就会增加。但是，与此同时，信号经过交换单元的时延会增加，输入部件中存储器的容量要加大，与总线的接口电路要增加，从而使设备的复杂度增加。减少 $T$ 的直接方法是使用快速器件，但存储器的存取速度是有限的。若总线在一个时隙中的操作分几个步骤完成，则对几个步骤采用并行处理也可能减少 $T$。

总线型交换单元可适用于三种时分复用信号，但具体的实现方式有所不同。目前，在我国电话网中广泛使用的 S1240 数字程控交换机，就采用了总线型交换单元——数字交换单元（DSE），它是一种对同步时分复用信号进行交换的总线型交换单元。

# 2.4  多级交换网络

## 2.4.1  多级交换网络的概念

### 1. 多级交换网络的定义

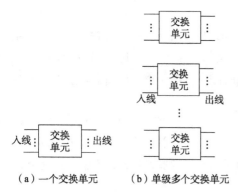

（a）一个交换单元　（b）单级多个交换单元

图 2-18　单级交换网络示例

将交换单元按一定的拓扑结构连接起来就可形成单级交换网络或多级交换网络。单级交换网络由一个交换单元或若干个位于同一级的交换单元构成，如图 2-18 所示。需交换的信号在单级交换网络中一次通过，即一次入线到出线的连接只经过一个交换单元。例如，前面时间接线器的扩展就属于单级交换网络。

另外，由图 2-18（b）可知，在这种单级交换网络中，属于不同交换单元的入线与出线之间无法建立连接，这不能算真正的交换网络。因此，一般所说的单级交换网络如图 2-18（a）所示。

多级交换网络是由若干个交换单元按照一定拓扑结构和控制方式构成的网络。多级交换网络有三大基本要素：交换单元、交换单元之间连接的拓扑方式、控制方式，如图 2-19 所示。

多级交换网络由多级交换单元构成。如果一个交换网络中的交换单元可以分为 $K$ 级，按顺序命名为第 1，2，…，$K$ 级，并且满足以下条件，则称这样的交换网络为多级交换网络，或 $K$ 级交换网络：

（1）所有的入线都只与第 1 级交换单元连接。

（2）所有的第 1 级交换单元都只与入线和第 2级交换单元连接。

（3）所有的第 2 级交换单元都只与第 1 级交换单元和第 3 级交换单元连接。

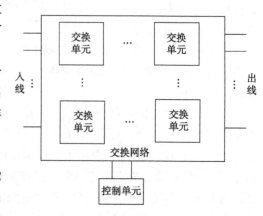

图 2-19　多级交换网络的一般结构

（4）依此类推，所有的第 $K$ 级交换单元都只与第 $K-1$ 级交换单元和出线连接。

多级交换网络的拓扑结构可以用三个参量来说明，这三个参量是：每个交换单元的容量、交换单元的级数和交换单元间的连接通路（链路）。在 2.2 节的学习中已知，一个交换单元入线与出线的关系可以用连接函数来表示，在多级交换网络中不同级交换单元间的拓扑连接也可以用连接函数来表示，这也被称为拓扑描述规则。因此，从数学的观点来看，多级交换网络由一组连接函数所组成，包括各级交换单元本身的连接函数和各级之间链路的连接函数，以此实现交换网络的入线与出线之间的某种映射关系。

**2. 内部阻塞**

1）内部阻塞的基本概念

多级交换网络会出现内部阻塞问题。如图 2-20 所示，在一个 $nm \times nm$ 的两级交换网络中，它的第 1 级是由 $m$ 个 $n \times n$ 的交换单元构成的，第 2 级是由 $n$ 个 $m \times m$ 的交换单元构成的，第 1 级同一交换单元不同编号的出线分别接到第 2 级不同交换单元相同编号的入线上。交换网络的 $nm$ 条入线中的任何一条均可与 $nm$ 条出线中的任一条接通，因而它相当于一个 $nm \times nm$ 的单级交换网络。

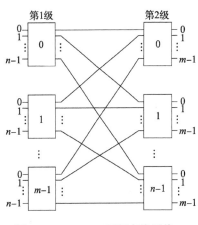

图 2-20 $nm \times nm$ 两级交换网络

与单级交换网络相比，两级交换网络有两个重要的不同点。首先，两级交换网络每一对出线、入线的连接需要通过 2 个交换单元和 1 条级间链路，增加了控制交换单元和搜寻空闲链路的难度。其次，在单级交换网络中，只要有一对出线、入线空闲，两者即可接通。但在两级交换网络中，由于第 1 级的每一个交换单元与第 2 级的每一个交换单元之间仅存在一条链路，任何时刻在一对交换器之间只能有 1 对出线、入线接通。例如，当第 1 级 0 号交换单元的 0 号入线与第 2 级 1 号交换单元的 $m-1$ 号出线接通时，第 1 级 0 号交换单元的任何其他入线都无法再与第 2 级 1 号交换单元的其余出线接通。

这种出线、入线空闲，因交换网络级间链路被占用而无法接通的现象称为多级交换网络的内部阻塞。若用计算机的术语，阻塞也可称为冲突，即不同入线上的信号试图同时占用同一条链路。

单级交换网络不存在内部阻塞，而且它的控制比多级交换网络简单，时延短，因为时延与级数成正比。那么，为什么实际使用的大多是多级交换网络？一般而言，交换网络中交叉点越多，成本越高，建立连接的路径也越多，阻塞的机会也越少，连接能力也就越强。交换网络拓扑设计的总目标就是在满足一定连接能力的要求下，尽量最小化交叉点数。容量相同的多级交换网络与单级交换网络比较，交叉点数会大大减少。例如，图 2-20 中的 $nm \times nm$ 两级交换网络共有交叉点 $n \times n \times m + m \times m \times n$ 个，而 $nm \times nm$ 单级交换网络的交叉点数目为 $nm \times nm$。现设 $n = m = 8$，则一个 $64 \times 64$ 单级交换网络的交叉点数目为 $64 \times 64 = 4\,096$ 个；若是两级交换网络，有交叉点 $8 \times 8 \times 8 + 8 \times 8 \times 8 = 1\,024$ 个。而且，交叉点数目会随着入线、出线数的增加而迅速增加。

2）无阻塞交换网络

研究无阻塞交换网络的目的是如何尽量减少，以至于最后消除多级交换网络的内部阻塞。

下面给出三种无阻塞交换网络的概念。

（1）严格无阻塞网络。不管网络处于何种状态,只要将建立连接的起点和终点空闲,那么任何时刻都可以在交换网络中建立一个连接,而不会影响网络中已建立起来的连接。

（2）可重排无阻塞网络。不管网络处于何种状态,只要将建立连接的起点和终点空闲,那么任何时刻都可以在一个交接网络中直接或对已有的连接重选路由来建立一个连接。

（3）广义无阻塞网络。指一个给定的网络可能存在着固有的阻塞,但也可能存在着一种精巧的选路方法,使得所有的阻塞均可避免,而不必重新安排网络中已建立起来的连接。

因为目前真正实用的广义无阻塞网络非常少见,所以本书只讨论严格无阻塞网络和可重排无阻塞网络。

### 2.4.2　TST 网络

#### 1. 网络结构

TST 网络是电路交换系统中使用最多的一种典型交换网络,它由前面讨论过的共享存储器

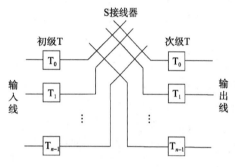

图 2-21　TST 网络结构示意图

型交换单元的 T 接线器和开关结构的 S 接线器连接而成,如图 2-21 所示。

整个 TST 网络是一个三级交换网络,它以 S 接线器为中心,两侧为 T 接线器,输入侧的 T 接线器称为初级 T 接线器,输出侧的 T 接线器称为次级 T 接线器,两侧 T 接线器的数量决定于 S 接线器矩阵的大小。设 S 接线器为 $n \times n$ 型的矩阵,则对应连接到两侧的 T 接线器各有 $n$ 个 T 接线器,网络结构如图 2-21 所示。输入侧 T 接线器用 $T_0 \sim T_{n-1}$ 表示,其中包含语音存储器 $SMA_0 \sim SMA_{n-1}$,控制存储器 $CMA_0 \sim CMA_{n-1}$;输出侧 T 接线器用 $T_0 \sim T_{n-1}$ 表示,其中也包含语音存储器 $SMB_0 \sim SMB_{n-1}$,控制存储器 $CMB_0 \sim CMB_{n-1}$。

从后面的分析可知,TST 网络是一种有阻塞的多级网络。

#### 2. 工作原理

下面以一个具体的例子来分析 TST 的工作原理,如图 2-22 所示,S 接线器为 $6 \times 6$ 的矩阵,采用输入控制方式工作,其控制存储器用 $CMC_0 \sim CMC_5$ 表示。S 接线器前后分别接 6 个 T 接线器。初级 T 接线器采用顺序写入、控制输出方式工作,次级 T 接线器则采用控制写入、顺序读出方式工作。每个接线器对应一条 PCM 总线,依次从 HW0 ～ HW5 编号,初级 T 接线器连接 UHW,次级 T 接线器连接 DHW。假设该 PCM 总线的时隙数为 32。

设 A 用户占用 HW0 的 TS9,B 用户占用 HW5 的 TS24。需要实现 A 用户和 B 用户之间的通话链路连接,设 A 用户为主叫,首先看 A→B 的链路(称为正向通路)如何建立。

1）正向通路的建立

仅从时隙上看,对于 A→B 的链路,已知 A 占 TS9,B 占用 TS24,由于这里是三级交换网络,中间一级的时隙数还未确定,这一级只是 TS9→TS24 的一个桥梁,所以称它为内部时隙,用 ITS 表示。ITS 可以任意选择,先由处理机随机选择一个空闲时隙,假设为 ITS=TS12,因此 A→B 之间的链路为 TS9→TS12→TS24,严格来说是 UHW0 TS9→UHW0 TS12 →DHW5 TS12→

DHW5 TS24。

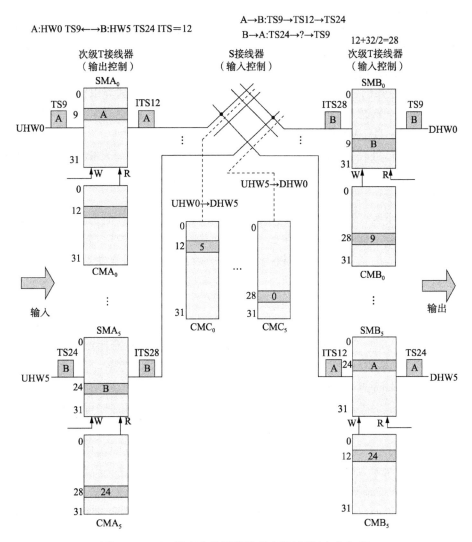

图 2-22 TST 数字交换网络数字交换过程(出入方式)

　　在初级 T 接线器 T0 中建立 TS9→TS12 的链路。根据 2.3 节的分析知,该 T 接线器采用输出控制方式工作,处理机在 CMA$_0$ 的 12 号单元中写入 9,即可建立 TS9→TS12 的链路。

　　在 S 接线器中,完成的不是时隙之间的交换,而是不同 PCM 总线之间的交换,因此它的任务是将 UHW0 的 12 号时隙交换到 DHW5 的 12 号时隙,即完成 UHW0→DHW5 的交换。由于它采用输入控制方式工作,同样根据 2.3 节的分析知,需要在 CMC$_0$ 的 12 号单元中写入 5 即可。

　　通过 S 接线器的交换,A 用户的语音信息送至次级 T 接线器,在这里需要建立 TS12→TS24 的链路。该 T 接线器采用输入控制方式工作,根据前面 2.3 节的分析知,处理机在 CMB$_5$ 的 12 号单元中写入 24,即可建立 TS12→TS24 的链路。

　　至此,A→B 之间的链路已经建立。

2)反向通路的建立

由于语音通信采用双向通信,因此还必须建立 B→A 之间的链路。

先不考虑 HW 总线,仅从时隙上分析,B 占用 TS24,A 占用 TS9,同前面一样,中间 S 接线器的内部时隙应该选择哪个时隙? 前面已经由处理机选择一个空闲时隙,这里不需再通过处理机来选择了,而只是通过计算得到一个时隙,计算的方法采用半帧法,即前面 TS12 时隙之上增加该 PCM 总线总时隙数的一半,这里为 32/2＝16,即 12＋16＝28,因此以 ITS＝TS28 作为 B→A 的内部时隙。即 B→A 之间的链路为 TS24→TS28→TS9(严格说是 UHW5 TS24→UHW5 TS28→DHW0 TS28→DHW0 TS9)。

同前面的过程一样,处理机在初级 T 接线器 CMA$_5$ 的 28 号单元中写入 24,在 S 接线器 CMC$_5$ 的 28 号单元中写入 0,在次级 T 接线器 CMB$_0$ 的 28 号单元中写入 9,即可建立 B→A 之间的链路。

3)半帧法的分析

这里再来分析一下为什么 B→A 时内部时隙采用半帧法来计算,而不由处理机任意选择空闲时隙的问题。首先要明确一个概念,在 1.1.2 节中讲过,交换机的基本要求之一是"在同一时间内能使若干对用户同时通话",而处理机为每一个通话建立连接需要花费时间,为了完成更多的用户接续,就必须使每一个接续花费的时间尽量少,以腾出时间来处理更多的呼叫,从而提高交换机的呼叫处理能力(这个概念在交换机的控制部分讲解),这是设计交换机的一个大原则。

对于反向时隙,从理论上看,可以由处理机任选一个空闲时隙。但从软件的实际运行情况看,处理机的查询工作是一个十分费时的工作,根据前面的大原则,需要尽量减少 CPU 的占用时间,那么有没有办法减少这个时间呢? 从宏观上分析通话的双向链路,所有语音通话都使用双向链路,即在这里的内部时隙也必须是正向和反向各占 1 个时隙,那么,可不可以事先规定存在某种关系的两个时隙成对使用,选择一个就得到一对,从而减少查询的时间。半帧法就是这种思想的一种应用,即采用相差半帧的两个时隙来成对,对于 32 路 PCM 而言,即 TS0 与 TS16,TS1 与 TS17 成对,依此类推。这样在选择内部时隙时,只需选择某一对中其中一个时隙即可,另一个时隙就可通过计算而来,从而可以减少 CPU 的查询时间。同时,进一步观察还发现,对于 0 与 16、1 与 17、2 与 18,从二进制编码来看仅是最高位不同(表示 32 个数只需 5 位,位 0～位 4),对二进制的不同就是反码而已,因此这里只需通过一个硬件电路(反相器)即可得到另一个时隙号,完全不占用 CPU 的时间。

这就是为什么需要采用半帧法的原因和好处。由此可知,使用同样的资源实现同样的功能,若设计方法不同,则得到的效果完全不一样。若不采用半帧法,则使用同样资源的交换机能同时完成的呼叫数将大大减少。

大家还可以思考一下这里若不采用半帧法,即不用半帧成对方式,还有没有其他方法?

换用奇偶成对的方式,即 0 与 1 成对,2 与 3 成对,效果是否一样? 具体又有哪些变化? 这里仅对位 0 进行反向而已。读者可进一步思考是否还有其他方法。

**3. 存储器的合并**

通过前面半帧法的分析,大家是否感觉到技术设计和原理分析是一个有趣的事情? 若是,那么还可以进一步观察和分析,看看还有哪些地方可以改进,以提高效率或节省资源。

图 2-22 的初级 T 接线器和次级 T 接线器分别采用输出控制和输入控制的工作方式。下面将它们变换一下,初级 T 接线器采用输入控制方式,次级 T 接线器采用输出控制方式工作,简称"入出方式",如图 2-23 所示。

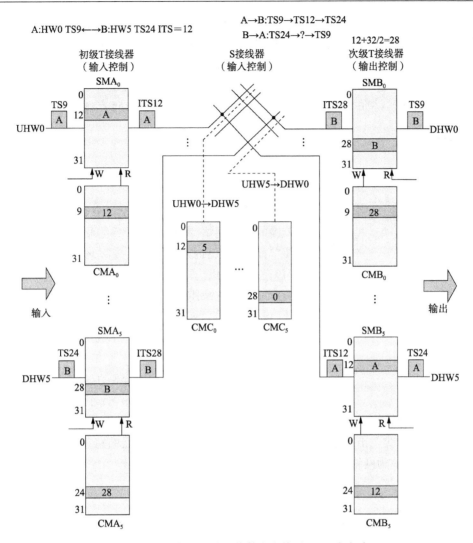

图 2-23　TST 数字交换网络数字交换过程（入出方式）

同样还是建立图 2-22 中 A、B 两个用户的连接，内部的反向时隙采用半帧法。根据同样的方法，可以完成图 2-23 中相应的 CMA 单元、CMC 单元、CMB 单元的信息。与图 2-22 的信息相比较，有什么不同。再结合前面半帧法的分析，能否发现规律。

由图 2-23 可知，初级 T 接线器和次级 T 接线器采用入出方式工作，则每对 T 接线器（初级 $T_0$ 与次级 $T_0$）的控制存储器（$CMA_0$ 与 $CMB_0$）对一个双向呼叫链路而言，其地址单元号相同，而且二者的内容刚好相差半帧。如图 2-23 中 $CMA_0$ 的 9 号单元的内容为 12，$CMB_0$ 中 9 号单元的内容为 28，12 与 28 正是前面半帧法所确定的一对时隙。同样，$CMA_5$ 与 $CMB_5$ 中 24 号单元的内容分别为 28 和 12。这里 9 号和 24 号正是 A、B 用户所占的时隙号。这可以从 T 接线器的工作原理和半帧法的思想，以及同一用户在上下行 HW 上分配相同时隙号可以分析出，这个规律对所有双向链路的连接都成立。

至此，既然 CMA 和 CMB 中相同单元号的内容是成对的，那么就没有必要全部存储，只需存储一对中的一个即可，另一个可通过存储的那个内容计算出来（前面提到的最高位反向即可）。这样就可以去掉所有的 CMB，所有 CMB 的内容都可以从 CMA 中相同单元号的内容通过计算而来,从而节省一半的存储器。

存储器是一种昂贵的资源,如对于计算机千年虫问题,当时就为了节省两个数字,导致 1999 年耗巨资来解决千年虫问题。因此,存储器在当时相当宝贵。如今存储器已经便宜了很多,但 T 接线器中的存储器是 SRAM 类型的存储器,至今也还是最贵的存储器。这可以从计算机的 Cache 来体会,因为计算机的 Cache 也是这种 SRAM,而不是 SDRAM 存储器。

### 2.4.3 CLOS 网络

#### 1. CLOS 网络的基本概念

为了降低多级交换网络的成本,长期以来人们一直在寻求一种交叉点数随入线、出线数增长

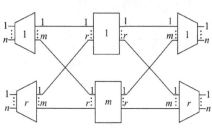

图 2-24 三级 CLOS 网络

较慢的交换网络,其基本思想都是采用多个较小规模的交换单元按照某种接线方式连接起来形成多级交换网络。CLOS 首次构造了一类如图 2-24 所示的 $N \times N$ 的无阻塞交换网络。它采用足够多的级数,对于较大的 $N$,能够设计出一种无阻塞网络,其交叉点数增长的速度小于 $N^{1+\epsilon}$ ($0 < \epsilon < 1$)。也就是说,使用 CLOS 网络既可以减少交叉点数,又可以做到无阻塞。

由图 2-24 可知 CLOS 网络的结构:两边各有 $r$ 个对称的 $n \times m$ 矩形交换单元和 $m \times n$ 矩形交换单元,中间是 $m$ 个 $r \times r$ 的方形交换单元。每一个交换单元都与下一级的各个交换单元有连接且仅有一条连接,因此,任意一条入线与出线之间均存在一条通过中间级交换单元的路径。$m$、$n$、$r$ 是整数,决定交换单元的容量,称为网络参数,并记为 $C(m, n, r)$。

#### 2. 三级 CLOS 网络无阻塞条件

1)CLOS 网络的严格无阻塞条件

一个 CLOS 网络严格无阻塞的条件是当且仅当 $m \geqslant 2n-1$。

参见图 2-24 可知,在最不利情况下,中间级会有 $(n-1) \times 2$ 个交换单元被占用,因此,中间级至少要有 $(n-1) \times 2 + 1 = 2n-1$ 个交换单元,即 $m \geqslant 2n-1$ 时,可确保无阻塞,所以,对于 $C(m, n, r)$ CLOS 网络,如果 $m \geqslant 2n-1$,则此网络严格无阻塞。

2)CLOS 网络的可重排无阻塞条件

对于三级 CLOS 网络 $C(m, n, r)$,可重排无阻塞的充分必要条件是 $m \geqslant n$。

图 2-25 表示了一个 $m = n = r$ 的三级可重排无阻塞 CLOS 网络。

严格无阻塞网络的概念比较好理解,而可重排无阻塞网络就有些抽象。为了便于理解,下面用一个简化的例子来说明可重排无阻塞网络的基本原理。

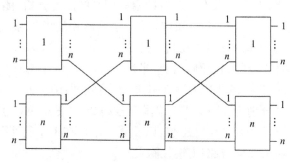

图 2-25 三级可重排无阻塞 CLOS 网络

假设有一个 $4 \times 4$ 的三级可重排无阻塞 CLOS 网络,如图 2-26 所示。其中,$m = n = r = 2$,显然,它不满足严格无阻塞的条件。仅考虑点到点

连接,则这种交换实际上在数学上等效于对 4 个数的排列置换。但是,这种网络并不能实现入线和出线之间所有可能的置换。例如,参照图 2-26,欲作如下的交换,其连接函数的排列表示为

$$\begin{pmatrix} 1 & 2 & 3 & 4 \\ 4 & 2 & 1 & 3 \end{pmatrix}$$

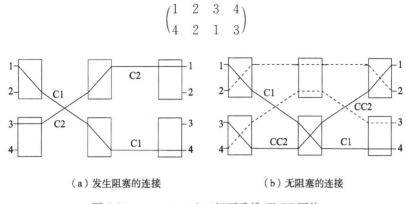

（a）发生阻塞的连接　　　　　　（b）无阻塞的连接

图 2-26　$m=n=r=2$ 三级可重排 CLOS 网络

如图 2-26(a)所示,1→4 的连接已经过路径 C1,3→1 的连接已经过路径 C2,那么 2→2 和 4→3 的连接就无法建立,即发生了阻塞,但可重新调整已有 1→4 和 3→1 的连接以建立 2→2 和 4→3 的连接。为此,如图 2-26(b)所示,不改变原来的 1→4 的路径 C1,而将 3→1 的路径改为 CC2,那么 2→2 和 4→3 的连接就可以建立(如图 2-26(b)中虚线所示)。这样,总共改变了原有连接 1 次。可见,对于如图 2-26 所示的 $m=n=r=2$ 的三级 CLOS 网络,改变原有连接 1 次,就可以实现所指定的无阻塞连接,但需要有一套重新安排路径的算法。

### 3. 非对称 CLOS 网络

若 CLOS 网络的入线数为 $M$,出线数为 $N$,$M \neq N$,则称为非对称 CLOS 网络。三级非对称 CLOS 网络记为 $V(m,n_1,r_1,n_2,r_2)$,它表示第 1 级有 $r_1$ 个输入交换单元,其中每个单元都具有 $n_1$ 条入线和 $m$ 条出线,且 $M=r_1 n_1$;第 3 级有 $r_2$ 个输出交换单元,其中,每个单元都具有 $n_2$ 条出线和 $m$ 条入线,且 $N=r_2 n_2$;中间级有 $m$ 个 $r_1 \times r_2$ 的交换单元。如果 $n_1=n_2$,$r_1=r_2$,该网络就简化成如图 2-24 所示的对称三级 CLOS 网络 $C(m,n,r)$。

对于 $V(m,n_1,r_1,n_2,r_2)$ 三级非对称 CLOS 网络,严格无阻塞的条件是 $m \geqslant n_1+n_2-1$,此网络是可重排无阻塞的条件是 $m \geqslant \max(n_1,n_2)$。

## 2.4.4　BANYAN 网络

常常把最小的交换单元,即 $2 \times 2$ 的交换单元称为交叉连接单元,参见图 2-10,这里将它改画为如图 2-27 所示的形式。它有 2 条入线和 2 条出线,可以处于平行连接或交叉连接两个状态,分别完成不同编号的入线和出线之间的连接,达到 2 条入线中的任意入线和 2 条出线中的任意出线可进行交换的目的。

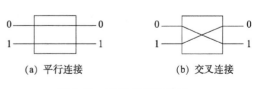

（a）平行连接　　　　（b）交叉连接

图 2-27　$2 \times 2$ 的交换单元

以 $2 \times 2$ 的交换单元为基础构件构成的多级互连网络得到了高度重视,BANYAN 就是由若干个 $2 \times 2$ 的交换单元组成的多级交换网络。它最早用于并行计算机领域,与电话交换毫不相干,但后来在 ATM 交换机中得到广泛应用。它适用

于统计复用信号的交换,即根据信号中携带的出线地址信息在交换网络中建立通道,是进行信元交换的有效方法之一。

### 1. BANYAN 网络的递归构造

将 4 个 2×2 的交换单元连接起来可以得到一个 4×4 的二级网络,如图 2-28 所示。

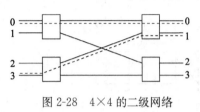

图 2-28   4×4 的二级网络

值得注意的是,这种交换网络有一个特点,就是它的每一条入线到每一条出线都有一条路径,并且只有一条路径。例如,图 2-28 用虚线画出了由入线 0 到出线 0 和入线 3 到出线 1 的路径。

同样,如果使用 12 个 2×2 的交换单元就可以构成一个 8×8 的三级交换网络,其第 1 级和第 2 级之间的连接为子洗牌连接,第 2 级和第 3 级之间的连接为均匀洗牌连接,如图 2-29 所示,它同样具备上述特点。

观察图 2-29,可以把前面的 8 个 2×2 的交换单元看成两个 4×4 的二级交换网络,后面再加上一级 4 个 2×2 的交换单元以构成 8×8 的三级交换网络。

图 2-29   8×8 的交换网络

这种将多个 2×2 的交换单元分成若干级,并按照一定的级间连接方式构成的多级交换网络就称为 BANYAN 网络。

用 2×2 的交换单元构成 BANYAN 网络的具体形式可以有多种,图 2-30 中的 4 种交换网络均为 8×8 的 BANYAN 网络。

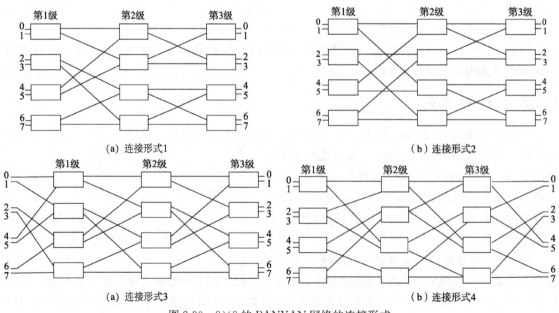

(a) 连接形式1

(b) 连接形式2

(a) 连接形式3

(b) 连接形式4

图 2-30   8×8 的 BANYAN 网络的连接形式

参照前面讲述 $4 \times 4$ 的 BANYAN 网络和 $8 \times 8$ 的 BANYAN 网络的实例,发现 BANYAN 网络的结构很有规则,利用递归的方法,可以用较小的 BANYAN 网络构成较大的 BANYAN 网络,其构成方法如下所述。

假设已有 $N \times N$ 的 BANYAN 网络,要构成 $2N \times 2N$ 的 BANYAN 网络,则可使用 2 组 $N \times N$,再加上 1 组 $N$ 个 $2 \times 2$ 的交换单元构成。第一组 $N \times N$ 的 $N$ 条出线分别与 $N$ 个 $2 \times 2$ 的某一入线相连,第二组 $N \times N$ 的 $N$ 条出线分别与 $N$ 个 $2 \times 2$ 的另一入线相连。例如,用 $8 \times 8$ 的 BANYAN 网络构成 $16 \times 16$ 的 BANYAN 网络时,可用 2 组 $8 \times 8$,加上 8 个 $2 \times 2$ 的交换单元构成,共需要 32 个 $2 \times 2$ 的交换单元。

对于 $N \times N$ 的 BANYAN 网络,其级数约为 $M = \text{lb } N$,每一级需要 $N/2$ 个 $2 \times 2$ 的交换单元,共需要 $(N/2) \text{lb } N$ 个 $2 \times 2$ 的交换单元。

**2. 工作原理和性质**

BANYAN 网络非常有规则的构造方法使其具有许多重要的性质:唯一路径性质、自选路由性质、编号数字置换性质和内部阻塞性质。下面分别进行讨论。

1)唯一路径

在图 2-28 的 $4 \times 4$ 的 BANYAN 网络中,已知它的每条入线与每条出线之间都有一条路径并且只有这一条路径。这就是 BANYAN 网络的唯一路径特点。对于这一点,可以用类似于数学归纳法的办法给予证明。

首先,$4 \times 4$ 的 BANYAN 网络只有唯一路径。假设它对 $N \times N$ 的 BANYAN 网络也成立。那么,对于 $2N \times 2N$ 的 BANYAN 网络来说,因为 $2N \times 2N$ 的 BANYAN 网络用前述的方法来构成,显然从 $N \times N$ 的 BANYAN 网络到最后一级 $2 \times 2$ 的交换单元中共有 $2N$ 条路径,并且要到其中某一条出线必须经过其中唯一的一条路径。可见这样构成的 $2N \times 2N$ 的 BANYAN 网络,仍然是在每条入线和每条出线间都存在一条路径并且只有唯一的一条路径。这就证明了上述特点对任何 $N$ 都成立。

2)自选路由

由 BANYAN 网络的构成方法可知,一个 BANYAN 网络的入线数和出线数相等,并且若假设其为 $N$,则必有 $N = 2^M$,$M$ 为级数。再设 $N$ 条入线和 $N$ 条出线分别按顺序编号为十进制数 $0,1,2,\cdots,N-1$,则必定可用 $M$ 位二进制数字来区别 $N$ 条入线和 $N$ 条出线。

由 BANYAN 网络的唯一路径特点可知,从 BANYAN 网络的任意一条入线到全部 $N$ 条出线共有 $N$ 个连接,这 $N$ 个连接可以用出线的 $N$ 个不同的编号表示,即其中的每一个连接都可以用 $M$ 位二进制数字表示。

一个 $N \times N$ 的 BANYAN 网络共有 $M$ 级,每一级有 $N/2$ 个 $2 \times 2$ 的交换单元。如果把每个交换单元的两条入线和两条出线都依照在图上的上下位置分别编号为 0 和 1,考虑一个由入线 $i$ 到出线 $j$ 的连接,那么这个连接由 $M$ 个属于不同级的交换单元按顺序连接组成。从第 1 级开始按顺序排列该连接经过的各个交换单元的出线编号(0 或 1),则恰好组成一个 $M$ 位二进制数字。这 $M$ 位二进制数字正是出线 $j$ 的编号。换一个角度说,BANYAN 网络的每一级正好对应 $M$ 位二进制数字中的一位。从任意一条入线开始,逐个读出各级交换单元相应出线的数字 0 或 1,那么这些数字组合起来就是出线的号码。可以说明,这个数字 $N$ 种不同的取值正好表示了从同一条入线出发的 $N$ 个不同的连接或路径。图 2-31 是一个 $8 \times 8$ 的 BANYAN 网络,标出了全部 8 条通往出线 3 上的路径,每条路径上三个交换单元的出线号码分别是 0、1、1,组合起来的二进制

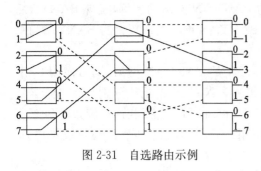

图 2-31    自选路由示例

数字 011 正是 BANYAN 网络的出线号码 3。

显然,如果把出线的编号(或称为地址)以二进制数字的形式送到交换网络,那么每一级上的 $2\times2$ 的交换单元就只需根据这个地址中的某一位就可以判别应将其送往哪一条出线上。比如,第 1 级上的 $2\times2$ 的交换单元只读地址的第 1 位,第 2 级上的 $2\times2$ 的交换单元只读地址的第 2 位……当所有地址都被读完,这个信元就已经被送到相应的出线上了。显然,如果能够利用这一点,则交换网络的控制部分就可以变得十分简单,这显然也是一个很大的优点。这是自选路由,即给定出线地址,不用外加控制命令,就可选择到出线。对于统计复用信号,每个信元均携带有控制信息,包括路由信息,即出线地址,使用 BANYAN 网络可以很方便地进行交换。

3)编号数字置换

像任何交换单元及交换网络一样,BANYAN 网络的入线和出线可以都编上号码,并用一组数字的排列或置换来表示它的一种连接方式。例如,对于 $4\times4$ 的 BANYAN 网络,给定连接函数的排列表示为

$$\begin{pmatrix} 0 & 1 & 2 & 3 \\ 3 & 0 & 2 & 1 \end{pmatrix}$$

这表示,4 条入线和 4 条出线分别编号为 0、1、2、3,入线 0 连接到出线 3,入线 1 连接到出线 0,入线 2 连接到出线 2,入线 3 连接到出线 1,如图 2-32 所示。

虽然任何一个交换单元及交换网络都可以用置换来表示其连接方式,但对于 BANYAN 网络而言,使用置换有特别的意义。这是因为,BANYAN 网络按级由 $2\times2$ 的交换单元组成,每一个 $2\times2$ 的交换单元都完成两个数字的一次置换,每一

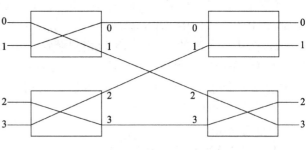

图 2-32    编号数字置换示例

级都完成 N 个数字的一次置换。换句话说,在 BANYAN 网络中,表示整个交换网络连接方式的置换由各级及级间逐次置换构成。例如,图 2-32 中连接方式的实现是以下各级及级间置换的叠加。

第 1 级交换单元完成的连接置换为

$$\begin{pmatrix} 0 & 1 & 2 & 3 \\ 1 & 0 & 3 & 2 \end{pmatrix}$$

第 1 级交换单元和第 2 级交换单元之间完成的连接置换为

$$\begin{pmatrix} 0 & 1 & 2 & 3 \\ 0 & 2 & 1 & 3 \end{pmatrix}$$

第 2 级交换单元完成的连接置换为

$$\begin{pmatrix} 0 & 1 & 2 & 3 \\ 0 & 1 & 3 & 2 \end{pmatrix}$$

总结上述 3 个特点,下面以 8×8 的 BANYAN 网络为例,简要说明信号通过 BANYAN 网络交换时的工作过程,如图 2-33 所示。

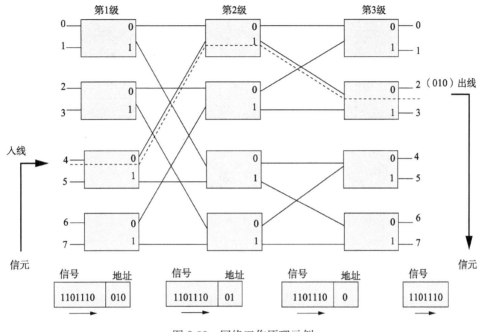

图 2-33 网络工作原理示例

当 010,0111011(其中 010 为路由标记,表示出线编号;0111011 为需交换的信号)进入交换网络的入线 4 时,第 1 级交换单元根据接收的第 1 位决定比特流的出线,然后将第 1 位丢弃,重复上述操作直至到达相应出线。在第 1 级中比特流输出到 0 线,第 2 级中比特流输出到 1 线,第 3 级输出到 0 线,正好到达指定出线且路由标记已丢弃,仅剩用户信号流。

显然,BANYAN 网络具有简单、模块化、可扩展性好及信元交换时延小等优点,但它也存在着明显的问题,即内部阻塞。下面讨论 BANYAN 网络的内部阻塞问题。

4)BANYAN 网络的内部阻塞

BANYAN 网络不是 CLOS 网络,它不符合 CLOS 网络的无阻塞条件,因此对 BANYAN 网络的内部阻塞问题要重新进行讨论。

当 BANYAN 网络中某一个 2×2 的交换单元的两条入线同时要向同一条出线发送信元时,就会发生阻塞。根据发生阻塞的 2×2 的交换单元在交换网络中的位置,内部阻塞会出现下面两种情况。

(1)发生阻塞的 2×2 的交换单元在交换网络的最后一级,即交换网络的两条入线或多条入线同时试图占用同一条出线,这称为出线阻塞。例如,在图 2-31 中,入线 0~7 都要同时接到出线 3。由于出线阻塞不是由于交换网络本身的缺陷造成的,采用输入或输出缓冲排队方法可以很好地解决。所以内部阻塞通常不包括出线阻塞。

(2)发生阻塞的 2×2 的交换单元在交换网络的各级(除最后一级之外),例如,在图 2-34 中,假设有 8×8 的 BANYAN 网络,在入线 0、1、4、6 上同时接收到信元,其路由标记分别为 3、7、2、4,即此时需要建立以下连接。

连接 1:0→3;

连接 2:1→7;
连接 3:4→2;
连接 4:6→4。

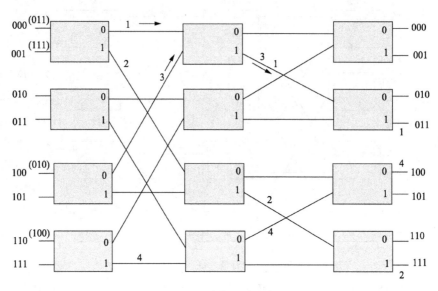

图 2-34   内部阻塞示例

当连接 1 和连接 3 同时到达第 2 级交换单元时,必然会同时选择该交换单元中的出线 1,于是发生内部阻塞(如图 2-34 中箭头所示)。如果不采取适当措施,就会造成信元丢失,入线 4 的信息未送到出线 2。

应该注意的是,BANYAN 网络的内部阻塞发生在 2×2 的交换单元内部,而不是级与级之间的链路上。

BANYAN 网络不仅有内部阻塞,而且这种内部阻塞随着阵列级数的增加而增加。当级数太多时,内部阻塞就会变得不可容忍。因为交换网络大了,级数就会增加,所以,由于内部阻塞,BANYAN 网络不可能设计得很大。

内部阻塞是 BANYAN 网络必须解决的一个问题,可考虑如下解决办法。

(1)内部阻塞在 2×2 交换单元的两条入线要向同一个出线上发送信元时产生,在最坏的情况下,这个概率是 1/2。但是,如果入线上并不总有信号,这个概率就会下降。因此,可以通过适当限制入线上的信息量或加大缓冲存储器来减少内部阻塞。

(2)可以通过增加多级交换网络的多余级数来消除内部阻塞。例如,把 8×8 的 BANYAN 网络的级数由 3 增加到 5,内部阻塞就可以消除。事实上,有人已经证明,要完全消除 $N×N$ 的 BANYAN 网络(其级数为 $M=\log_2 N$)的内部阻塞,级数至少需要 $2\log_2 N-1$ 级。

(3)可以增加 BANYAN 网络的平面数,构成多通道交换网络。

(4)使用排序 BANYAN 网络,这是解决 BANYAN 网络内部阻塞问题的一个重要方法。

排序 BANYAN 网络的内容将在下面进行详细讨论。

## 3. 排序 BANYAN 网络

经过研究发现,只要 BANYAN 网络同时输入的全部数据块(信元)的出线地址(路由标记)

单调排列(即单调递增或单调递减),则内部阻塞不存在。因此,为了满足 BANYAN 网络无阻塞条件,解决 BANYAN 网络的内部阻塞,可在 BANYAN 网络前加入排序网络,构成排序 BAN-YAN 网络。

1)排序网络

一个 $N$ 输入的排序网络也称为 $N$ 排序器,是一种满足下述条件的具有 $N$ 个输出的开关阵列,即给定输入

$$I=\{i_0,i_1,\cdots,i_{N-1}\}$$

对于输入 $I$ 的任意组合,所形成的输出为

$$O=\{o_0,o_1,\cdots,o_{N-1}\},\text{且 } o_0\leqslant o_1\leqslant\cdots\leqslant o_{N-1}$$

可见,$O$ 是 $I$ 的一种置换,即排序网络是将输入端原先无序的数按照大小关系整理成有序的序列输出。

前面所讲的交换网络实际上是将入线地址按照目的地址的要求映射到所希望的出线上。所以,从置换的角度来讲,排序和交换两者在功能上极为相似。后面将会看到,这种功能上的相似性也导致了两者在拓扑结构上的相似性。

一种常用的构成排序网络的开关是由 BATCHER 首先定义的 2 排序器,即 $2\times2$ 比较器,也称为 BATCH-ER 比较器。由它构成的排序网络称为 BATCHER 排序网络。BATCHER 比较器如图 2-35 所示,它实际上是一个两入线/两出线的比较交换单元,将入线上的两个数字进行比较后,高地址信元送到高端(H),低地址信元送到低端(L),当仅有一个信元时,将它送到低端。

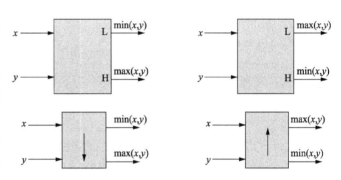

图 2-35　BATCHER 比较器及其两种表示方法

排序和交换的不同之处在于,排序网络可对进入该网络的数据(而不是地址)进行排序,以达到将原来任意顺序的数据整理成一个完全有序序列的目的。交换对地址进行映射,以便将任一入线连接到任一出线。

求解排序问题常常用到的是软件排序算法,如气泡排序、快速排序、堆排序、桶排序、基排序和归并排序等。求解排序问题的另一种方法是使用网络的办法,即采用如图 2-35 所示的比较器来构成一种能自动排列无序数为有序数的排序网络,故也称为比较器网络。显然,排序网络是直接执行排序算法的硬件实现方法。

2)BATCHER-BANYAN 网络

BATCHER-BANYAN 网络(简称 B-B 网)由 BATCHER 排序网和 BANYAN 网络组成。它用独具匠心的拓扑结构成功地避免了 BANYAN 网络的内部阻塞,这是目前 ATM 交换机使用较多的一种网络。

一个 BATCHER-BANYAN 网络的例子如图 2-36 所示,BATCHER 排序网络和 BANYAN 网络之间采用洗牌连接,共同构成 $8\times8$ 的交换网络。

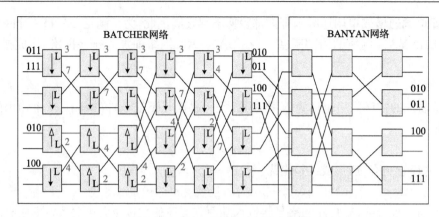

图 2-36　BATCHER-BANYAN 网络

假设入线 0、1、4、6 上同时接收到信元,其路由标记分别为 3、7、2、4,即此时需要在交换网络中建立以下 4 条连接。

连接 1:0→3;

连接 2:1→7;

连接 3:4→2;

连接 4:6→4。

若不使用排序网络,而直接使用 8×8 BANYAN 网络,则同图 2-34,发生内部阻塞,造成信元丢失,连接 3 未成功。

现在,BANYAN 网络前加上 BATCHER 排序网,将交换网络的出线地址,即路由标记 3、7、2、4 首先送入排序网络进行排序。注意,经过排序网络的数据就是交换网络的出线地址,而不是入线编号。这样,排序网络将路由数据按顺序排列在 BATCHER 排序网络的出线上,图 2-36 中的路由标记 3、7、2、4 经 BATCHER 网排序后,2(010)出现在第 0 条出线上,出线 1、2、3 上分别是 3(011)、4(100)、7(111)。BATCHER 排序网络的出线再按顺序单调进入 BANYAN 网络,从而满足 BANYAN 网络无阻塞条件,消除了网络的内部阻塞。图 2-36 的 4 个输入信元均成功送到出线上。

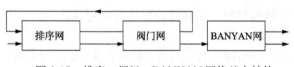

图 2-37　排序—阀门—BANYAN 网络基本结构

排序 BANYAN 网络成功地消除了内部阻塞,但应注意它不能消除出线阻塞。为了消除出线阻塞,除了可以采用输入或输出缓冲排队方法外,在排序 BANYAN 网络中,还可以在排序网和 BANYAN 网络之间加一个阀门,即反馈线。当出现路由标记相同的信元时,选择级别高的放行,另一个送到排序网的输入端重新排队,并且提高这个信元的优先级,如图 2-37 所示。

**思考题**

1. 在 PCM 的时分复用中,随着复用路数的增加,每帧包含的子支路数增加,那么每帧的时间长度是否会随之增加? 为什么?

2. 利用单向交换网络能否实现用户的双向通信?

3. T 接线器和 S 接线器的主要区别是什么?

4. 为什么说 TST 网络是有阻塞的交换网络?

5. 能否举出一个可重排的 CLOS 网络例子?

# 第3章　电路交换系统

电路交换是为语音通信而发展起来的,经过100多年的发展,从人工交换方式发展到现在的电子自动交换方式,从模拟信号发展到现在的数字时分信号。时至今日,基于分组交换方式的IP语音是话音通信发展的新方向,但电路交换目前仍然在通信领域占有主导地位。即使今后它被IP代替而退出历史舞台,但其思想、方法、原理仍然在通信领域具有重要的地位,ATM及今后的光交换都用到电路交换的思想和原理。

本章重点讲解电路交换的基本原理,在电路交换所需的硬件结构、软件结构等方面加以描述,重点介绍电路交换系统的组成框架、主要功能,以及实现电路交换的整个工作过程,淡化具体的技术细节,强调通过软硬件结合方式实现电路交换基本方法的理解和应用。

程控交换机是电路交换的典型代表,至今还在语音电话网中大量使用,因此本章以程控交换为例进行讲解。

## 3.1　硬件系统的基本组成

程控交换机的硬件系统分为话路和控制两个部分。话路部分包含数字交换网络和各种外围接口模块,如用户模块、中继模块、信号模块等,类似人工时代交换机部分的作用,其工作过程和思想是相似的,只是具体的实现手段不同,全部采用当今时代的通用技术——电子元器件来实现。控制部分完成对话路部分的控制和管理,类似人工时代的话务员作用,采用目前的通用技术——计算机来控制。程控交换系统的组成框图如图3-1所示。

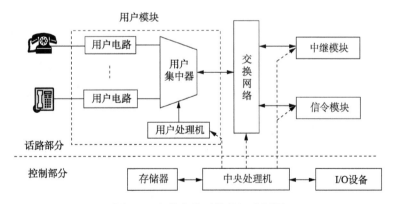

图 3-1　程控交换系统的组成框图

### 1. 话路部分

话路部分包括用于建立通话连接的实际话路和各种接口,是交换机的业务功能部分,它以数字交换网络为中心,由各种终端设备和信号设备组成。

交换网络是整个话路部分的核心,连接各个外围模块,同时为各个模块之间的通信提供通信链路。它除了为呼叫提供需要的内部语音/数据通路外,有时还提供信令、信号音和处理机之间通信信号的固定或半固定的连接。

用户模块包含用户电路、用户集中器和用户处理机三部分。用户电路通过用户线直接连接用户的终端设备——话机,程控交换机中的用户电路大都采用独占方式供用户使用,也可以通过用户集中器主要完成用户电路与核心交换网络之间的连接,实现用户话务的集中和扩散,提高交换网络链路的利用率。用户处理机完成对用户模块的控制功能和管理功能。

中继模块是交换机与局间中继线之间的接口设备,完成与其他交换机之间的连接,从而组成整个电话通信网。按照连接中继电路的类型,中继模块可分为模拟中继模块和数字中继模块,分别用来连接模拟中继线和数字中继线。目前,模拟中继已基本淘汰,数字中继设备已广泛使用。

信令模块完成交换机在话路接续过程中所必需的各种信令功能。一是产生各种信号音,如拨号音、忙音、回铃音、MFC 信号音等,二是接收电话机和其他交换机送来的各种信号,如接收并识别电话机送来的 DTMF 信号,其他交换机送来的 MFC 信号,以及 No. 7 信令的发送和接收、分析处理等。

### 2. 控制部分

控制部分是交换机的控制主体,完成整个交换机的控制功能,其实质是计算机系统,由处理机、存储器和输入/输出设备组成,通过执行相应的软件,完成规定的呼叫处理、维护和管理的功能。

在采用分级控制的交换机中,通常由中央处理机完成对数字交换网络和公用资源设备的控制,完成呼叫控制及系统的监视、故障处理、话务统计、计费处理等。外围处理机完成对各种外围模块的控制,如用户处理机完成用户电路的控制、用户话务的集中和扩散、扫描用户线路上的各种信号并向呼叫处理程序报告、接收呼叫处理程序发来的指令并对用户电路进行控制。

处理机是整个控制部分的核心,用来执行交换机的软件指令,其运算能力的强弱直接影响整个交换机的处理能力。

存储器是保存程序和数据的设备,分为内部存储器和外部存储器。内部存储器根据访问方式可分为只读存储器(ROM)和随机访问存储器(RAM)。内存的大小也会对系统的处理能力产生影响。外部存储器指硬盘、磁带、光盘等,用于存储交换机程序、管理数据及计费数据等。

输入/输出设备(I/O 设备)包括计算机系统中所有的外围部件,输入设备包括键盘、鼠标等;输出设备包括显示设备、打印机等。

在程控交换机中,除了用户电路,其余模块都是公用资源,占用的体积都不大。除了用户电路和中继模块,程控交换机一般采用双备份方式以确保其可靠运行。由于用户电路与交换机容量直接相关,且多采用独占方式,为私用资源,因此用户电路的数量很大,在整个交换机中占绝大部分的体积比例。用户电路和中继电路一般采用 $n+m$ 的备份方式。

## 3.2　话路系统组成

程控交换机的话路系统主要包括:数字交换网络、终端接口、信令设备等,通过这些设备的有机结合可以实现电话通话所需的信令收发、电路建立、通话监控等功能。下面分别对各个部分组成进行描述。

### 3.2.1 数字交换网络

电路交换属于同步时分交换,采用的时隙结构是基本的 PCM32 路 E1 结构,如图 2-2 所示。程控交换机中运用最多的是 TST 网络,下面结合 TST 网络分析它在交换机中的运用。

由图 3-1 可知,交换机是以交换网络为中心,再辅以其他模块电路组成一个有机的整体。交换网络的资源就是 PCM 总线,类似第 1 章所讲的人工交换机中的绳路,目的是完成不同用户之间的连接。采用第 2 章所讲的各种交换网络,如何在交换机中对这些 PCM 总线进行分配使用呢?

首先对 E1 PCM 总线的时隙使用进行说明,E1 PCM 总线常常被称为30/32 路总线,TS0 用来传输同步字节,TS16 用来传输信令,作为特殊时隙看待。但要注意,只有 PCM 总线用来作为中继传输时才这样使用,而 PCM 总线在交换机内部使用时,TS0 和 TS16 同其他时隙是等同的,都用来传输语音信号或控制信号。

图 3-2 表示了某交换机中一个 128×128HW 总线的交换网络,其中的 HW0～HW123 共124 条 PCM 总线分配给用户电路,由于用户需要双向传输,因此上下行 HW 总线都对应地分配给用户,且一般情况下成对使用。同理,将 HW124 和 HW125 分配给中继使用,即两条上行HW 总线作为入中继,两条下行 HW 总线作为出中继使用。

交换网络中的 PCM 链路资源除了作为话路资源使用外,还必须为一些公共信息分配一些链路,如用户听到的拨号音是从交换网络送到话机上的,因此它安排在上行 HW 总线上,如图 3-2中的 UHW126 和 UHW127。音信号只需单向传输给用户,因此它只占用上行 HW。当用户摘机需要听拨号音时,将 UHW126 中拨号音的时隙通过交换网络连接到该用户的时隙即可,如图 3-2 中的①号连接。DHW126 和 DHW127 分配为 DFMT 收号器,作为用户拨号时,将用户的按键编码通过交换网络送到 DTMF 收号器进行收号,如图 3-2 中的②号连接。

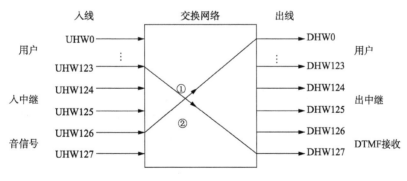

图 3-2 交换网络的资源分配

### 3.2.2 程控交换机的终端接口

接口是交换机中唯一与外界发生物理连接的部分。为了保证交换机内部信号的传送与处理的一致性,原则上任何外界系统都必须通过接口与交换机内部发生联系。交换机接口的设计不仅与它直接连接的传输系统有关,还与传输系统另一端所连接的通信设备的特性有关。为了统一接口类型与标准,ITU-T 对交换系统的接口种类给出了相关建议,并在建议 Q.511、Q.512 和Q.513 中分别规定了三种接口:中继侧接口、用户侧接口、管理和维护接口。

1)中继侧接口

中继侧接口分 A、B、C 三种，A、B 接口为数字中继接口，主要完成码型变换、时钟提取、帧同步和帧定位等功能。C 接口为模拟中继接口，主要完成 A/D 转换、D/A 转换、2/4 线转换和多路复用等功能。

2)用户侧接口

用户侧接口也分模拟与数字两类。模拟 Z 接口连接模拟用户线，用户端为模拟话机，现在大量使用的固定电话还是模拟接口。

数字接口有 V1～V5 几种。V1 为 ISDN 基本速率(2B＋D)的数字接口。V2 主要用于通过一次群或二次群连接远端或本端的数字网络设备。V3 主要用于通过 30B＋D 或 23B＋D 来连接数字用户设备。V4 用于连接通过 ISDN 复用的数字链路。V5 接口在 V1～V4 的基础上进行了较大的改动，是交换机与接入网之间的数字接口。V5 接口按照带宽和通路结构又分为 V5.1 和 V5.2，V5.1 由一个基群接口组成，V5.2 由一定数目的一组基群接口并行构成，最大可达 16 个基群。

3)管理和维护接口

管理和维护接口主要用于连接外部的管理和维护设备，通过该接口完成对交换机的维护和管理工作。

**1. 数字中继接口**

数字中继(DT)接口是交换机与数字中继线(PCM)之间的接口。虽然 PCM 中继线路传输的信号也是数字信号，但由于传输和时钟提取等原因，在 PCM 线路上传输的数字信号码型与数字交换网络中的数字信号码型是不同的，且时钟和相位也必然存在差异。另外，数字交换机有些特殊控制信号，使其格式不可能完全一致，因此就需要一个接口设备来协调双方的工作。

数字中继用于长途交换机、市内交换机、用户小交换机和其他数字传输系统。它的出/入端都是数字信号，因此无 A/D 转换和 D/A 转换问题。但中继线连接交换机时有复用、码型变换、帧定位、时钟恢复等同步问题，还有局间信令提取和插入等配合的问题，所以数字中继接口概括来说是解决信号传输、同步和信令配合三方面的连接问题。目前，大多数中继线接口所连接的码率为 2048Kbit/s，即 30/32 路的 PCM 一次群，传输码型为 HDB3 码，此码率的接口称为 A 接口。采用 PCM 二次群作为基本速率的接口称为 B 接口。这里只介绍基本的 A 接口，如图 3-3 所示。

由图 3-3 可知，数字中继接口分成两个方向：从 PCM 输入至交换机侧和从交换机侧至 PCM 输出。

输入方向首先是码型变换，然后是时钟提取，帧、复帧同步，定位和信令提取。

输出方向是信令插入，连零抑制，帧、复帧同步插入，最后进行码型变换后输出。

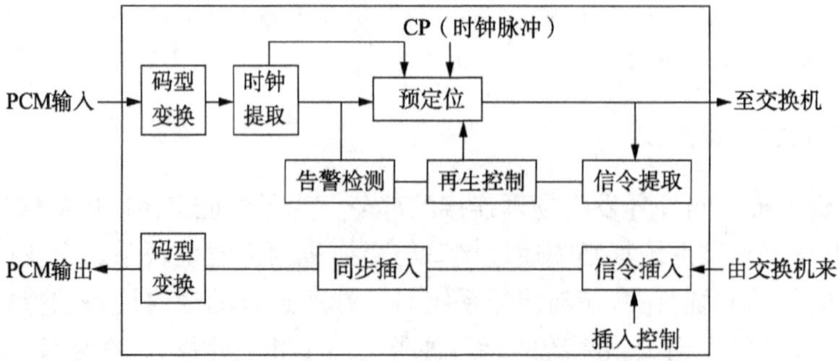

图 3-3  数字中继接口框图

数字中继接口主要有三方面的功能:信号传输、同步、信令变换,下面分别进一步说明。

(1)码型变换:PCM 传输线上的数字码采用高密度双极性 HDB3 码或双极性 AMI 码,终端通常采用二进制码型和单级性不归零(NRZ)码,故输入输出均需进行相应的转换。

(2)时钟提取:在从 PCM 传输线上输入的 PCM 码流中,提取对端局的时钟频率,作为输入基准时钟,使接收端定时和发送端定时绝对同步,以便接口电路在正确时刻判决数据,这实际上就是位同步过程。

(3)帧定位:利用弹性存储器作为缓冲器,使输入 PCM 码流的相位与本局内部时钟相位同步。具体地说,就是从 PCM 输入码流中将提取的时钟控制输入码流存入弹性存储器,然后用本局时钟控制读出。

(4)帧同步:帧同步的目的是使收发两端的各个话路时隙保持对齐。在接收端从输入 PCM 传输线上获得输入的帧定位信号的基础上,再产生收端各路时隙脉冲,使其与发端的帧时隙脉冲自 TS0 起各路对齐,可利用发端固定在偶帧 TS0 第 2~8 位发送的特定码组 0011011 来实现。

(5)复帧同步:复帧同步是为了解决各路标志信令的错路问题,在获得帧同步以后还必须获得复帧同步,以使收端自 F0(第 0 帧)开始的各帧与发端对齐。

(6)检测和传送告警信号:检出故障后产生故障告警信号,向对端发送告警信号,也检测来自对方交换机送来的告警信号,当连续 6 个 50ms 内都发生一次以上误码时,就产生误码告警信号,表示误码率不得超过 $10^{-3}$。

(7)帧和复帧同步信号插入:交换网络输出的信号中不含有帧和复帧同步信号,为了形成完整的帧和复帧结构,在送出信号前,要将帧和复帧信号插入,也就是第 0 帧的 TS16 插入复帧同步信号 00001×11,偶帧 TS0 插入 10011011,奇帧 TS0 插入 11×11111 的帧同步信号。

(8)信令提取和格式转换:信号控制电路将 PCM 传输线上的信令传输格式转换成适合于网络的传输格式。

在实际的网络中,网络同步非常关键,而且各网络同步的方式又多种多样,因此要求数字中继接口还要能适应下面三种同步方式的通信网。

(1)准同步方式:各交换机采用稳定性很高的时钟,互相独立,但相互间偏差很小,所以又称为异步方式。

(2)主从同步方式:这种方式的电信网有一个中心局,备有稳定性很高的主时钟,向其他各局发出时钟信息,其他各局采用这个主时钟来进行同步,因而各交换机之间比特率相同,相位可有一些差异。

(3)互同步方式:这种网络没有主时钟,各交换局都有各自的时钟,相互连接、相互影响,最后被调节到同一频率(平均值)上。

数字中继接口还要能够适应不同的信令方式,如随路信令和共路信令,这部分将在第 5 章讲解。

## 2. 模拟用户接口

程控交换机的模拟用户接口称为模拟用户电路,其功能可归纳为 BORSCHT 七大功能,如图 3-4 所示,具体如下所述。

B(Battery Feeding):馈电;

O(Over Voltage Protection):过压保护;

R(Ringing Control):振铃控制;

S(Supervision):监视;

C(CODEC):编译码;

H(Hybrid Circuit):混合电路;

T(Test):测试。

目前,已有许多用户电路的专用芯片,称为 SLIC,这七大功能只需 SLIC 和 CODEC 两片集成电路及少量外围电路即可完成。SLIC 为接口电路实现 BORSH 功能,CODEC 芯片实现 C 功能,T 功能由外围辅助电路与 SLIC 芯片配合完成。现在也有功能强大的厚膜混合用户接口电路,实现全部七大功能,如针对中国线路情况设计的 TP3219 芯片。

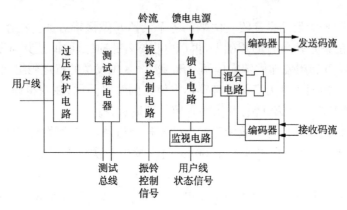

图 3-4　模拟用户线电路功能框图

需要说明的是,用户电路为每个用户单独配备一个,即每个用户独占一个用户电路,也就是说,即使用户一直不使用电话,该用户电路也不能给其他用户使用。用户电路专门负责所连接用户的这七大工作。当然也有一些动态使用用户电路的技术,但实际应用不多。

(1)馈电:数字程控交换机的馈电电压为－48V,馈电电流为 18～50mA。馈电电路一般采用恒流源电路方式,以限制用户线上的电流。

(2)过压保护:由于外界雷电、市电的影响,用户线上容易串入高压、强电流到用户电路,因此用户电路必须有过压保护电路。实现方法有串联式(电阻随电压升高而迅速增大)和并联式(电阻随电压升高而迅速减小,呈现短路状态)。

(3)振铃控制:当用户被叫时,会收到振铃信号,该信号就由用户电路通过用户线送到话机上,振铃信号的标准是(90±15)V、25Hz 的高压交流信号,通过专门的铃流发生器产生,由于电压较高,须注意对系统其他电路的影响。

(4)监视:监视的主要作用是及时检测用户话机的摘机/挂机情况,它通过用户电路不断地循环扫描用户环路上的电流变化来实现。一般的扫描周期是 200ms 左右。

(5)编译码:编译码用来完成模拟用户线上的模拟信号与交换网络中的数字信号之间的转换,完成 A/D 和 D/A 转换功能,由编码器(Coder)和译码器(Decoder)组成,简称 CODEC。

(6)混合电路:模拟用户线采用二线传输方式,而 A/D 转换后的数字信号采用四线传输,所以在 A/D 转换之前和 D/A 转换之后,需要采用混合电路来进行二/四线转换。图 3-5 是混合电路的框图,图中的平衡网络对用户线进行阻抗匹配。

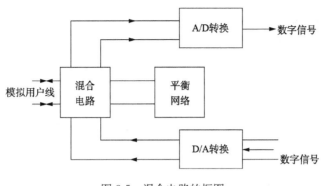

图 3-5 混合电路的框图

(7)测试:测试功能是为了在出现故障时能对用户线和用户电路进行测试,分为外线测试和内线测试。外线测试对用户线进行测试,主要测试用户电缆的一些指标,如环阻、对地电阻、对地电容、线间电容等;内线测试对用户电路本身进行测试。

**3. V5 接口**

随着通信网的数字化,光纤和数字用户传输系统大量引入,这些都要求本地交换机提供数字用户的接入能力。因此,ITU 定义了数字用户的接口,其中,V1～V4 接口都不够标准化,V1、V3 和 V4 仅用于 ISDN,V2 接口虽然可以连接本地或远端的数字通信业务,但在具体的使用中其通路类型、通路分配方式和信令规范也难以达到标准化程度,影响了应用的经济性。V5 接口正好能适应接入网范围内多种传输媒介、多种接入配置和业务。根据速率的不同,V5 接口分为 V5.1 接口和 V5.2 接口,对应的接口标准为 ITU-T 的 G.964 建议和 G.965 建议。

V5 作为一种标准化且完全开放的接口,用于交换设备和接入网设备之间的配合。

V5.1 接口由单个 2 048Kbit/s 链路构成,支持模拟电话接入、基于 64kbit/s 的综合业务数字网(ISDN)基本接入和用于半永久连接且不加带外信令信号的其他模拟接入或数字接入。这些接入类型都具有指配的承载通路分配,即用户端口与 V5.1 接口内承载通路有固定的对应关系,在接入网内无集线能力。

V5.2 接口按需可以由 1～16 个 2 048Kbit/s 链路构成,除了支持 V5.1 接口提供的接入类型外,还可支持 ISDN 一次群速率接入。这些接入类型都具有灵活的基于呼叫的承载通路分配,并且在接入网内和 V5.2 接口上具有集线能力。

相对于其他接口,V5 接口具有如下一些明显的优点。

(1)V5 接口是一种开放的接口,通过该接口网络运营者可以选择不同设备供应商最好的系统设备进行组合,从而得到最佳的网络功能。

(2)V5 接口支持不同的接入方式,提供语音、数据、租用线等多种业务,在安全性和可靠性等方面也有较大的提高。

## 3.2.3 信令设备

交换机除了具有话路部分的连接功能外,为了实现设备与人及设备与设备之间的信息交流,还需要信令参与。信令设备是交换机的一个重要组成部分,也通过 PCM 总线连接到交换网络中,通过交换网络内部的 PCM 链路来完成信令的接收和发送。它的主要功能包括:

- 提供各种数字化的信号音,如拨号音、忙音、回铃音等;
- DTMF 话机双音频信号的接收与识别;
- 局间采用随路信令时,多频记发器信号的接收和发送;
- 局间采用 No.7 信令时,实现信令终端的所有功能。

### 1. 常用的音频信号

交换机中常用的音频信号主要包含单频信号和多频信号两大类。

1)单频信号

交换机从用户线上送给用户的各种提示音为单频信号,我国采用 450Hz 的频率,通过不同的断续时间形成不同的提示信息,常见的用户线音信号有拨号音、回铃音、忙音、空号音等。目前,为了便于人们理解,忙音和空号音等大都采用语音信号提示。

特别注意,用户线上还有一种信号即振铃信号,它不是低压信号,而是$(90\pm15)$V、25Hz 的高压信号,其断续比为 4∶1。该振铃信号不能通过交换网络来传送,而是通过振铃继电器直接送到用户外线上。

2)多频信号

多频信号是电话机通过用户线送给交换机的电话号码,采用两个频率表示一个号码,也称为双音频信号。

多频信号也是在局间中继线上传送的多频记发器信号,称为 MFC 信号,如中国 No.1 信令。前向 MFC 信号用 1 380Hz,1 500Hz,1 620Hz,1 740Hz,1 860Hz,1 980Hz 六个频率来表示,采用 6 取 2 的方式进行编码,共有 15 种组合;后向信号用 1 140Hz,1 020Hz,900Hz,780Hz 四个频率来表示,采用 4 取 2 的方式进行编码,共有 6 种组合。

### 2. 数字音信号的产生

在数字交换机中,用户线上的单频音信号和局间中继线上的 MFC 信号都以数字信号的形式产生和发送,即先将这些信号进行数字化处理,以数字编码的形式存放在交换机中的存储器内,需要发送时,依次从音信号存储器各个单元中读出编码,从所占用的 PCM 时隙通过交换网络发送出去。

1)单频信号(450Hz 拨号音)的产生

程控交换系统按照 8kHz 采样进行数字化,因此对音频信号的数字化也必须采用 8kHz 的采样频率。问题是这与语音信号的数字化不同,语音信号的数字化在用户电路的 CODEC 电路中实时进行,而这里的音信号需要先数字化后存在存储器中,那么应该对多长时间内的音信号进行数字化呢?

时间太长会浪费存储器资源,时间太短又不能正确还原该音频信号。如图 3-6 所示,设某个频率的周期为 5.5 个 $125\mu s$(即 $1/(5.5\times125)=1.45\ 454\ 545$kHz),若只对 1 个信号周期进行 8kHz 的采样,则只能得到前面 5 个点的编码,还原该信号时,周期地重复这 5 个点,会丢掉部分波形从而造成失真,由图 3-6 中下半部分的波形可知,在周期重复的接头处,出现波形跳变,引起失真。若采用 2 个信号周期的长度来采样,刚好取得 11 个点的波形,则还原该信号时,不会产生失真,即该信号最少需要 2 个信号周期的长度进行采样。

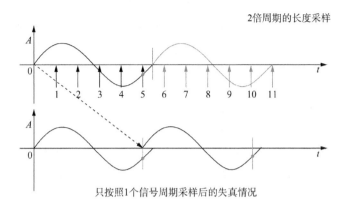

图 3-6 信号数字化时需要的最小时长

综上所述,为了正确还原整个音频信号,必须遵循以下原则。

(1)首先需要若干个完整周期的信号长度。

(2)这些周期的时间长度是 $125\mu s$(8kHz 对应的采样周期)的整数倍。

即求音信号周期与采样周期之间的最小公倍数即可,采用如下公式

$$T=\frac{m}{f_m}=\frac{S}{f_s}$$

式中,$T$ 是采样脉冲与音频信号周期二者的最小公倍数,在这段时间内,频率为 $f_m$ 的音频信号重复了 $m$ 次,频率为 $f_s$ 的采样脉冲重复了 $S$ 次,即采样了 $S$ 个点,因此只需要存储 $S$ 个采样点的编码值,发送时,依次发送,然后不断地重复这 $S$ 个点,就可还原 $f_m$ 的音频信号。

500Hz 信号的周期为 2ms,2 000/125=16,即单个周期为 $125\mu s$ 的整数倍,只需单个周期的长度即可,采样数为 16,即只需要 16 个单元存储采样后编码的值。

对于交换机中常用的 450Hz 信号,其周期为 2 222.2$\mu s$,不是 $125\mu s$ 的整数倍。把 $f_m=$ 450Hz 和 $f_s=8$ 000Hz 代入前式,可以求得 $m=9$,这表示 450Hz 的音信号重复了 9 次。$S=$ 160,这表示 8 000Hz 的采样频率重复了 160 次,也就是对 450Hz 的音信号进行了 160 次采样。

对于断续性质的音信号,如忙音,是 450Hz 按照 0.35:0.35 的断续比进行发送,最简单的方法就是通过一个开关控制电路,按照 0.35:0.35 进行开和关,即可产生忙音信号。

2)多频信号的产生

对于具有两个或多个频率成分的音信号,其数字化的产生原理与单频信号类似,所不同的是采样时长应该是所有信号的周期及采样脉冲周期的整数倍。即要使所有信号都不失真,那么采样时长应该等于包含采样脉冲在内的所有信号周期的最小公倍数,采样时长可用下面的公式计算

$$T=\frac{m}{f_m}=\frac{n}{f_n}=\frac{S}{f_s}$$

式中,$f_m$ 和 $f_n$ 为两个音信号的频率,如 $f_m=1$ 500Hz,$f_n=1$ 620Hz,加上 $f_s=8$ 000Hz,代入公式可得 $T=50$ms,$S=400$,即在 50ms 内,连续采样 400 点就可使这两个频率的音信号无失真地还原。

3. 数字音频信号的发送

交换机中音频信号的发送主要是前面讲的两种音频信号,一是交换机向用户发送的提示音,

二是在中国 1 号局间中继中向对方交换机发送的 MFC 信号,二者都是先数字化后存储在 ROM 中。同时,这些音频信号在交换网络中分配固定的 PCM 链路时隙,由于这些音频信号都在语音频带之内,其传输等同于语音信号,发送时,只需依次从 ROM 中读出,并转换为 PCM 格式需要的串行数据,尔后通过被分配的时隙和交换网络发送到用户电路或中继电路。

　　图 3-7 画出了与音频信号发送和接收相关的通路图。某个用户摘机时,ROM 读出 450Hz 的音频信号,经过交换网络 SN,送到该用户电路的时隙中,经过用户电路的 CODEC 进行实时的 D/A 转换,再通过模拟用户线送到用户话机上,用户即从受话器中听到该 450Hz 的音频信号,也就是拨号音。MFC 信号也类似,只是向中继方向传输而已,它通过交换网络 SN 后,送到中继电路 DT,通过中继线送到对方的 DT,然后再通过对方交换机的交换网络 SN 送到对方交换机中的 MFC 接收电路。

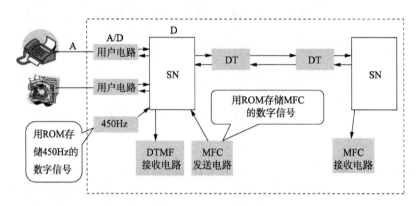

图 3-7　音频信号发送和接收的通路图

### 4. 数字音频信号的接收

　　交换机中需要接收识别的音频信号也有两类,一类是从用户话机送来的 DTMF 信号,另一类是从中继送来的 MFC 信号,二者的识别方法类似。下面以 DTMF 接收为例来分析其接收的路径和识别编码的方法。

　　图 3-8 画出了 DTMF 信号的接收通路。用户摘机听到拨号音,按键发出 DTMF 信号,如用户按"5"号键,则表示"5"的两个频率 770Hz 和 1 336Hz 所组成的 DTMF 信号通过用户线送到交换机中的用户电路,由用户电路中的 CODEC 实现实时的 A/D 转换,将该 DTMF 信号转换为数字信号,通过交换网络 SN 送到 DTMF 接收电路。接收电路识别出"5"后,再送往处理机进行处理。

　　在 DTMF 接收电路中,如何对 DTMF 信号进行识别呢? 主要的原理是采用滤波器进行滤波,DTMF 的 8 个频率对应 8 个滤波器,每次来的 DTMF,如表示"5"的 770Hz 和 1 336Hz,这两个频率的滤波器中有信号输出,则可判别是"5"号编码。另外,由于交换网络来的 DTMF 信号已经是数字编码了,如果滤波器是模拟滤波器,则在收号电路中,需要先通过 D/A 电路将该信号还原为模拟信号,然后再送入模拟滤波器进行识别。如果是数字滤波器,则直接将数字编码送入数字滤波器进行识别,如图 3-8 中下半部分的示意图。

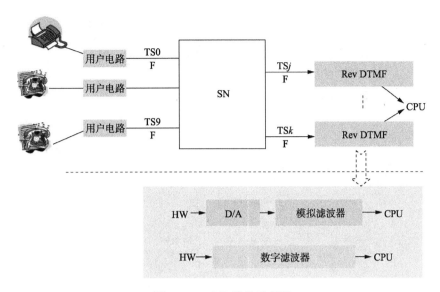

图 3-8 DTMF 接收示意图

### 5. 一个完整的呼叫过程

综合前面的分析,下面再从摘机到通话整个过程中涉及的信号流程进行一个总的分析,希望读者能通过这个例子对交换机的整个信号流程有整体的把握,而不是零散的局部知识点。

首先是用户摘机,由用户电路中的监视功能立即检测到该摘机事件,并将该事件上报处理机。处理机判别出该用户所占用的时隙号,如图 3-9(a)中的 TS0,然后将拨号音所占时隙(如图 3-9(a)的 TS$i$)通过交换网络连接到用户 DHW 的 TS0,形成 TS$i$→TS0 的一个通路。注意这里是一个单向通路,因为用户不需向拨号音时隙发送信息。同时,准备下一步收号,该用户 UHW 的 TS0 应该连接到 DTMF 收号器电路,当处理机找到一个空闲的收号器,如图 3-9(a)中占用 TS$j$ 的收号器,处理机将该用户 UHW 的 TS0 通过交换网络连接到 TS$j$,如图 3-9(a)中 TS0→TS$j$ 的连接,这也是一个单向连接。即刚摘机时,交换网络中的连接不是第 2 章所讲的那种对称连接。此时,通过"$i$→0"的连接,用户听到拨号音,同时通过"0→$j$"的连接为下一步收号准备。实际上,拨号音的含义就是提示"用户交换机已经准备好收号,可以拨号"。因此,这二者关联在一起,并且应该是先由处理机确认找到了空闲的收号器,才向用户送拨号音。

用户听到拨号音后开始拨号。当用户发出第一个号码后,由收号器收到该号码并上报处理机,处理机立即拆除刚才"$i$→0"的连接,如图 3-9(b)所示。此时,用户听不到拨号音,表示刚才发送的号码已经被交换机接收到,即此时的"信号音停止"也包含了一种提示含义。但这时"0→$j$"的连接还继续保持,是为了继续接收后续的号码。

当用户的号码发送完毕后(由交换机判断),处理机拆除"0→$j$"的连接。处理机根据接收到的被叫号码(以局内号码为例),进行下一步的接续处理。处理机找到该号码所在的用户电路,找出它所占用的时隙号(如图 3-9(c)中的 TS9),然后将 TS0 和 TS9 通过交换网络连通,这里就完全按照第 2 章所讲的交换网络接续过程实现 TS0 与 TS9 之间的双向对称连接。至此,双方用户可以利用这个双向连接进行双向通话,如图 3-9(c)所示。通话完毕,处理机拆除该对连接。

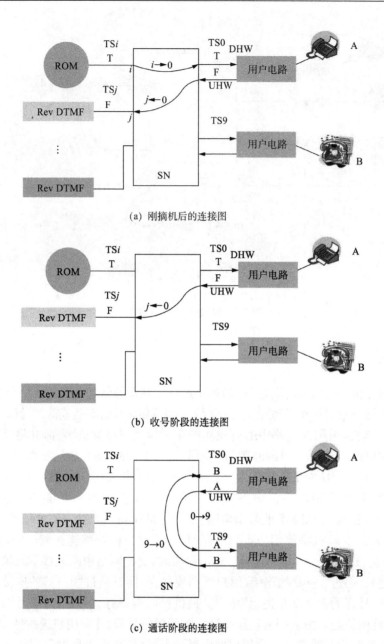

图 3-9  一次完整的呼叫示意图

# 3.3  程控交换机的控制系统

程控交换机的控制系统实际上是一套计算机系统,由处理机系统、输入/输出接口系统、存储器及软件系统组成。控制系统的可靠性和处理能力直接影响到交换机的性能,因此,合理选择控制系统中各处理机的结构方式、多处理机的通信方式和处理机的冗余方式是交换机控制系统设计过程中应着重考虑的问题。

### 3.3.1 控制系统的基本要求

交换机的控制系统是计算机系统的一种特殊应用方式,因此,对于控制系统的要求既有通用的要求,也有专用的要求,主要包含以下 4 点。

1)呼叫处理能力

由于交换机的基本任务是完成呼叫处理,因此,单位时间内交换机能够处理的呼叫次数就成为衡量控制系统处理能力的一项重要指标。将单位时间内交换机能够处理的呼叫数称为交换机的呼叫处理能力,通常用"最大忙时呼叫尝试次数"(Maximum Number of Busy Hour Call Attempts,BHCA)来表示,它是评价交换系统的设计水平和服务能力的一个重要指标。

2)可靠性

控制系统是交换机的核心系统,决定交换机所有的功能是否可以正常运行,一旦出现故障,就会造成整个系统无法正常工作,因此,要求交换机控制设备的故障率尽可能低,在出现故障时,又必须保证能够尽快排除故障,恢复系统。

3)灵活性和适用性

程控交换机的应用范围很广,面对的各类需求也千差万别,控制系统对各种应用环境都必须能够适应,可以根据需要进行灵活的配置。此外,新技术的发展日新月异,在程控交换机的生命周期中,必然会出现很多新技术和新业务的应用,控制系统则必须具备较大的灵活度,以便系统升级换代。

4)经济性

要求控制设备的成本尽可能低。随着集成电路技术的迅速发展和成熟,器件的成本不断降低,在整个交换系统成本中所占的比例也逐步减小。

### 3.3.2 控制系统的结构方式

现代的局用程控交换机功能复杂,呼叫处理要求很高的实时性和并发性,采用单处理机结构难以满足这些要求,因此,控制系统普遍采用多处理机结构,即多台处理机系统协同工作,共同完成交换机系统的功能。

1. 控制方式

根据各处理机的分布结构方式,其控制方式可分成集中控制方式、分级分散控制(又称为分级控制)和分布式分散控制(又称为全分散控制)三大类。

(1)集中控制方式。集中控制方式的可靠性不高,只在早期的交换机中采用这种方式,现在的大多数交换机都采用分级控制方式。

(2)分级控制方式。分级控制方式采用多个处理机来完成整个交换机的控制功能,这些处理机按照控制范围和完成功能分成不同的级别。有些处理机只完成外围模块如用户级的控制,常称为区域功能处理机;有些处理机负责整个系统的控制,如数字交换网络的控制、系统的维护和管理等,常称为中央处理机。中央处理机的级别最高,负责整体的全局工作,区域处理机负责各个区域子功能,分工分级协同工作。采用分级控制的程控交换机比较多,如 NEAX-61、AXE-10 等。分级控制方式的交换机结构如图 3-1 所示。

(3)全分散控制的交换系统。

全分散控制交换机以 S1240 为典型代表,它不用功能集中的中央处理机,而将控制功能分散到各个终端模块的控制单元(TCE)中。全分散控制交换机的最大好处是进一步增强了交换机的可靠性,分级控制方式的中央处理器出现故障,则会影响整个交换机的功能,而全分散控制交换机的某个处理机出现故障,将只影响它所管辖的那一部分的功能,不影响全局。

全分散控制的特点是整个系统中所有的处理机都处在同一级别上,没有集中的中央处理机,其处理机和软件分散到各个具体的功能模块中,它们没有上下级关系,不同的处理机完成不同的功能,系统中也没有负责数据交换网络控制的中央处理机。在这种情况下,它们如何配合共同完成交换的各项功能呢? 这就靠系统中约定的统一规则,也就是用统一的协议来协调完成。这样带来的问题是处理机间的通信开销增大,交换控制更加复杂。以 S1240 为代表的全分散控制交换系统的结构如图 3-10 所示。

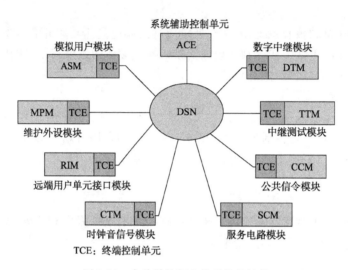

图 3-10　全分散控制交换系统的结构

2. 协作方式

现代的交换系统通常都有很多个处理机共同完成整个系统的功能,这就涉及多处理机的协作方式,常见的协作关系有功能分担和负荷分担两种形式。

1)功能分担

功能分担是一种非常普遍的分布处理方式,多台处理机各有分工,各司其职,各个不同的功能由独立的处理机完成。常见的功能分担包括:

- 控制用户模块的用户处理机和控制数字交换网络的中央处理机;
- 直接控制硬件工作的前台区域处理机和后台的中央处理机;
- 专门负责系统维护和管理的处理机;
- 各种电话设备如各种中继器、信号设备,甚至用户等都可能有专用的处理机进行控制。

2)负荷分担

负荷分担是同一个功能由多个处理机分担完成,但负责不同的范围,在交换系统中也称为话务分担方式。在这种方式下,每台处理机完成一部分话务的处理功能,多台处理机共同完成所有话务的控制,故称为负荷分担方式。系统中处理机的配置数量可以根据交换系统的话务强度来决定。在负荷分担情况下,各个处理机平时不是满负荷工作,留有余量以备其他设备损坏时可接管其他处理机的工作。

在实际的交换机控制系统中,上述处理机的分担方式常常结合工作。如在一套交换机系统中,所有的处理机可以按照功能分成用户处理机、呼叫处理机和主处理机,分别完成用户级的控制、交换网络的控制、系统的维护和管理等功能。在同一功能的处理机中,如用户处理机和呼叫处理机,也可以根据需要配置多个。随着用户数量的增加,需要增加用户处理机;随着话务量的增加,可以配置多台呼叫处理机,各承担一部分的话务量。

### 3.3.3 控制系统的冗余配置方式

交换机控制系统的可靠性是一个重要的交换性能指标。交换机在运行过程中可能会出现各种各样的故障,如设备老化、损坏,软件系统的潜在问题也会暴露,还有可能会因为外部的电磁干扰而出现一些随机的故障。因此,绝对避免故障是不可能的,但是可以通过一定的技术和手段,如软件、硬件的容错设计和故障诊断技术,及时发现故障,分析故障,并采取有效的措施隔离和排除故障。

为提高控制系统的可靠性,处理机系统往往采用冗余配置方式。在控制系统发生故障时,这种机制可以迅速地识别故障,重新组合成可工作的控制系统。

通常采用的处理冗余配置方案包括以下 4 种。

#### 1. 同步双工方式

在这种方式下,两台处理机的关系如图 3-11 所示。

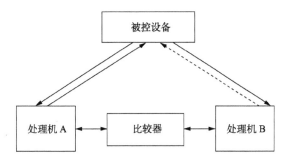

图 3-11 处理机的同步双工方式

图中的两台处理机同时接收外部的信号,同时执行一条指令,并比较结果,但只有一个处理机发出控制命令。在正常情况下,指令执行的结果也相同。这时,只有主机向外部的电话设备发出控制命令,然后再同时执行下一条指令。

如果两台处理机在执行同样的运算后,经比较发现结果不一样,就说明至少有一台处理机发生了故障。这时比较器可以触发故障中断,启动相应的故障检测程序。如果检测出一台处理机发生故障,则应使其退出服务,进行更进一步的故障诊断和排除。

在这种双工方式下,处理机对于故障比较敏感,能够发现并排除故障,当然故障造成的影响也会较小。但是,这种方式对于偶发故障的抵御能力不足,会因为电磁干扰等原因触发故障诊断机制。当软件系统发生故障时,两台处理机会同时受到影响,这就要求软件系统要比较可靠。

#### 2. 话务分担方式

两台或更多的处理机在正常工作情况下以话务分担(负荷分担)方式工作,每台处理机都负责一部分的话务量,一旦一台处理机发生故障,则其他的处理机接管它的工作,如图 3-12 所示。

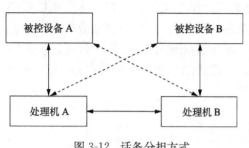

图 3-12  话务分担方式

这种方式对偶然故障和软件故障的处理效果都好于同步双工方式,尤其是对软件故障的保护能力较强,具有较强的抗过载能力,但它对软件的要求相对复杂一些。

### 3. 主/备用方式

主/备用方式的基本结构如图 3-13 所示,一台主用处理机在线运行,另一台处理机与被控设备分离而作为备用。当主用机出现故障时,进行主备用转换,由备用机接替工作。

主/备用可有冷备用与热备用两种方式,冷热备用的区分是从呼叫处理的数据角度来考虑。热备用方式中备用机中的信息与主用机完全同步,倒换时,呼叫处理的暂时数据基本不丢失,处于通话或振铃状态的用户不中断,只损失正在处理过程中的用户。冷备用时,备用机不保存呼叫数据,在接替时要根据主用机来更新存储器内容,或者进行数据初始化,有时会丢失呼叫,造成通话中断。通常采用热备用方式。

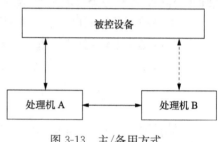

图 3-13  主/备用方式

### 4. $N+m$ 备用方式

冗余配置方式也有 $N+m$ 备用方式,即 $N$ 个处理机有 $m$ 个备用,$m=1$ 时称为 $N+1$ 备用方式;$N=m=1$ 则为前面的主/备用方式。

## 3.3.4  多处理机间的通信方式

交换机普遍采用多处理机系统的分散控制方式。为了完成呼叫处理、维护和管理的任务,往往需要多台处理机协同工作,多处理机间要进行大量的通信联系,通信方式在很大程度上影响系统处理能力和控制系统的可靠性,因此,选择一种合理、高效和可靠的多处理机通信方式是进行控制系统设计时必须考虑的问题。

交换机中的多处理机可以看作是一个通信网络系统,也是一个计算机网络系统,因此多处理机间的通信既可以采用现有的通信信道,如 PCM 链路的方式,也可以采用通用的计算机网络通信方式,如多总线方式和局域网方式等。

### 1. 利用 PCM 信道进行通信

由于交换机中交换和传输的信号一般通过 PCM 信道完成,因此,采用 PCM 信道来传送处理机间的通信信号就是一种简便可行的方法,可以采用专门的某个时隙进行通信(如有的交换机利用 TS0 或 TS16 来传送处理机间的通信信号),也可以采用整条 PCM 链路通信(不再限制特定的通信时隙,可任选)。

2. 利用单独的计算机网络进行通信

多处理机系统本身就是一套计算机网络系统,它们之间也完全可以采用独立的计算机网络方式来进行通信。常用的方式有以下 3 种。

(1)多总线结构:多总线结构是多处理机系统中普遍采用的一种方式,在这种方式下,多台处理机、存储器和 I/O 设备都挂在总线上,通过总线来完成各种设备之间的信息交互。

(2)令牌环结构:当分散控制系统中的多处理机处于平级关系时,可以采用环型结构互连,每台处理机相当于环内的一个节点,通过环接口连接。节点传送信息到其他节点时必须等待令牌的到来才能进行。

(3)以太网结构:以太网采用具有冲突检测的载波侦听多址访问(CSMA/CD)技术,各台处理机连接在一条共同的通信总线上,每台处理机要发送信号时,首先检测总线上是否有其他处理机的信号正在传送,如有则等待,否则立即发送出去。

# 3.4 程控交换机软件的基本要求

程控交换机是通信网络中实现电路交换最广泛最关键的节点设备,程控即程序控制,由预先编制好的程序去控制交换机系统的硬件动作,以完成呼叫接续功能。由于电话交换的特殊性,电话交换软件必须采用一些特定的软件技术加以实现,从而达到所需的服务质量。

随着微电子技术的不断进步,程控电话交换系统的硬件成本不断下降,而其软件系统却相反,例如,对于一套大型的运营级程控交换机软件系统,软件量可以达到数百万条程序语句的级别,软件开发工作量达数百人年。另外,提供新功能也常常意味着软件容量增加。为什么程控交换机软件系统会这样庞大而复杂呢?因为它服务的对象成千上万,24 小时不间断提供服务,终身运行直到被淘汰,此外,其服务对象对服务的质量水平要求很高。下面从几个方面来具体分析程控交换机的软件系统应该达到的性能和服务质量。

## 3.4.1 实时性要求

程控交换机软件系统的基本任务就是控制交换机的运行,也就是完成呼叫处理。程控交换机应该能及时响应所有电话用户的呼叫请求,而处理一个呼叫请求需要若干相应的硬件和软件共同参与和配合,按照一个复杂的流程进行。这个流程无论如何复杂,在处理电话用户的呼叫请求时必须尽可能快,决不能因为软件系统的处理能力不足而使电话用户等待服务的时间过长,这就对程控交换机软件系统提出了快速反应、快速服务的要求,总之,程控交换机系统是一个实时系统。

当然,并不是所有的任务都需要非常高的实时性要求。事实上,电话用户的呼叫请求服务在程控交换机中处理时,被分为若干子任务和若干阶段,而各子任务和各阶段对实时性要求不尽相同。例如,对于接收用户拨号脉冲的操作,根据拨号脉冲规范,标准脉冲的最短时间只有十几毫秒,当脉冲接收识别程序进行周期性扫描识别时,必须保证在这个时间里至少进行一次识别动作,否则这个脉冲就会被漏掉。这种扫描程序的运行周期必须设置得足够小。对于电话用户摘机/挂机检测等操作在时间上的要求就不那么严格了,如从检测到电话用户摘机到向该电话用户发送拨号音允许有几百毫秒的间隔时间,只要不长于这个时间,电话用户就不会感到不便。又如电话交换机内部的管理和维护测试工作对时间的要求常常相对宽松得多,可以达若干秒或几十秒甚至更长时间。

### 3.4.2　并发性要求

在一台运行中的程控电话交换机上,常常是多个用户同时发出呼叫请求,同时有多个用户处于通话状态,此外,还可能有一些管理和维护任务正在执行,这就要求程控电话交换机能够在同一时刻执行多道程序,即需要并发性。采用多道程序运行不仅是对交换机的要求,也是满足实时性要求的必然结果。

下面以图 3-14 所示的呼叫处理过程简图为例进行说明。一个处于空闲状态的用户受到一个摘机事件触发时就执行一些动作,如送拨号音动作等,然后又进入一个相对稳定的状态,即等待接收第一位被叫号码的状态。如果在一定时限(如 20s)内正确接收到第一位被叫号码,则停送拨号音,进而进入另一个相对稳定的状态,即接收后续号码的状态。当陆续收到足够的被叫号码后,就可以进行字冠(被叫号码前几位,表征被叫用户所处的大方向)分析,呼叫处理程序查询相关数据库后,可以确定本次呼叫的类型,是普通呼叫还是特服请求,是本局呼叫还是出局呼叫。如果属于本局呼叫则继续查询数据库,得到被叫的设备码和状态,然后建立主叫到被叫的语音通路,对被叫振铃和对主叫回送拨号音,进入一个稳定的状态。在这个状态下,如果受被叫摘机应答事件的触发,就可以启动预先准备好的计费进程,并进入通话状态,这又是一个稳定的状态。主叫或者被叫挂机后,稳定状态发生转移,完成释放工作,主叫用户的状态又返回空闲状态,等待下一次呼叫。

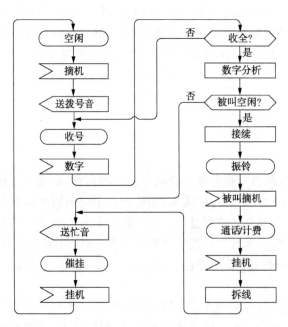

图 3-14　呼叫处理过程简图

从上述流程来看,每当呼叫处理程序执行一组任务后就进入一个相对稳定的状态,当特定的某些事件到来时,状态才会发生迁移,执行一组动作后,再次进入另一个稳定的状态。这些事件也可以称为触发事件,为呼叫处理带来新的信息,以支持呼叫处理程序继续运行。

另外,由于处理机工作速度很快,执行一条指令只需微秒级的时间,而触发事件的到达可能是预定的也可能是随机的,相对而言,等待触发事件到达往往需要较长的时间。例如,在接收用户拨出的号码时,由于不同用户的习惯不同,拨号的快慢千差万别,同一个用户拨出的几个数字号码的时间间隔常常也不同,因此,如果采用单道作业方式,则处理机系统必然经常处于等待状态,这不仅仅是对处理机资源的极大浪费,也不可能满足实时要求。

采用多道程序设计方式,引入进程机制,可以使处理机在一段时间内同时保持若干进程处于激活状态。在运行一个进程时,如果该进程需要等待某触发事件而不能继续运行时,处理机就暂停执行该进程,而从可以立即运行的就绪进程中选择一个运行。当某个处于等待状态的进程有了正确的触发事件,就可以申请处理机对它进行处理。从宏观上看,整个交换机软件系统表现为多个进程在"同时"运行,可以同时完成若干电话用户的呼叫处理。

程控交换机软件系统在引入进程机制后,只要编制出一个包含各种可能情况的呼叫处理程序,那么所有的电话呼叫就可以按照进程方式基于同一程序代码进行处理,不同的进程数据部分就决定了不同的呼叫处理。限于篇幅,进程的原理这里不介绍,请查阅相关文献。

### 3.4.3 可靠性要求

硬件在运行过程中可能会因为物理损坏而产生故障,具有不可预知性。加上当今的软件开发技术尚无法保证软件系统无错,因此故障不可避免,但故障的发生频率和严重程度不能对用户造成明显影响。

电话通信方式无疑是被最广泛采用的通信方式,作为电话通信系统的核心设备,程控交换机系统面向公众提供服务,因此应尽可能保证服务不中断。我国要求运营级程控交换机的系统级中断时间平均每年不超过 10min,40 年内系统中断运行时间不超过 2h,以及不低于 99.96% 的局内正确呼叫处理成功率,这些无疑都是很高的要求,是在进行程控交换机软件系统设计时就必须着重考虑的问题。

另外,程控交换机系统的高可靠性要求和其他系统的高可靠性要求又有所区别。例如,用于科学计算的计算机系统主要需确保每次运算结果正确,结果不正确可以重新计算,即使出现故障,对于计算结果不会有不良影响。面向公众的程控交换机系统中断服务将造成严重后果,但少量的故障可以容忍。

基于这样的可靠性要求,程控交换机软件系统从设计开始,就必须采取一系列措施来确保程控交换机的运行能达到高可靠性。目前,在程控交换机软件系统设计中普遍采用增加软件冗余的方法,如增加监督程序及软件硬件资源的定时审计程序等方法来提高程控交换机软件系统的自我检错、容错、排错能力,从而达到可靠性指标。

### 3.4.4 可维护性要求

由于程控交换机系统的长期运行要求和可靠性要求,程控交换机软件系统需要良好的可维护性。这是因为软件系统本身不完善而需要修补改进,还因为随着技术的发展,必然会不断引入新技术,满足运营商提出新功能的要求。因此,在一开始进行程控交换机软件系统设计时就应该让软件系统具有良好的可维护性,便于今后扩充新的软件模块,实现新的功能。

### 3.4.5 适应性

程控交换机面对的用户千差万别,无论是用户数量还是用户的业务需求都有很大的不同。与此同时,独立开发研制一个程控交换机系统是庞大的工程,且能自主研制出程控电话交换机系统的国家也就有 10 个左右,程控交换机系统必须适应各种不同的要求,适应不同容量、不同类型的交换局要求。因此,在设计程控交换机系统时,采用参数化技术、数据和程序分离等技术,保证程控交换机系统具有较大的适用范围。

## 3.5  程控交换机软件的运行原理

程控交换机的运行软件指存在于程控交换机各处理系统中,对交换机的各种业务进行处理服务的程序和数据的集合。

### 3.5.1  程控交换机软件的运行模型

交换机的基本工作过程以状态和状态间的迁移为基础。最基本的交换过程可以表述为用户空闲状态、等待拨号状态、号码接收状态、振铃状态、通话状态,之后又是用户空闲状态。正如图 3-14 所示的一样,交换机对一个呼叫的处理过程总是由对应于该呼叫的外部事件触发,然后根据该电话用户当时的状态和接收到的事件类型去执行相应的作业,作业中有对处理机内部数据的处理,对硬件的驱动,以及向其他处理机发出信号和形成新的事件以推动新的状态转移,每次状态的转移都止于一种新的状态。从动态角度看,一次完整的接续由若干状态之间的迁移构成,处理机系统对每个呼叫接续的服务,实质上就是对各种事件的检测及完成状态迁移过程中相关的作业。

程控交换机控制系统通常都是多处理机系统,下面以其中一个处理机系统为例来说明处理机系统处理各种事件和作业的典型工作方式。

图 3-15 中的每个作业都由事件启动,而事件产生的原因可以是硬件的动作(如用户摘机),

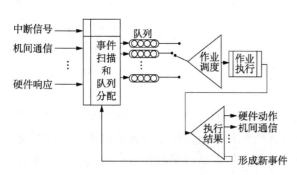

图 3-15  程控交换机软件系统运行模型

也可以是从其他处理机系统通过机间通信方式接收到的信号,还可以是作业执行中形成的事件等。软件系统中专门设置有事件登记表,处理机系统通过相关的中断启动事件扫描程序去扫描事件登记表,以便及时发现各种事件,对于所发现的事件,扫描程序并不处理而是按照预定的规则进行分类,送入相应的队列中。

处理机系统每当有空闲资源时,就执行作业调度程序,作业调度程序根据调度策略选择某个队列中队首的待处理事件进行正式的处理运行,处理过程中可能形成新的事件,该事件会被加入到事件登记表。在某个作业正被处理时,如果有优先级更高的事件或者紧急事件,作业可以被暂停,暂停的作业又形成一个新的事件,重新被排入相应优先级队列。被暂停作业的优先级会高于该作业原来的优先级。

### 3.5.2  程控交换机软件系统的组成

程控交换机软件系统由数据和程序两大部分组成,如图 3-16 所示。根据不同的功能,程序划分为系统程序和应用程序。系统程序包括操作系统、故障监视处理系统和数据库管理系统,应用程序包括呼叫处理程序和管理、维护程序。

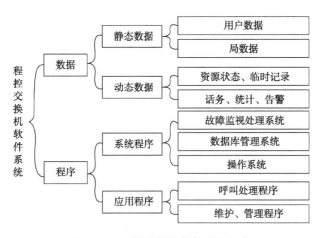

图 3-16  程控交换机软件系统组成

#### 1. 操作系统

程控交换机是实时处理系统,故其软件系统必然采用实时操作系统,程控交换机的操作系统通常采用单独设计的操作系统或者专用的操作系统。出于不同的设计理念,各种程控交换机对操作系统的功能要求和构成不尽相同。但从总体上看,最主要的功能是:任务调度、通信控制、存储器管理、时间管理、系统监督和恢复、I/O 设备管理、文件管理、装入引导等,这些功能是必要的。

1)任务调度

任务调度最核心的任务是处理机资源的管理,即按照一定的调度策略和算法将处理机资源分配给并发执行任务中的一个。与整个程控交换机系统相适应且合理有效的调度策略能直接影响整个程控交换机运行的效率和质量。一般来说,除了优先级特别高的任务,如严重硬件故障告警处理等必须优先处理外,其他的任务都可以纳入任务调度的管辖范围。

2)通信控制

为提高程控交换机的容量和呼叫处理能力,程控交换机通常都采用多处理机控制系统,各处理机系统必然存在相互配合的需求,也就需要互通信息即机间通信,这需要操作系统的支持和管理。另外,一个处理机系统内的各软件模块工作时也必然需要通信。操作系统中负责对通信进行支持管理的模块就是通信控制模块。DMS-100 程控交换机系统采用邮箱作为进程间通信消息的中转站,操作系统对邮箱分配和回收进行管理,进程在需要通信时通过原语申请和使用邮箱。EWSD 程控交换机系统利用 CHILL 语言中的 Event 和 Buffer 来支持进程间的通信和同步。S1240 程控交换机系统则采用消息通信方式来完成机间通信和进程间的通信。

3)内存管理

程控交换机系统在运行中会产生和使用大量的动态数据,动态数据存放在内存特定的区域中。用于存放临时从外存调入的程序和数据的存储区也由操作系统的内存管理模块管理。

4)时间管理

程控交换机运行时必然会用到大量的定时操作,分为相对定时和绝对定时,如摘机后久不拨号的超时就属于相对定时,可以用链队数据结构来登记各种相对定时任务,通过时钟中断的驱动周期地操作链队,从而完成定时任务,而闹钟服务的定时属于绝对定时。另外,出于计费和通话记录的目的,系统需要有维持日历和软时钟的功能,这些工作都由时间管理模块来管理。

5)系统监督和恢复

为保证系统安全可靠,操作系统应具有故障识别和分析,以及硬件设备再配置管理、再启动和再装入等功能,这些功能统称为系统监督和恢复。

### 2. 数据库管理系统

在程控交换机中,所有有关交换机的各种信息都通过数据来描述,涉及的数据种类繁多,数量巨大,因此必须采用专门的数据库系统进行统一管理。由于程控交换机中的数据组织很有规律,数据本身结构、类型和数据之间的关系相对简单,因此程控交换机系统大都采用关系数据库来组织管理数据,二维表单的结构被广泛采用。为了达到程控交换机系统的可靠性要求,数据库系统通常被设计得比较完备,数据库管理系统包括的数据库控制系统、数据库组织系统和数据库安全系统都在程控交换机软件系统中得到应用。

数据可以分为静态数据和动态数据两大类。

1)静态数据

静态数据用来描述交换机的硬件配置和运行环境等信息,又分为局数据和用户数据。这些数据一般不用修改,在需要时也可以通过人机命令或其他方式修改。

局数据描述程控交换机的基本情况,包括:

- 交换机中各种软件表格的配置数量、起始地址;
- 各种硬件设备的配置、数量,以及硬件设备之间的半固定连接关系;
- 交换局的所有被叫号码分析数据、被叫号码翻译规则;
- 局向数据,以及局向相关的路由、中继群、中继线、中继信令数据;
- 计费方式、计费控制数据、计费费率等;
- 新业务提供情况等。

用户数据用来说明用户的情况,每个用户都有一套用户数据,包括:

- 用户电话号码、设备码;
- 用户线类别;
- 话机发号方式;
- 用户服务等级;
- 用户使用新业务的情况;
- 用户计费类别等。

静态数据常存于内存中,同时在程控交换机系统硬盘中有完整的备份。

2)动态数据

动态数据表征程控交换机内部运行的状态细节,通常都只存在于内存中。例如,呼叫处理中关于呼叫状态、呼叫占用的相关硬件和软件资源,占用状态的动态数据只存在于呼叫处理的过程中,一旦这次呼叫处理结束,动态数据就无须再保存。另外,描述整个系统中各公共资源使用状态的动态数据是动态的,描述数字交换网络中所有链路使用状态的动态数据也在不断地变化更新。

### 3. 呼叫处理程序

呼叫处理程序实际上是具体负责电话交换的一组软件,体现交换机的使用价值,进一步的介绍详见 3.6 节。从宏观上看,呼叫处理程序所完成的功能可以归纳为以下四个方面。

- 交换状态的管理,负责在呼叫处理过程中所有状态,如空闲状态、收号状态、通话状态等的转移和处理。
- 交换资源的管理,负责分配、回收和测试呼叫处理过程中用到的硬件资源设备,如用户电路接口电路、中继设备、信令设备、交换网络链路等。
- 交换业务的管理,负责对呼叫处理中涉及的各种新业务的支持和实现。
- 交换负荷的控制,在灾难状态或者过负荷情况下临时限制呼叫请求的特殊功能。

**4. 故障监视处理程序**

程控交换机系统需要有高可靠性,为达到这个目标,程控交换机对重要的硬件设备和软件模块都设置了监视机制,以便及早发现故障。例如,双处理机配置,主/备用工作方式或者同步工作方式,相互比较输出结果是否一致。

故障出现时,并不立即告警,而是自动进行恢复尝试或者诊断测试,这样可减少偶然因素引起的误报。故障出现后,隔离故障,重组模块,然后进行相应的告警,报告给维护人员。

**5. 维护、管理程序**

维护、管理程序用于提供人机通信平台,支持操作维护人员查询和修改各种数据,为了让操作维护人员能及时了解程控交换机的实际工作情况,还需要记录统计整个程控交换机的服务数据,并分类汇总统计,最后提供设备运行统计和话务统计结果给操作维护人员和网管系统。通过对统计结果后期的定性定量分析,为提高全网服务质量和效率提供第一手客观依据,还可以计算出该交换局是否需要扩容,扩容哪些硬件模块,扩容多少合适等。网管人员根据所管辖网内所有程控交换机提供的客观数据,运用人工和自动手段进行中继资源调度,干预话务流量流向,最终达到保持全网高效率运行的目的。

### 3.5.3 程控交换机软件的级别划分

处理机的处理速度无论多高,在同一时间也只能处理一项任务,而程控交换机往往会同时面对众多的处理请求,对这些请求必须加以甄别,按照实时性进行分类,区别对待,而不能简单地以时间为序依次处理,否则,实时性就无法体现。

程序的执行级别可划分为三级:故障级、周期级和基本级。

**1. 故障级程序**

故障级程序是实时性要求最高的程序。故障的发生无法预测,一般情况下不会出现,但是如果故障出现了,则须立即执行。其任务是识别故障源,隔离故障设备,换上备用设备,进行系统再组成,使系统尽快恢复正常状态。

故障级程序视其故障的严重程度又分为高级、中级和低级。高级是紧急处理程序,处理影响全机的最大故障,如整机电源中断等。中级是处理中央处理机故障的程序。低级是处理话路子系统或输入/输出子系统等局部故障的程序。

故障级程序不受任务调度的控制,当故障发生时,由故障检测电路发出故障中断请求,由故障中断启动故障级程序。故障级中断可以中断正在执行中的低一级别程序,包括周期级和基本级程序,故障处理结束后,再由调度程序启动周期级或基本级程序。

## 2. 周期级程序

处理机存在另外一种中断——时钟中断(也称为周期中断),两次时钟中断之间的时间间隔称作时钟周期。每一个时钟周期存在着一些要固定执行的程序,这类程序就是周期级程序,又因为其启动由时钟中断进行,所以又称为时钟级程序。周期级程序实时要求较高,有固定的执行周期,在交换系统正常运行期间,这类程序定时启动且优先执行,对时间的要求也很严格。

周期级程序分为两级:H 级和 L 级。H 级程序对执行周期要求很严格,在规定的周期内必须及时启动,如用户拨号脉冲识别程序必须每隔 8ms 启动一次,否则会错号。L 级的程序对执行周期的实时要求不太严格,如用户摘挂机识别、对话路系统 I/O 设备的控制等,执行周期可以长一些,要求也不是很严格。

## 3. 基本级程序

基本级程序对实时性要求不太严格,有些没有周期性,有任务就执行;有些虽然有周期性,但一般周期都较长。基本级多是一些分析程序,如去话分析程序、路由选择程序和维护运转程序等。基本级程序的级别是最低级,采用插空运行和队列启动。

划分上述程序的依据是不同的实时性,因此在面临众多任务都需要处理机资源时,程序执行按以下原则进行。

(1)基本级按顺序依次执行。根据本级的级别划分,在程序执行时应按级别顺序依次执行,只有当高级别的基本级执行完毕时才能进入低级别的基本级程序;同一级别中的多个任务按照先到先服务的原则,排成先进先出的队列依次处理,故每级相当于一个队列。

(2)基本级执行时可被中断插入,在被保护现场后,转去执行相应的中断处理程序。如果是时钟中断,就去执行时钟级程序。若时钟级程序有若干级时,也应按照从高到低的顺序执行。时钟级执行结束,恢复现场,又返回到基本级程序。如果是故障中断,就去执行相应的故障处理程序。

(3)中断级在执行时只允许高级别中断进入,如在执行高级周期程序时,可被故障级程序中断插入;在执行低级周期程序时,可被中级和高级周期程序中断插入等。

(4)本级被时钟中断插入后的恢复处理应体现基本级的级别次序。

## 3.5.4　程控交换机软件系统的调度机制

在管辖范围内,操作系统利用中断机制来实现对不同实时性要求任务的调度。处于操作系统核心层的中断处置模块具有最高的优先级,负责所有中断的执行处置,安排执行所对应的中断例程。中断处置模块所处置的中断大致分为故障中断、时钟中断、I/O 中断。

故障中断又包括硬件故障中断、运行异常中断和程序性中断。正如前面的介绍那样,某些硬件故障中断直接以不可屏蔽中断方式强制执行。

任务分时调度模块是绝大多数任务的调度中心,因此具有极高的优先级。时钟中断周期地介入任务分时调度流程,使得时钟级程序能够周期运行。

操作系统的其他模块,如 I/O 控制模块、故障处理模块、诊断模块和通信控制模块等也具有较高优先级,通过中断或者软中断方式插入任务分时调度流程而优先执行。

## 1. 周期级任务的调度

时钟级程序是任务分时调度流程被时钟中断强制中断后执行的中断例程,由于时钟中断例程在关中断状态下运行,为了尽量不影响其他任务的及时处理,任务一般都很简单,执行很快。不同的时钟级程序调度的周期可能不同,一般设置成基本周期的整数倍。某一次时钟中断到来后,可能没有时钟级程序需要执行,也可能有多个,既然有多个就需要确定执行顺序。

在比特型时间表方式下,时间计数器按照时基来作控制,到达最大值后清零循环,每次计数器的值累加后,就以计数器的值为索引去查询对应于时间表表体的一行以调动相应的若干时钟级程序。时间表表体每列对于一个时钟级程序,每次操作一行中的某位为1,同时屏蔽表相应的位也为1,说明本次应该执行该列对应的时钟级程序。因此,图 3-17 中右起第一列对应的时钟级程序每隔 8ms 就会被调度一次,即执行周期为 8ms;右起第二列对应的时钟级程序

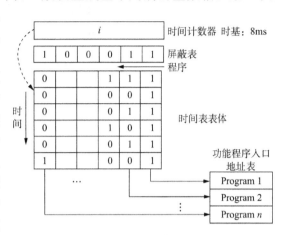

图 3-17 比特型时间表方式的时钟级调度

执行周期为 16ms;右起第三列对应的时钟级程序虽然执行周期为 24ms,但由于屏蔽表的值为 0,故无法运行。最左列对应的时钟级程序执行周期为 $8M(\mathrm{ms})$,其中 $M$ 为时间表表体的行数。

## 2. 基本级任务的调度

程控交换机系统中的绝大多数任务属于基本级,由操作系统中的任务分时调度模块调度,基本级任务按不同的实时性要求划分为不同的优先级。

例如,对于 S1240 交换机系统中各种任务优先级的划分,基本级按优先级从高到低的顺序分为被中断的事件级、新事件级、被中断的进程级和新进程级。时钟级扫描程序周期地扫描事件寄存器,以发现是否有新的事件到来,如果有,就将事件登记到表中相应的位置位。当时钟级程序运行后,进入事件级调度,查询事件登记表,调用相应的事件处理程序,如果事件处理产生了进程级的任务,该任务就被排入进程级队列;如果事件处理过程中被中断,中断恢复后会优先执行该中断的事件,再执行新事件级,然后执行被中断的进程级,处理之后再执行新进程级任务。

以上分别介绍了周期级任务和基本级任务的调度方法,而故障级程序具有最高优先权,只要出现就必须立即处理,因此不存在调度一说。

图 3-18 所示为 S1240 交换机系统在某 9 个时钟中断周期的考察时间段内任务调度的实例,最小时钟中断周期为 5ms。实例包含有故障级的中断、时钟级中断,以及事件级和基本级的任务,从中可以分析出各个任务执行的优先顺序。

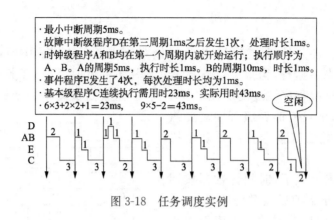

图 3-18　任务调度实例

## 3.6　呼叫处理程序的基本原理

程控交换机软件系统的呼叫处理程序负责呼叫的建立、监视、拆除及呼叫处理过程中的其他一些处理,呼叫处理程序是最能体现程控交换机特色的一种软件。本章第一节所讨论的程控交换机软件系统五大特点在呼叫处理程序中均有体现。

### 3.6.1　对呼叫处理程序的要求

从软件量上看,呼叫处理软件在整个程控交换机软件中所占的比例并不多,但却运行最频繁,占用处理机资源最多。

单从一次普通电话呼叫的处理过程来看,并不是很复杂,仅包括摘机检测、收号、接续、计费、挂机检测、拆除接续通路等操作,即使考虑呼叫处理过程中的各种异常情况的处理也不难实现。

然而事实上,最大的挑战在于一台程控交换机承担着成千上万甚至数万门电话用户或者中继线的呼叫服务请求,而且呼叫服务请求又随机发生。每一个呼叫在处理过程中又有许多可能的流程分支,其中的每个工作又可能有不同的实时性要求,如果处理不够及时,会发生接续错误、接续失败或者服务质量降低。另外,呼叫处理软件还涉及许多共享硬件和软件资源的申请、分配、回收等问题,以及为了保证服务质量而设置冗余的程序与呼叫处理程序之间的紧密配合、大量容错机制和异常处理出口等情况。

综上所述,要设计一个能达到预定目标的呼叫处理程序非常复杂,工作量巨大,测试量更大。事实上,整个软件系统其他部分的设计和实现都必须以呼叫处理程序为中心,甚至连硬件系统和硬件电路的设计、电子元件的采用都需要配合呼叫处理程序的实现。呼叫处理程序的设计代表程控交换机系统的设计水平,呼叫处理程序的运行效果体现了程控交换机的质量。

### 3.6.2　用 SDL 图描述的呼叫处理过程

呼叫处理过程就是监视状态变化,接收用户的拨号,对接收到的号码进行分析,根据分析结果执行任务(建立语音通路、振铃、送回铃音等),接着再进行监视,接收,分析,执行……

但是,由于在不同的情况下出现的请求及处理的方法各不相同,一个呼叫处理过程相当复杂。例如,前面没有考虑超时问题,主叫一直不拨号或者中途放弃挂机,接续过程中某个时候放弃挂机,这样处理的流程就会千差万别。为了方便从整体上把握整个呼叫处理过程,采用 SDL

图来描述呼叫处理过程会更准确直观。

由国际电信联盟(ITU)制定的规格描述语言(Specification and Description Language, SDL)是以有限状态机(Finite State Machine, FSM)为基础扩展而来的一种表示方法,用于建立通信和电信系统网络的物件导向流程图文件。SDL 图是 SDL 中的一种图形表示法, SDL 有限状态机的动态特征是触发-响应过程, 即系统平时处于某一个稳定状态, 等待触发条件, 当接收到符合的触发条件以后立即进行一系列处理动作, 还可能又输出一个信号, 并转移到另一个稳定状态, 又等待相应的触发事件, 如此不断转移。显然, 有限状态机运行正好和呼叫处理过程一致, 因此用 SDL 作为设计工具来表征呼叫处理过程是合适的。

图 3-19 是一个简化的本局呼叫接续过程用 SDL 图描述的例子。图中有多个稳定状态, 在每个状态下相应的输入信号引起状态转移, 在转移过程中进行一系列作业, 并输出相应的命令信号。根据这个描述可以设计所需要的程序和数据, 当然, 真实设计图要复杂得多。

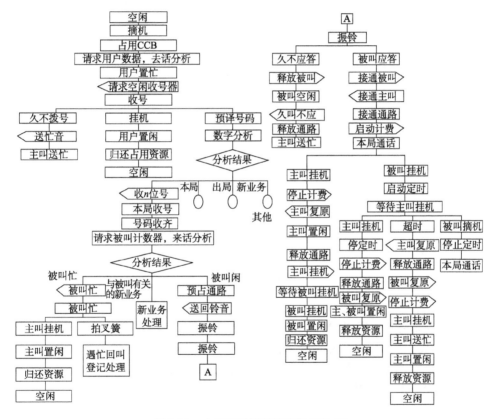

图 3-19  本局呼叫接续过程的 SDL 图

### 3.6.3  呼叫处理程序的构成及其层次关系

在前面的介绍中, 只是简单地把呼叫处理程序看成一个"黑盒", 下面深入考察呼叫处理程序内部结构和内部模块之间的配合关系, 目的是能对呼叫处理过程有进一步的理解。下面以如图 3-20 所示的呼叫处理程序分层结构模型为例进行分析说明。

1. 设备控制层

设备控制相关程序属于硬件接口程序,处于硬件和信令控制层之间,通过定期或者主动访问寄存器等手段搜集硬件设备输出信息及其状态变化信息,并以优先级相对较高的事件形式报告给信令处理软件。另一方面,接收来自呼叫信令控制层的逻辑命令,并转换为硬件电路能接收的工作指令,发给硬件电路以驱动硬件电路动作。硬件接口程序一般都具有较高的实时性要求,特别是识别外部状态变化的各种扫描识别程序。

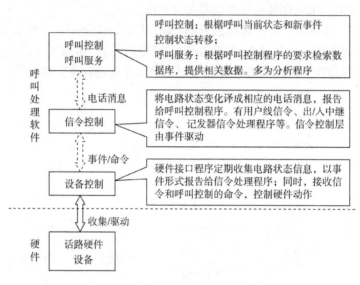

图 3-20 呼叫处理程序分层结构模型

2. 信令控制层

信令控制层将外部电路的状态变化信息重新格式化成相应的电话信令。信令控制层由事件驱动,即由来自设备控制层送来的事件报告经过相关的登记、记录和协调之后,提炼出需要上报给呼叫控制层的信息,并生成预定格式报告以发送给呼叫控制层。另一方面,来自呼叫控制层发来的命令控制要求分析处理后分解成若干子任务,并交给设备控制层,设备控制层以此去控制和驱动相关的硬件电路动作。某些电话资源管理程序(管理中继线、电话信令收发设备等公用设备、数字交换网络等)和计费程序属于这一层。

3. 呼叫控制层

处于最上层的是呼叫控制程序,主要功能是对呼叫当前的状态和接收到的事件信息进行分析,调用相应的处理程序处理接收的事件,并协调各个软件模块的工作,从而控制呼叫的进度,呼叫控制程序类似于呼叫处理过程的指挥中心。

相对而言,呼叫服务模块如同参谋部,时刻准备接受呼叫控制模块的询问,一旦收到询问要求,呼叫服务模块就检索数据库,分析加工查到的零散且未加工过的数据,最后提交符合呼叫控制模块需要的结果。通常,查询任务并不是简单地一次查询就可以完成,呼叫服务模块都会把查得的数据经加工分析后计算或提炼出关键值作为继续查询的依据,并再次查询,如此若干次才会得到真正需要的最终结果。整个呼叫处理过程的核心阶段就是数字分析,对主机用户拨出的被叫号码的前几位(字冠)进行分析,得到应该呼叫的方向。分析过程实质上就是一个按照输入参数查询数据结构的过程。例如,可以采用普通二维表的数据结构来存放所有字冠与相应呼叫目的地的对应关系,这种方法设计简单清晰,但由于每个字冠都会有一个存放记录,记录总数将很多,占用存储空间大,空间利用效率低。采用多级链表结构来存放所有字冠与相应呼叫目的地的对应关系,如图 3-21 所示,则可大幅度地节约空间,因此在实际中常常采用这种方法。如果已知一个交换局的局向定义如图 3-21(a)所示,同时 22 局的程控交换机软件系统采用多级链表结构的字冠分析方式,那么就可以用图 3-21(b)所示的局数据来实现。

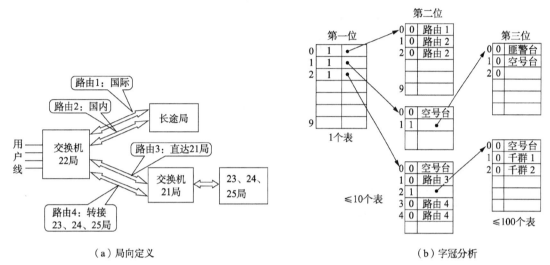

（a）局向定义　　　　　　　　　　　（b）字冠分析

图 3-21　基于多级链表结构的字冠分析实例

## 3.7　移动程控交换系统的组成

前面以程控交换机为例讲解了固定电话网中的交换机,现在移动通信业务占了整个电话业务中一半以上的用户量。目前广泛使用的 GSM 系统都采用程控交换机实现交换功能,但与固定电话网中的交换机有一些区别。因此,下面简单讲解移动程控交换机系统。

### 3.7.1　移动程控交换机在 PLMN 网络中的位置

同公用电话交换网(PSTN)一样,公用陆地移动网(PLMN)的交换系统是网络的核心,用户的位置不断地改变,与固定电话的位置固定不变不一样,从而对网络和交换设备提出了一些新的要求。首先介绍 PLMN 的网络结构,如图 3-22 所示。

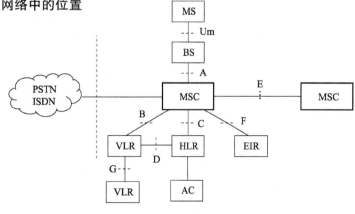

图 3-22　PLMN 网络的结构

### 1. 网络功能部件

MS:称为移动台,是移动网的用户终端设备。

BS:基站,负责射频信号的发送和接收,以及无线信号至 MSC 的接入,在某些系统中还可以有信道分配、蜂窝小区管理等控制功能。在一般情况下,一个基站控制一个或数个蜂窝小区。

MSC:移动交换中心,完成移动呼叫接续、越区切换控制、无线信道管理等功能,同时也是 PLMN 与 PSTN、PDN、ISDN 等陆地固定网的接口设备。

HLR(Home Location Register):归属位置寄存器。所谓"归属"指的是移动用户开户登记的电话局所属区域。HLR 存储在该地区开户的所有移动用户的用户数据(用户号码、移动台类型和参数、用户业务权限等)、位置信息、路由选择信息等。移动用户的计费信息也由 HLR 集中管理。

VLR(Visitor Location Register):访问位置寄存器,存储进入本地区的所有外地用户的相关数据。这些数据都是呼叫处理的必备数据,取自用户的 HLR。MSC 处理访问用户的去话或来话呼叫时,直接从 VLR 检索数据,不需要再访问 HLR。访问用户通常称为漫游用户。

EIR(Equipment Identity Register):设备标识寄存器,记录移动台设备号及其使用合法性等信息,供系统鉴别管理使用。

AC(Authentication Center):鉴权中心,存储移动用户合法性检验的专用数据和算法。该部件只在数字移动通信系统中使用,通常与 HLR 合在一起。

### 2. 网络接口

Um 接口:无线接口,又称为空中接口。该接口采用的技术决定了移动通信系统的制式。按照语音信号采用何种传送方式,移动通信可分为模拟和数字移动通信系统;按照多址方式可分为频分多址(FDMA)、时分多址(TDMA)和码分多址(CDMA)系统。需要指出的是,无论是什么制式的移动通信系统,其移动交换机采用的都是与固定电话网类似的数字程控交换机,只是增加了一些与移动管理有关的内容。在第三代移动通信系统中,交换机融入了分组交换的功能。

A 接口:无线接入接口。该接口传送有关移动呼叫处理、基站管理、移动台管理、信道管理等信息,并与 Um 接口互通,在 MSC 和 MS 之间互传信息。在模拟移动通信系统中,A 接口规范没有标准化,作为内部接口处理。在数字系统中,尤其是欧洲的 GSM 系统,对 A 接口进行了详细的定义,因此原则上可选用不同厂商生产的 MSC 和 BS 互连。

B 接口:MSC 和 VLR 之间的接口。MSC 通过该接口向 VLR 传送漫游用户位置信息,并在呼叫建立时向 VLR 查询漫游用户的有关数据。

C 接口:MSC 和 HLR 之间的接口。MSC 通过该接口向 HLR 查询被叫移动台的选路信息,以便确定呼叫路由,并在呼叫结束时向 HLR 发送计费信息。

D 接口:VLR 和 HLR 之间的接口。该接口主要用于登记器之间传送移动台的用户数据、位置信息和选路信息。

E 接口:MSC 之间的接口。该接口主要用于越区切换,当移动台在通信过程中由某一 MSC 业务区进入另一 MSC 业务区时,两个 MSC 需要通过该接口交换信息,由另一 MSC 接管该移动台的通信控制,使移动台通信不中断。

F 接口:MSC 和 EIR 之间的接口。MSC 通过该接口向 EIR 查询移动台设备的合法性。

G 接口：VLR 之间的接口。当移动台由某一 VLR 管辖区进入另一 VLR 管辖区时,新旧 VLR 通过该接口交换必要的信息。

MSC 与 PSTN/ISDN 的接口：利用 PSTN/ISDN 的网间接口信令建立网间话路连接。

3. 网络部件的物理分布

PLMN 的主要功能部件是 MSC、HLR 和 VLR,它们在实际网络中的物理分布可有三种方式。

(1)综合式：MSC、HLR、VLR 位于同一物理设备中,即移动交换机兼有位置寄存器的功能。这时,移动交换机之间的信令链路中传送 C、D、E、G 接口的信息,B 接口及 MSC 与本局 HLR 的 C 接口成为交换机的内部接口。这种方式应用于移动网发展初期。

(2)部分分离式：MSC 和 VLR 位于同一物理设备中,HLR 为单独的物理设备。这种方式应用得较为普遍。

(3)完全分离式：MSC、HLR、VLR 均为独立的物理实体。这时,HLR、VLR 为独立的网络数据库,控制移动业务的处理,MSC 则完成单纯的话路接续任务。其中,HLR、VLR 相当于智能网中的业务控制点(SCP),MSC 相当于业务交换点(SSP),它们之间通过 No.7 信令交换信号。

## 3.7.2 移动交换机的硬件结构

常用的综合式移动交换机的一般结构如图 3-23 所示,其中虚线部分为任选部件。与 PSTN 电路程控交换机相比,其结构上主要的差异如下所述。

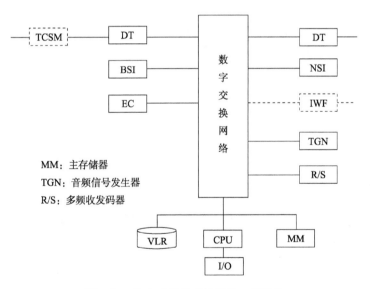

图 3-23 综合式移动交换机的一般结构

(1)减少了用户级设备。一般程控交换机用户电路数量大,约占整个交换机硬件设备的 60%。移动用户通过无线信道由基站通过数字中继线(DT)接入交换机,因此移动交换机没有用户级设备,其体积较小,所需机房面积和电源容量也较小。

(2)增设基站信令接口(BSI)和网络信令接口(NSI)。前者传送与移动台通信的信令及基站控制和维护管理信息,后者向 PLMN 其他网络部件传送移动用户管理、切换控制、网络维护管理等信息。

在早期的模拟移动系统中,不同厂商或系统的信令规程不同,BSI 和 NSI 均为专用接口部件。以 GSM 为代表的数字移动系统采用以 No.7 信令和 ISDN 规范为基础的统一规范,在硬件上 BSI 和 NSI 为 No.7 信令系统的信令终端设备,在软件上则需装备 SCCP、TCAP 和应用层软件,一般都配备专用的信令处理机。

(3)增设 VLR 数据库。

(4)增设回波抵消器设备(EC),用于移动用户和 PSTN 用户的通话。由于移动网空中接口时延较大,可达卫星链路时延的一半,而 PSTN 用户电路都采用二/四线变换,因此和移动网通话会产生有感觉的回声,必须设法消除。

(5)选用部件—网络互通单元(IWF),GSM 系统中装备在与 PSTN 接口的 GMSC 中,用于支持移动用户和 PSTN 用户之间的数据业务,主要硬件是各种 MODEM。数据的模拟传输终止于 IWF,进入 GSM 网恢复为数字形式。

(6)选用部件—码型变换和子复用设备(TCSM),在数字移动系统中用于 PCM 64Kbit/s 语音编码和无线接口低速率语音编码之间的转换,以及变换后的子速率信号的复用传输。该设备可以位于 MSC,也可以位于基站系统,或者作为单独的设备处理。如果置于基站侧,就不需要子复用功能。

由此可见,移动交换机和一般交换机在硬件上差别不大,主要在于交换软件和信令不同,另外,还需设计一个大容量实时数据库。

### 3.7.3　移动呼叫处理的特殊功能需求

与固定电话的程控交换机相比,移动交换机 MSC 在进行呼叫处理时需要增加一些特殊功能,以适应各种情况下的呼叫。下面简略讨论这些特殊功能。

#### 1. 移动用户接入处理

对于移动台 MS 始发呼叫,不存在用户线扫描、拨号音发送和收号等处理过程,MS 接入和发号通过无线接口信令传送,MSC 的功能主要是检查 MS 的合法性及其呼叫权限。对于 MS 来话呼叫,则需要执行寻呼过程。

#### 2. 信道分配

信道分配是移动呼叫处理的特有过程,由 MSC 按需给起呼或终接 MS 分配业务信道和必要的信令信道。在某些系统中,由 MSC 指令、基站控制器进行具体分配。一般而言,每个小区指配有固定数量的业务信道,但为了提高接通率,也可以在小区信道全忙时借用邻近小区的信道。

#### 3. 路由选择

路由选择原则上与固定电话交换机相同,体现在多种选路策略上。呼叫异地 MS,可以通过移动网也可通过固定电话网;呼叫漫游状态的 MS,可采取 GMSC 重选路由法或者到原籍交换局后再转接的方法,具体视网络规划和移动系统规范而定。

#### 4. 切换

在 MS 进入通信阶段后,MSC 继续监视业务信道的质量,支持切换机制以保证通信的连续性。

### 5.移动计费

移动计费相对复杂,移动呼叫可能是双向收费。由于移动性,计费数据由首次接入的 MSC 生成,但需送回其 HLR,这就对信令有专门要求。即使在切换时,呼叫可能涉及多个 MSC,计费仍由首次接入的 MSC 负责全程管理。MS 漫游在异地接收来话时,全程话费如何在主被叫间分摊,这和选路策略有关,特别是在多个运营商竞争环境下。

### 6.呼叫排队

为了提高接通率,当业务信道全忙时,网络侧可向 MS 发送呼叫排队通知,将呼叫排入等待队列,待有空闲信道后依次接通。若排队超时,本次呼叫被释放。呼叫排队功能主要由基站控制器完成,来话去话都可能排队。

### 7.不占用业务信道的呼叫建立

在呼叫建立过程中只使用控制信道,待被叫应答后才分配业务信道,其目的是提高无线资源的利用率,但要求 MS 和 MSC 都具备这个功能才能使用。

### 8.呼叫重建

当业务信道突然中断,如在传播路径上突然出现隧道、遮挡物时,为了不中断呼叫,允许移动台向邻近小区发出呼叫重建的接入请求,MSC 收到该消息后,应根据用户标识搜寻其原有的连接,然后切换到新分配的业务信道上,为此要求 MSC 在连接异常中断后启动一个呼叫重建定时器,在规定时间允许重建。

### 9.DTMF 传送

某些业务如呼叫转移、语音信箱、数据终端自动应答等都要求用户在话路建立以后发送 DTMF 信号。由于数字移动通信传输媒介的特殊性,空中接口采用低速率语音编码,设计时着重顾及语音频率,故在传送 DTMF 信号时产生较大的失真,因此上行方向采用信令方式传送 DTMF 信号,MSC 读出该消息后,使用专门的 DTMF 发码器产生对应的 DTMF 信号进行转发,从而保证信息台能收到正确的 DTMF 信号。下行方向不需特殊处理,因为 MS 中集成有相应的 DTMF 检测机制。

## 思考题

1. 为什么数字中继中需要帧同步和复帧同步?
2. 电话机摘机拨号后若出现拨号音不能停止的情况,请分析可能出现的故障原因。
3. 对于移动用户,可以通过什么机制使交换系统随时能够找到移动用户处于某个位置?
4. 为什么采用多级链表结构存储字冠分析数据比采用顺序表节约空间?
5. 拨号脉冲扫描识别程序通常设定每 10ms 执行一次,为什么?周期设置为 20ms 可以吗?设置为 5ms 可以吗?设置为 1ms 呢?试分析。
6. 试分析主机用户摘机到程控交换机开始送拨号音之间的时延范围。
7. 试设计出图 3-17 的时钟级调度策略的程序流程图。
8. 在图 3-18 中,标注程序 A、B、C、E 分别在哪些位置上运行,分别计算它们运行了多长时间。最后空闲的 2ms 说明什么?是否有利用价值?

# 第4章 通信网与 No. 7 信令系统

## 4.1 电话通信网

通信网具有各种不同的类型其中,电话通信网是规模最大的通信网之一,整体体现整个通信架构。在讨论电话通信网之前,首先了解通信网的基本概念。

### 4.1.1 通信网的基本概念

通信网是为一定数量的节点(包括用户终端和交换设备)提供信息传输功能的网络,是信息化社会的基础设施。从宏观实体结构来看,通信网是一种以交换设备为核心,按照一定的拓扑结构和规程约定的协议,通过传输线路将地理位置上分散的用户终端设备连接起来,从而实现任意两个终端之间信息交换的通信系统。

终端设备是通信网的起点和终点,主要功能是完成信源信息与信道信息之间的相互转换。不同的电信业有不同特征的信源,因此,不同的电信业务就对应不同的终端设备,如电话业务终端是电话终端;传真业务就是传真终端;数据业务就是数据终端等。

传输线路是通信网中的连接媒介,也是信号的传输通道。目前,常用的传输设备有 PDH、SDH、DWDM 光纤传输设备和微波、卫星无线传输设备等。

交换设备完成交换节点之间传输线路的汇集、转接和分配。简而言之,交换设备的功能就是把任意入口信道传输来的信息转发到正确的出口信道上并送往下一跳。不同的通信业务对交换节点提出了不同的要求,如电话业务要求通信的传输时延小于 25ms,因此目前主要采用电路交换方式;数据业务由于各种数据终端的速率不完全相同,数据业务的突发性和为提高线路的利用率等诸多要求,主要采用分组交换、ATM 交换等存储转发的交换形式。

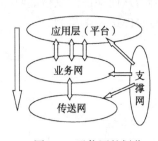

图 4-1 通信网的划分

为了保证通信网正常运行,通信网除了有以上三部分设备各自的硬件和软件之外,还应有通信双方必须共同遵守的约定(如信令、协议、标准等),包括通信双方使用的信息格式、信息收发的时序、交换数据的规则等,这些协议标准及相关的设备统称为信令系统。

由于技术、体制和历史原因,我国的通信网分类比较复杂。按照采用的技术、服务的范围、提供的业务,通信网可以分为业务网、传送网和支撑网,如图 4-1 所示。

业务网是直接向公众用户提供各种电信业务的网络。不同种类的业务网向用户提供不同的电信业务。我国常用的业务网有固定电话网、移动电话网、IP 电话网、数据通信网、图像视频网、智能网、综合业务网和因特网等。

传送网是指业务承载网,主要由各种传输线路和传输系统设备构成,完成信息传送任务。它包括 PDH、SDH、DWDM 光纤骨干网,微波、卫星无线骨干网及接入网等。

支撑网传递的不是一般的业务信息,而是网络运行所需的监测和控制信息。支撑网为业务网、传送网提供技术服务和支持,保证整体通信网能够经济、高效、安全、可靠地运行。在我国,支撑网主要有(No.7)信令网、数字同步网与电信管理网和计费系统等。信令网用来实现网络中各种设备之间信令信息的传递;数字同步网在数字通信网中是用来实现设备之间时钟信号速率的同步或在模拟网中保证设备之间的频率保持一致;电信管理网主要用来观察、控制通信网服务质量并对网络实施指挥调度,以充分发挥网络的运行效益。

应用层(平台)在通信网中直接面向用户,提供各种通信应用服务,主要包括电话、传真、电子邮件、多媒体通信、广播电视、智能网服务等。

通信网还可更进一步按照不同角度分类,如表 4-1 所示。

本节主要讨论业务网中的电话通信网(简称电话网),有关支撑网的内容在 4.2~4.4 节进行讨论。

表 4-1　通信网的分类

| 特性(属性) | 分　类 |
|---|---|
| 通信范围 | 本地网、长途网;局域网、城域网、广域网;国家网、全球网等 |
| 业务类别 | 固定电话网、移动电话网、电视网、IP网、综合业务网、数据网、因特网 |
| 服务对象 | 公用网、专用网 |
| 信号类型 | 模拟网、数字网、数模汇合网 |
| 传送模式 | 电路传送网(PSTN、ISDN)、分组传送网(分组交换网)、异步传送网 |
| 处理方式 | 交换网、广播网 |
| 交换方式 | 面向连接型网络、无连接型网络 |

## 4.1.2　固定电话网

电话通信完成人们所需的远距离语音信息交流,电话网则用于提供用户通话业务,同时还可以开放传真、数据等非话业务。它是最基础的通信业务网,也是历史最悠久、业务量最大、服务面最广的网络。电话通信从不同的角度出发,有各种不同的分类,即使是同一电话网也有不同的称谓。如按业务类别可分为固定电话网、移动电话网、IP电话网等。固定电话网可分为本地电话网和长途电话网。本地电话网是指在同一长度的编号区内,由终端交换局(简称为端局)、汇接交换中心(简称为汇接局)、局间中继线、长市中继线、用户线及电话机组成的电话网。国内长途电话网是指全国各城市间用户进行长途通话的电话网。国际电话网是指将世界各国的电话网相互连接起来进行国际通话的电话网。

电话网的基本组网结构形式和通信网一样,由用户终端、传输链路和交换设备按照一定的拓扑结构组成。它主要有星型网、网状网、环型网、树状网、总线型网和复合型网等,如图 4-2所示。

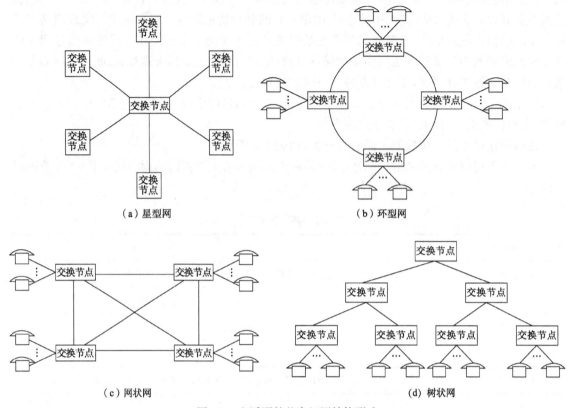

图 4-2  电话网的基本组网结构形式

星型网的结构简单,节省线路,但中心交换节点的处理能力和可靠性会影响整个网络,因此全网的安全性较差,网络覆盖范围较小,适于网径较小的网络,如图 4-2(a)所示。

环型网的结构简单,容易实现,有自愈功能,可靠性较好,如图 4-2(b)所示。

网状网中所有的交换节点两两互联,网络结构复杂,线路投资大,可靠性高,如图 4-2(c)所示。

树状网也称为分级网,网络结构的复杂性、线路投资的大小及可靠性介于星型网和网状网之间,如图 4-2(d)所示。

网状网和环型网属于无级网,而星型网、树状网及复合型网属于分级网。所谓"分级"是对电话网中交换机的一种安排,除了最高等级的交换中心之外,每个交换中心必须连接到比它等级高的交换中心;所谓"无级"是指电话网中的各个节点交换机处于同一等级,不分上下。组建一个国家的电话网时,各国要根据具体的国情选择最佳的电话网组成结构形式,保证电话网中的每一个用户都能呼叫网内任一其他用户。

我国的公用固定电话网以自动网为主体,由长途电话网和本地电话网组成,并通过国际交换中心进入国际电话网。

我国固定电话网的结构采用等级制,共 5 级,后经过多次演进改为 2 级,并向无极动态发展。

长途电话网采用的是由网状网和树状网组成的复合型网络结构,等级结构已由原来的四级演变为两级,并向无级的方向发展;本地网根据规模的大小,既可采用网状网和星型网组成的复合二级网结构,也可采用无级的网状网组网方式,如图 4-3 和图 4-4 所示。在无级动态网中,整

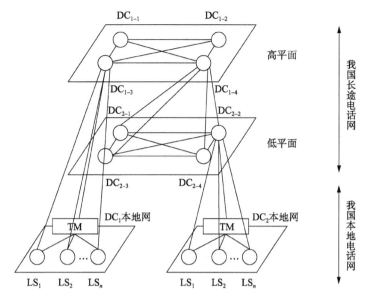

图 4-3 我国固定电话网的网络结构

个电信网由一级长途网、本地网和接入网构成，长途网和本地网均可采用动态路由选择，而接入网将采用环型网结构，并实现光纤化和宽带化。在图 4-3 中，DC(Digital Center)为数字中心（即数字交换局），DTm/TM（Digital Tandem）为数字汇接局，LS(Local Switch)为本地交换局。

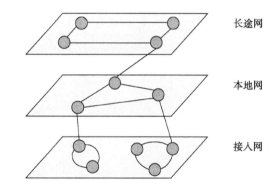

图 4-4 远期我国固定电话网的组成形式及等级结构

21 世纪电信网的发展方向是全球化、宽带化、数据化、智能化、网络化、个人化，电信网逐渐从传统的电话交换网向多媒体业务的宽带分组网过渡。

### 1. 本地电话网

我国的"本地网"是"本地电话网"的简称，是指在同一个长途编号区的范围内，网内所有用户实行统一号长，由若干端局和汇接局、局间中继线、长市中继线、用户线及用户终端设备等所组成的电话网。一个长途区号的范围就是一个本地网的范围，在同一个本地网内，用户之间呼叫只需拨本地电话号码。

1）本地网结构

本地电话网最简单的一种就是网中所有端局之间直接相连，而端局直接又与用户相连。当本地电话网内交换局数目不太多时可采用这种结构，如图 4-5 所示。当本地网内交换局数目较多时，可由端局和汇接局构成二级方式组网，以汇接局为中心汇接各个端局，形成汇接区，由多个汇接区构成一个本地网，如图 4-6 所示。

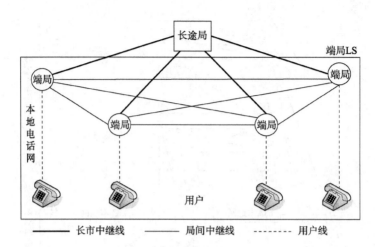

图 4-5 多局制本地网结构

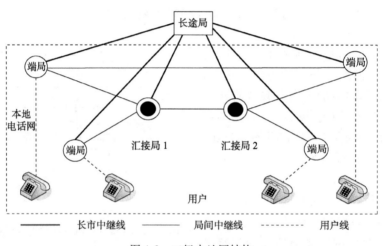

图 4-6 二级本地网结构

2)本地网汇接方式

一个本地网中各个电话局之间有各种连接方式,其中最简单的是网状网组网方式,各端局之间及端局到长途局之间均采用低呼损的直达中继线群相连(呼损≤1%),此组网方式适用于小城市的本地网组网。

随着电话网中端局的数量不断增多,局间中继线群数量也会急剧增加,若端局话务量较小,则中继线群的利用率呈下降的趋势,此时不再适宜采用网状网的方式组织本地网。在网络规模增大的情况下,把本地电话网划分成若干汇接区,在汇接区内选择话务量密集的地方设置汇接局,下设若干端局,汇接局之间、汇接局和端局之间均设置低呼损直达中继群。由于端局之间不再直连而由汇接局负责话务汇接,因此在减少中继线群数量的同时也提高了中继线群的利用率。

根据不同的汇接方式可分为去话汇接、来话汇接、来去话汇接等。

(1)去话汇接如图 4-7 所示,是指汇接局除了负责汇接本汇接区的来话和去话,还负责汇接至其他汇接区的去话,即去话汇接,来话全覆盖。

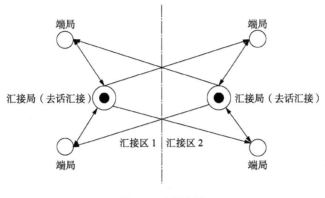

图 4-7　去话汇接

(2)来话汇接如图 4-8 所示,负责汇接本汇接区的来话和去话。与去话汇接不同的是,它负责的是其他汇接区的来话,即来话汇接,去话全覆盖。

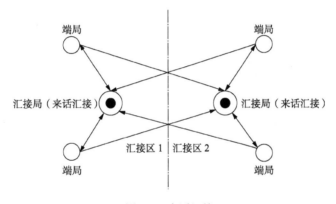

图 4-8　来话汇接

(3)来去话汇接如图 4-9 所示,是在一个汇接区内设置一个或一对汇接局,汇接本汇接区的话务及与其他汇接局之间的来话和去话。

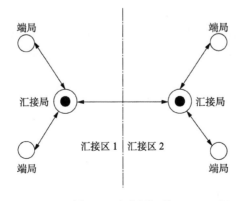

图 4-9　来去话汇接

无论何种汇接方式,所有的端局都要逐步实现与汇接局的双归属,即一个端局接入到两个汇接局上。在经济合理的前提下,尽量使端局间的大部分话务量经直达路由或一次转接疏通。

### 2. 长途电话网

长途电话网简称长途网。我国长途网的长途交换中心分成一级和二级交换中心两个等级,一级交换中心(DC1)为省(自治区、直辖市)长途交换中心,负责汇接所在省的省际长途来去话业务和一级交换中心所在本地网的长途终端话务;二级交换中心(DC2)负责汇接所在本地网的长途终端业务。

一级交换中心(DC1)采用网状网的网络结构,即除台北、香港、澳门外的其他 30 个省会以上城市组成网状网的一级交换中心;对于二级交换中心(DC2)目前在各省长途汇接区内实现网状连接;一级与二级交换中心之间采用树状网的结构方式组网,逐级汇接,如图 4-10 所示。目前,长途电话网已经实现了 DC1、DC2 的两个等级结构,并将逐步向无级网的方向发展。网络级数减少,网络结构更简单,管理更方便,可提高电路可靠性,加快接续速度。对于长途电话网来说,理想化的目标网结构是无级长途网,长途电话的接续为两次转接,三个转接段,如图 4-11 所示。

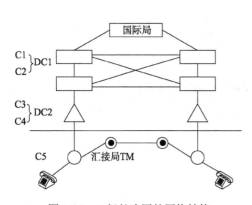

图 4-10    二级长途网的网络结构

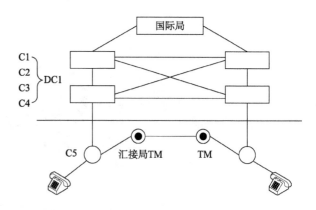

图 4-11    无级长途网的网络结构

### 3. 国际固定电话网

国际电话通信是通过国际电话局完成的,每一个国家都设有一个或几个国际交换中心,以疏通国际话务,完成国家之间的通信。从广义上来讲,国际电话网由国际长途局、国内长途局、市话局及各种类型的传输线路构成;狭义的理解是国际电话网由国际交换中心组成。

截至 1992 年年底,我国有三个国际交换中心,分设在北京、上海、广州,这三个国际交换中心均具有国际话务转接功能。随着原邮电部被拆分为几个电信网运营商,出现了更多新的国际长途交换中心。

国际固定电话网目前已覆盖全球,国际局之间距离较远,通话路数较多,敷设线路多为光缆或卫星线路,这样的电路距离长,建设资金量大,不可能两两相连。因此,为满足国际电话通信可靠性和发展的要求,同时考虑目前电话数量和质量区域上的不平衡性,国际电信联盟(ITU-T)规定,国际电话网分为三级。全球分为 9 个大区,即北美洲、非洲、欧洲、南美洲、东南亚、前苏联、亚洲、西南亚,其中欧洲分为两大区,我国位于东亚区。每个大区至少设置一个一级局(CT1),一级局之间以网状网的方式组网,以满足各大区之间通话畅通;二级局(CT2)和三级局(CT3)只与本大区的一级局相连,CT1、CT2、CT3 之间以逐级汇接的树状网方式组网,这样可以节省投资。CT1 之间、CT1 与 CT2 之间、CT2 与 CT3 之间通过低呼损直达电路群相连;同一大区的一级局与三级局之间、不同大区的二、三级局之间,若话务量较大且相距比较近时,可以设置直达中继线群。国际长途网络结构如图 4-12 所示。

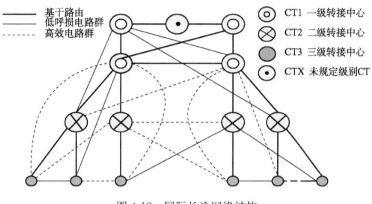

图 4-12 国际长途网络结构

### 4.1.3 移动电话网

移动电话网由移动交换中心(MSC)、基站(BS)、中继传输系统和移动台(MS)组成。

移动交换局和基站之间通过中继线相连,基站和移动台之间为无线接入方式,移动交换局又和本地电话网中的市话局相连组成移动电话网,如图 4-13 所示。

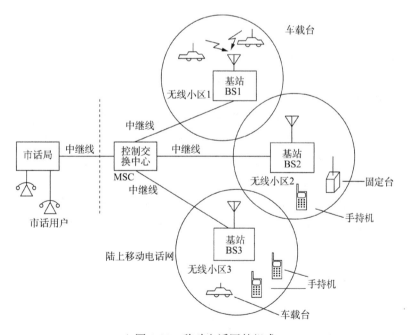

图 4-13 移动电话网的组成

移动交换局对用户的信息进行交换,并实现集中控制管理。每个基站都有一个可靠的通信服务范围,称为无线区,根据服务范围可以分为大区制、中区制和小区制。

目前常用的为小区制,区域的覆盖半径为 2～10km,基站的发射功率一般限制在一定的范围内,以减少信道干扰,并形成由多个无线小区组成的蜂窝式移动电话服务区域。

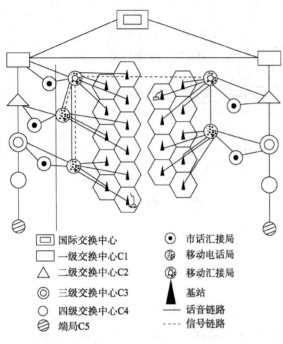

国际交换中心
一级交换中心C1
二级交换中心C2
三级交换中心C3
四级交换中心C4
端局C5
市话汇接局
移动电话局
移动汇接局
基站
话音链路
信号链路

图 4-14　移动电话网与固定电话网的关系

大容量的移动通信网络形成多级结构,为了在网络中均匀负荷,合理利用资源,并避免在某些方向上产生话务拥塞,所以网络设置移动汇接局。

全国联网的移动电话网络结构如图 4-14 所示。该图说明了移动端局、移动汇接局和固定电话网中交换局之间的关系,移动交换局可就近分别连接固定网的二、三、四级长途交换中心并与市话汇接局相连接,移动汇接局可连接于一级交换中心,形成全国范围的固定和移动相结合的电话网络。

移动电话网正在广泛使用的是 GSM(或 3G)数字移动电话系统。

GSM 电话网构成三级网络结构,大区设立一级移动汇接中心,省会设立二级移动汇接中心,移动业务本地网设立本地汇接中心以形成三级移动网。

中国移动的 GSM 网设置 8 个一级移动汇接中心,分别设置于北京、沈阳、南京、上海、西安、成都、广州、武汉。一级移动汇接中心为独立的汇接局,互相之间形成网状结构,省内的二级移动汇接中心与相应的一级中心相连。

为了使不同的大区下两个一、二级汇接局间较忙的话务得以有效地疏通,设置有效直达路由,当高效直达路由溢出时可再选低呼损电路。

为了使多家 GSM 交换设备能够顺利联网漫游,同时可以在移动网中开通除长话业务以外的其他业务,GSM 网采用当前广泛使用的 No.7 信令系统传送移动网的各种信令信息。

移动业务本地网一般可设置一个或两个移动汇接局(GMSC),每个移动本地网中有多个移动端局(MSC),如果不设置 GMSC,则每 MSC 需要互相连接同时又需要和市话局及长途局相连,会造成各地区的负荷不均匀。设置 GMSC 使其对本地移动话务起到汇接作用,同时又在移动端局到市话、端局、汇接局、长途转接局之间起到桥梁的作用,有利于简化网络的结构,充分利用网络的资源。

### 4.1.4 IP 电话网

IP 电话是近年来出现的一种新业务。传统的电话网通过电路交换网传送电话信号,IP 电话通过分组交换网传送电话信号。IP 电话网主要采用两种技术:一种是话音压缩技术,另一种是话音分组交换技术。因此,IP 电话的价格低于传统电话的价格。此项业务受到了使用者和营运者的广泛关注。

传统的电话网一般采用 A 律 13 折线 PCM 编码技术,一路电话的编码速率为 64Kbit/s,或

者采用 $\mu$ 律 15 折线编码方法,编码速率为 52Kbit/s。IP 电话采用共扼结构算术码本激励线性预测编码法,编码速率为 8Kbit/s,再加上静音检测,统计复用技术,平均每路电话实际占用的带宽仅为 4Kbit/s。IP 电话采用的编码技术节省了带宽资源,这是 IP 电话价格下降的一个因素。

IP 电话用分组的方式来传送语音,在分组交换网中传送对于实时性能要求较高的话音业务。大量的试验表明,在分组网中传送的语音可达到电信级水平。由于分组网采用了统计复用技术,因此提高了传输链路和其他网络资源的利用率,这是 IP 电话价格低的另一个因素。价格是市场变化的杠杆,价格的因素推动了电信网以电路交换方式为主向以分组交换方式为主的演变过程。

IP 电话的网络组成如图 4-15 所示,整个网络包括网关、网守(Gate keeper)、电话网管中心等。

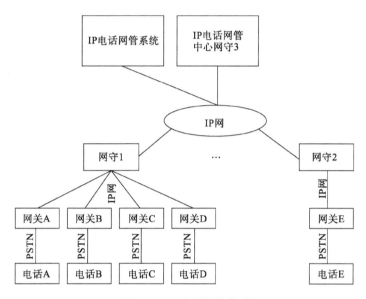

图 4-15　IP 电话网的构成

IP 电话中应用广泛的 PSTN 电话至 PSTN 电话之间的通话过程描述如下。

(1)用户 A 用特定号码拨入,接通网关 A,并提供 PIN 码和被叫电话号码。网关 A 向它的本地网守发送服务请求,同时提供用户信息、服务类型和服务信息,其中包括被叫电话号码。网守对这个用户信息提供验证,然后返回信息表示允许接入或拒绝接入。

(2)如果允许用户接入,网守发送一个信息到授权、认证及计费平台(即 AAA 平台),平台可以在网守内,也可以是一个独立的平台。AAA 平台再次验证后开始对该用户进行计费。

(3)网守通过对它本身数据库的查找(网守有电话号码和相应网关的对照表),决定被叫号码所对应的网关 B。如果没有该电话号码和网关的对照表,它向上一级网守提出请求,直到返回被叫号码所对应的网关,也有可能被叫号码的地方没有网关。若没有开通服务,网守就会返回,即号码错误不能解析。

(4)然后,网关 A 与网关 B 建立了一条对话通道,网关 B 再呼叫电话用户 B,这样整个对话开始。

IP 电话业务已经在全国范围内已由各个不同的电信运营公司开通,但是 IP 电话业务仍然处于它的初级阶段。主要表现为以下两个方面。

（1）IP 关键设备的互通还存在问题。IP 设备的互连互通主要涉及两个方面的问题，即 IP 网关与网关之间的互连互通；网关与网守之间的互连互通。目前，国内的运营公司将 IP 电话作为用来扩大电话业务的一种主要手段，急于扩大规模来取得电话市场的份额。因此，IP 电话网需要不断扩大，为了避免局限性，一个公司往往不能仅选用一个厂家的设备，因此解决不同厂家设备之间的互连显得十分必要。

（2）IP 电话网的设计还不完善。目前，对 IP 电话承载网络的设计还处于初级阶段，IP 网络不像 ATM 网络那样有复杂的流量和拥塞控制机制，它提供尽力而为的服务，目前还没有完善准确的 IP 电话网的语音业务模型。对 IP 电话网的设计还只是停留在凭经验估计的阶段，而经验估计往往不够准确，不是因使用过渡带宽就是因网络拥塞而降低服务质量。如何进行合理的设计，进一步提高 IP 电话的质量是一个需要进一步解决的问题。

### 4.1.5　电话通信网的编号计划

自动电话网中每一个用户都应分配一个编号（电话号码），用来在电话网中识别呼叫终端和选择建立接续路由。每一个用户号码必须唯一，不能重复，为此必须制定整个电话网络的编号计划。PSTN 中使用的技术标准由 ITU-T 规定，目前采用 E. 164 的格式进行编址。

根据不同的号码结构和用途，E. 164 号码可分为用于地理区域的国际公众电信号码、用于全球业务的国际公众电信号码、用于网络的国际公众电信号码、用于国家组的国际公众电信号码和用于试验的国际公众电信号码。其中，用于地理区域的国际公众电信号码就是传统电信网中常用的电话号码，结构如图 4-16 所示。

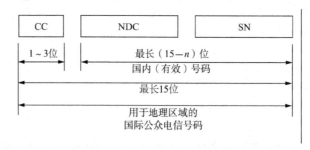

CC：地理区域国家码　　　　　NDC：目的地码（可选）

SN：用户号码　　　　　　　　*n*：国家码的位数

图 4-16　用于地理区域的国际公众电信号码结构图

用于地理区域的国际公众电信号码由两大部分组成，即国家码和国内有效号码。世界各国和地区都拥有各自的国家码，国家码的长度为 1～3 位，如中国的国家码为“86”，芬兰的国家码为“358”。这些国家码由 ITU-T 依据相关的原则、标准和程序进行预留、分配和回收等。相关的原则、标准和程序都在 ITU-T 的建议中规定，而这些建议需要获得 ITU-T 所有的成员国一致通过才有效。国内有效号码部分由拥有相应国家码的国家或地区的电信主管部门分配和管理，并确定它的结构。根据 E. 164 的规定，国内有效号码由两部分组成，即国内目的地码（NDC）和用户号码（SN）。国内目的地码有网号、长途区号、网号＋长途区号、长途区号＋网号 4 种方式。我国的国内目的地码采用第一种和第二种方式。

（1）国家码＋网号＋用户号码，我国 GSM 和 CDMA 移动用户的号码均采用这种结构。

(2)国家码＋国内长途区号＋用户号码(局号＋用户号)，我国所有固定电话网用户的号码均采用这种结构，并且是不等位编号。

根据 ITU-T 的规定，用于地理区域的国际公众电信号码的总长度在 1996 年 12 月 31 日前最长是 12 位，此后号码总长度最长可以达到 15 位。

下面介绍我国固定电话网的编码方案。

1)本地电话网的编号计划

我国本地电话网的编号位长可根据本地电话网规划容量而定，可为 5～8 位位长。在编制中，首位号"0"和"1"不能用于市话用户编号("0"用于长途自动接续字冠，"1"用于特殊业务和移动业务字冠)。

本地电话网(或市话号码)编号的拨号顺序为：局号(1～4 位)＋用户号码(4 位)。

根据规划，容量采用 7 位位长编号时，由局号(PQR)和用户号(ABCD)两部分组成，拨号顺序为 PQR ABCD。

2)国内长途电话网编号计划

国内长途电话网编号的拨号顺序为：长途字冠(0)＋长途区号(2～4 位)＋市话号码(5～8 位)。

- 长途字冠在全自动接续时采用"0"代表，半自动接续时用"173"代表；
- 长途区号编号方案一般采用固定号码系统，即各城市编号都是固定号码。我国长途区号采用不等位编号，其编号规定如下所述。

首都北京：编号为 10。

省间中心及直辖市：区号为两位编号，编号为"2X"，X 为 0～9，共 10 个号。

省中心、省直辖市及地区中心：区号为三位，编号为"$X_1XX$"，$X_1$ 为 3～9，X 为 0～9。

3)国际长途电话编号计划

国际自动拨号时，拨号顺序为：国际长途字冠＋国家号码＋国际长途区号＋本地网电话号码。

ITU-T 建议国际长途字冠"00"，我国采用了字冠，但也有例外，如英国用"010"，美国用"011"等。

例如，比利时用户自动拨号重庆"62873972"用户时，拨号顺序是 91＋86＋23＋62873972，其中：91 是比利时的国际自动呼叫字冠；86 是我国的国家号码；23 是重庆的国内长途区号；62873972 是重庆市内的某用户号码。

4)特服业务编号计划

我国在国内长途和本地网中还设置了首位为 1 的特服业务编号，首位为 1 的号码主要是用于紧急业务号码、新业务号码、长途市话特种业务、网间互通号码、接入网号等。按国家标准规定的特服业务编号是 1XXXX，X 的数字范围是 0～9。

信息产业部于 2003 年公布的《电信网编号计划》调整了一些人们熟知并使用的短号码。已广泛使用的紧急业务号码被保持下来，如匪警 110、火警 119、急救中心 120、道路交通事故报警 122 等，政府公务类号码(如 12315、12345 等)及电话查号 114 不变。报时 117、天气预报 121 则分别调整为 12117 和 12121，新增信息咨询号码 10000 号。

179XX 统一作为 IP 电话类业务接入码，原在该号段内的非 IP 电话类业务号码被调整出来。互联网电话拨号上网业务接入码 163、165、169 调整为 16300、16500、16900、16901，中国邮政电话信息服务 185 调整为 11185。

## 4.1.6 电话网的服务质量

在组建一个国家的电话网时，为保证电话网中每一个用户都能呼叫网内任何其他的用户，不仅要考虑其各省、市、地区的本地电话,还要考虑这些省、市、地区的本地电话网之间互通的长途电话网,并且还涉及这个国家的电话网如何接入整个世界的国际通信网。所组建的电话网除了保证网内每个用户都能任意呼叫网内的其他用户,在保证满意的服务质量的同时,也应使投资和维护费用尽可能低,因此,服务质量是各种性能表现的综合效果。电话网服务质量表明用户对电话网提供的服务是否达到理想的满意程度,主要通过接续质量、传输质量、稳定质量等三方面来评价。

1)接续质量

接续质量(迅速性、随机性):接续质量是衡量电话网是否容易接通和是否迅速接通的标准,通常用呼损和时延来度量。

(1)呼损。

用户摘机发出呼叫后,如果由于电话网络的原因造成不能建立呼叫接续并完成通话,这种状态称为呼损,呼损包括以下三种情况。

• 摘机忙呼损:用户摘机后由于其所属电话局内有关信令设备全部被占用,不能听到拨号音而听到忙音,接续不成功造成的呼损。在设计负荷情况下,呼损一般≤0.3%～0.5%。

• 接续过程呼损:在接通被叫用户过程中,由于本局中继线或交换设备全部被占用,不能完成接续造成的呼损。在一般情况下,本地呼损≤2%,入局呼损≤2%,转接呼损≤1%(上述呼损值不包括被叫忙呼损及对端局和转接局由于中继不足而造成的呼损)。

• 全程呼损(端到端呼损):从发端局到收端局的呼损。对于本地网,值≤4.2%～6.5%;对于长途网,值≤9.8%～10.7%。

这里提到的呼损值的大小会随着技术和经济的发展发生变化。

除了利用呼损来评价呼叫是否易于接通,还可以用接通率来评定。实践证明,适量的呼损对用户的影响并不大,而可使网络成本大大降低,从而做到经济投入和服务质量的统一。

(2)时延。

接续时延是指完成一次呼叫接续过程中交换设备进行接续和传递相关信号所引起的时间延迟。它包括两种:

• 拨号前时延,从用户摘机到听到拨号音的时长,一般不超过 0.6s;

• 拨号后时延,从用户拨完最后一位号码至听到回铃音的时长,正常情况下不超过 0.8s。

2)传输质量

传输质量反映信号传递正确程度,对于不同的电信业务传输质量的要求亦不同。例如,对于电话通信的传输质量要求有以下几点。

• 响度:收听到语音音量的大小,反映通话的音量。

• 清晰度:收听到的语音清晰,反映通话的可懂度。

• 逼真度:收听到语音的音色和特征,反映通话的不失真度。

除上述三项由人来进行主观评定的指标外,对电话电路还规定了一些电器特性,如传输损耗、传输频率特性、串音、杂音等多项传输指标。

3)稳定质量

稳定质量主要反映网络系统的可靠性,这个可靠性由系统、设备、部件等功能在时间方面的稳定程度来度量。稳定质量的指标主要有以下几种。

(1)失效率 λ 与平均故障间隔时间(MTBF)。

平均故障间隔时间是指设备或系统从上一次故障修复以后到下一次故障发生之间的平均时

间。λ 与 MTBF 的关系表示为

$$\lambda = 1/\mathrm{MTBF}$$

（2）修复率 $\mu$ 与平均修复时间（MTTR）。

平均修复时间表示发生故障时进行修复的平均处理时长。$\mu$ 和 MTTR 的关系表示为

$$\mu = 1/\mathrm{MTTR}$$

（3）可用度 $A$ 与不可用度 $U$。

$$A = \text{平均故障间隔时间}/(\text{平均故障间隔时间} + \text{平均修复时间}) = \mathrm{MTBF}/(\mathrm{MTBF} + \mathrm{MTTR})$$

$$U = 1 - A$$

除上述三项要求之外，还要保证这个电话网的编号规划、计费方式、同步方式、接口方式、网络管理等均达到国际标准规定的要求，这样才能给用户提供优质的电话服务。

## 4.2 信 令 系 统

### 4.2.1 信令系统的基本概念

信令是电话通信网中各个设备之间的一种专门对话信息。在电话通信网中，电话通信过程分为三个阶段：呼叫建立、通话、呼叫拆除。在呼叫建立和呼叫拆除过程中，用户与交换机之间、交换机与交换机之间都要交互一些控制信息，以协调相互的动作，这些控制信息称为信令。

这里以最简单的电话通信为例说明信令在电话网中两个用户终端通过两个端局进行电话呼叫的基本流程，如图 4-17 所示，它描述的是在一个完整的呼叫过程中经简化了的信令交互过程。

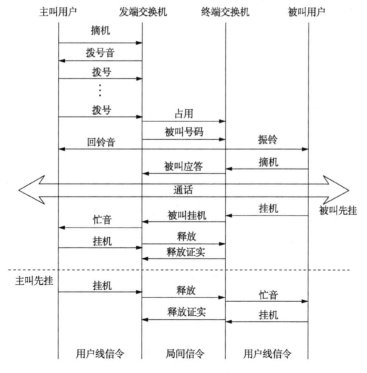

图 4-17  电话呼叫的基本信令流程

在图 4-17 中,主叫用户摘机,发出一个"摘机"信令,表示要发起一个呼叫。发端交换机则向主叫用户送"拨号音"信令告知主叫用户可以开始拨号。主叫用户听到拨号音后开始拨号,发出"拨号"信令,告知此次接续的目的终端。

发端交换机根据对被叫号码的分析确定被叫所在的交换局,然后向终端交换机发"占用"信令,接着发"被叫号码"信令,以供终端交换机选择被叫。

终端交换机根据被叫号码寻找被叫,向被叫送"振铃"信令,催促被叫摘机应答,被叫用户向主叫送"回铃音"信令。

被叫用户听到振铃后摘机,同时送出一个"摘机"信令,终端交换机停止振铃,向发端交换机发送"被叫应答"信令;发端交换机收到"被叫应答"信令后停止向主叫送回铃音,接通话路,主被叫双方进入通话阶段。

在图 4-17 中,若在通话阶段被叫用户先挂机,发出"挂机"信令,终端交换机则向发端交换机发送"被叫挂机"信令。发端交换机收到该信令后向主叫用户送"忙音"信令,并向终端交换机发送"释放"信令。主叫用户听到忙音则挂机,结束通话。终端交换机收到"释放"信令后拆除话路,回复"释放证实"信令,表示释放了资源,通话结束。若是主叫用户先挂机,则发端交换机向终端交换机发送"释放"信令,终端交换机向被叫发送"忙音"信令,拆除话路,释放资源,回复"释放证实"信令,被叫用户听到忙音则挂机,通话结束。

从上述这个正常呼叫的信令交互流程的描述过程可知,电话网中任意两个用户在进行通话之前,电话网要为这两个用户建立一条语音通路,这个过程称为话路接续,用户通话完毕,电话网还要拆除这段通路。在话路接续过程或拆线过程中,相关通信设备之间(包括用户终端设备、交换机设备、传输设备)需要彼此交流才能完成相应的工作。由于电话网庞大而且复杂,所以设备之间的交流必须按照事先约定的协议和规程,采用彼此都能理解的语言,按照一定的顺序才能顺利完成话路接续和话路拆除的工作。

在实际应用中,除了这些和话路有关的信令之外,还有很多与话路无关的信息需要在通信设备中交流和传送,而设备之间的交流所遵循的协议和规约就称为信令方式。按信令方式实现信令的发送、传递、转接、接收的设备称为信令设备。信令系统是指为实现某种信令方式所必须具有的全部硬件(信令设备)和软件系统的综合。不同的通信系统所采用的信令系统不完全相同。通信网的各节点(交换机、用户终端、操作中心和数据库等)之间通过信令设备传送控制信息,通信网借助信令系统才能达到传送信息的目的。

### 4.2.2　信令的分类

根据不同的工作区域、传送途径、信令功能、传输媒介,信令有不同的分类方式。

**1. 按信令的工作区域分类**

(1)用户信令:用户与交换机之间或用户与网络之间在用户线上传送的信令。
(2)局间信令:交换机之间在中继线上传送的信令。

**2. 按信令的功能分类**

(1)线路信令(监视信令):监视用户线路和中继线路状态变化的信令。
(2)选择信令(路由信令):对电路具有控制作用且与呼叫接续有关的信令。随着各种新业务的出现,不仅要选择接续对方的信令,还应处理所必要的信令,如要有缩位拨号的登录信令等。

(3)管理信令:包括网络拥塞信号、计费信号、故障告警维护信号等。

### 3. 按信令信道与用户信息传送信道的关系分类

按信令信道与用户信息传送信道的关系可把信令分为随路信令和公共信道信令,如图 4-18 所示。

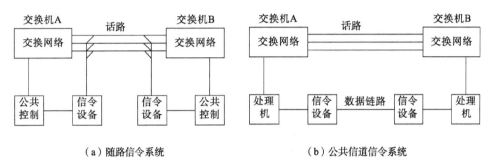

（a）随路信令系统　　　　　　　　（b）公共信道信令系统

图 4-18　信令信道与用户信息传送信道的关系分类

(1)随路信令(Channel Associated Signaling,CAS):信令与语音在相同的信道上传送的信令。

(2)公共信道信令(Common Channel Signaling,CCS):信令与语音在不同的信道上传送的信令。

### 4. 局间信令按发送方向分类

(1)前向信令:发端局发往收端局的信令。
(2)后向信令:收端局发往发端局的信令。

## 4.2.3　信令方式

信令方式是指传送信令过程要遵守一定的规约和规定。它包括信令的结构形式、信令在多段路由上的传送方式及信令在传送过程中的控制方式等。

### 1. 信令结构形式

信令结构形式是指信令所能传递信息的表现形式,一般分为未编码和编码两种结构形式。

1)未编码信令

未编码信令好似按照脉冲的个数、脉冲的频率、脉冲的时间结构等不同表达不同的信息含义,如用户在脉冲方式下所拨的号码以脉冲的个数来表示数字 0～9,而拨号音、忙音、回铃音由相同频率的脉冲采用不同的时间结构(脉冲断续时间不同)而形成。

2)编码信令

信令的编码方式主要有两种:一种是多频制编码信令,即由多个频率组成的编码信号,如 DTMF 信令和 MFC 信令。DTMF 信令有高次群和低次群 2 组频率,分别由 4 个频率构成,可表示 16 种信令,属于用户信令,用于传递通信地址,即被叫号码。MFC 信令有 6 个频率,分别编号为 0,1,2,4,7,11,频率的两两组合表示一种信令,6 中取 2 可表示 15 种信令。另一种是二进制数字编码信令,该编码信令主要有中国 No.1 和 No.7 数字型线路信令。中国 No.1 数字型线路信令是采用 4 比特二进制编码表示线路的状态信息。中国 No.7 信令是由若干个二进制编码的八位码组构成。具体内容可参考 4.3 节的信令单元(SU)的基本格式内容。

### 2. 信令控制方式

信令控制方式常用的有非互控方式、半互控方式和全互控方式三种。

(1)非互控方式是指信令发送端发送信令不受接收端的控制,不管接收端是否收到,可自由地发送信令。该方法控制机简单,发码速度快,但信令传送可靠性不高。

(2)半互控方式是指发端向收端每发一个或一组信令后必须等待收到收端回送的证实信令后时才能接着发送下一个信令,也就是说发送端发送信令受到接收端的控制。

(3)全互控方式是指信令在发送过程中,发送端发送信令受到接收端的控制,接收端发送信令也要受到发送端的控制,这种方式的信令发送分为 4 个节拍完成,即第 1 拍发端局发前向信令 $n$,第 2 拍收端局收到前向信令 $n$ 发后向证实信令,第 3 拍发端局收到后向证实信令后发停发前向信令 $n$,第 4 拍收端局检测到停发前向信令 $n$ 后发停发后向信令。

目前,No.7 信令系统主要采用非互控方式传送信令,以求信令快速地传送,但是为了保证可靠性,并没有完全取消后向证实信令。

### 3. 信令传送方式

当通信距离较长(如长途电话网),接续需要通过多个交换机转接时,信令也要经过同样的中继线路进行传输和转接。信令在多段路由上的传递方式有三种:端到端传递方式、逐段转发传递方式和混合传递方式。

端到端传递方式采用的是转接局只接收用以选择路由的信令 ABC,路由接续后,由发端局直接向收端局发送信令 XXXX,如图 4-19 所示。这种方式传送速度快,接续时间短,但适应性差,并要求信令在多段路由上的类型必须相同,一般只有在优质电路上才使用。

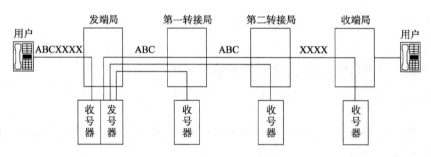

图 4-19 端到端传递方式

逐段转发传递方式采用的是转接局全部接收上一局送出的信令信号,校正后转发至下一局。这种传递方式对信号设备的要求比较低。因为信号在逐段转发过程中,采用"逐段识别、校正后转发"的措施,能避免信号形成较大的失真,以及由于衰减的累积而造成的接收错误,提高了信号的可靠性。缺点是信号传送速度慢,接续时间长。劣质电路可采用该种传递方式。如图 4-20 所示。

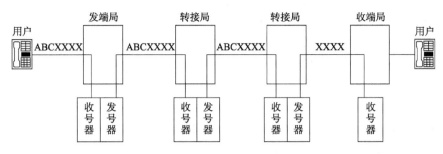

图 4-20 逐段转发传递方式

当电话网大而复杂时,网中各段的电路质量有很大的差别,而传输距离又可能很长,这时就不宜采用单一的传递方式。为了保证信令的可靠性,单一采用逐段转发传递方式就会使全程传递速度很慢。如若为了实现快速传递,单一采用端到端传递方式又在低质量电路上无法保证信令的可靠性。混合传递方式可解决这一矛盾,即将前两种传递方式结合起来使用。

随路信令的线路信令传送采用逐段转发,而记发器信令传送则采用逐段转发和端到端传递方式(视线路质量定);公共信道信令一般采用逐段转发传递方式。

### 4.2.4 电话网信令

#### 1. 电话网的用户信令

用户信令是在用户线上传送的用户终端设备与交换设备之间或用户终端设备与网络设备之间的控制信息。由于用户线路的数量最多,投资最大,因此要求用户信令的结构形式、传送方式尽量简单,容易实现,则相应的用户接口设备、信令设备也应简单经济。按照信令在用户终端与交换设备不同的传送方向,用户信令包括由用户向交换机发出的用户信令和由交换机向用户发出的用户信令。

1)由用户终端向交换机发出的用户信令

话机发出的用户信令按功能分为监视信令和选择信令。

(1)监视信令:包括主叫/被叫的摘机/挂机信号。摘机/挂机信号通过断续直流环路形成,接通直流环路为摘机,断开直流环路为挂机。交换机根据直流环路信号的有无来判断用户的摘机/挂机状态。

(2)选择信令:主叫用户送出的拨号信息(包括被叫号码)。拨号信息可通过脉冲信号或双音多频信号(DTMF)形成。

2)由交换机向用户终端发出的用户信令

由交换机向用户话机发出的信令主要有铃流和信号音。铃流和信号音一般通过不同的频率和不同的断续间隔来区分不同的信令。

(1)铃流:铃流的信号源为$(25\pm3)$Hz 的正弦波,谐波失真$\leqslant10\%$,输出电压有效值为$(90\pm15)$V;振铃的断续比为 1s 断:4s 送。

(2)信号音:信号音的音源为$(450\pm25)$Hz 的正弦波和$(950\pm50)$Hz 的正弦波,谐波失真$\leqslant10\%$。

• 拨号音:450Hz,连续发送。

• 回铃音:450Hz,断续比为 4s 断:1s 送。

　　• 忙音：450Hz，断续比为 0.35s 送 : 0.35s 断。

　　值得一提的是，随着近年来彩铃业务和炫铃业务的开展，用户可以自行定制电话回铃音或下载振铃音，用户终端上的回铃音和振铃音被相应的彩铃和炫铃所代替，其中主叫用户听到的彩铃通过定制该业务由网络提供，而被叫用户听到的炫铃由用户终端提供。

　　**2. 电话网的局间信令**

　　局间信令是交换机之间、交换机与网管中心、数据库之间传送的信令，它们在中继线上传送，用于控制局间呼叫的建立和拆除，以及管理和维护交换局之间的话路和信令链路。根据交换设备的类型不同、交换设备之间传输线路的不同，以及信令技术的发展，局间信令采用不同的信令系统。

　　原 CCITT 在通信网发展的不同阶段建议了 No.1、No.2、No.3、No.4、No.5、No.5bis、R1、R2、No.6、No.7 信令系统，其中 No.6 和 No.7 是公共信道信令系统，其余均为随路信令系统，随路信令的信令随同话音在同一条通道传送，或某一信令通道唯一地对应于一条话音通道。No.6 信令用于模拟通信网，No.7 信令用于数字通信网，目前应用最广泛的就是 No.7 公共信道信令系统。

　　No.7 公共信道信令又称为共路信令，是指传送信令的通道与传送话音的通道分开，信令有专用的传送通道可以集中传送多个用户信令信息，即一个信令链路可以同时为许多条话路所公用。因此，公共信道信令系统本质上可视为一个在逻辑上与传送语音的电话网络相对独立的通信网，如图 4-18(b) 所示，其中，用户的话音信息在交换机 A 和交换机 B 之间的话路上传送，信令信息在两个交换机之间的数据链路上传送，信令通道与话音通道分离。

　　公共信道信令具有两个基本的特征：分离性，即信令和话音信息在各自的通道上传送；独立性，即信令通道与话音通道之间不具有时间位置的关联性。

# 4.3　No.7 信令系统

## 4.3.1　概述

　　公共信道信令的研究从 20 世纪 60 年代开始，第一个公共信道信令系统是 CCITT 于 1968 年提出的 No.6 信令系统，主要用于模拟电话网，速率为 2.4Kbit/s。1972 年，原 CCITT 补充了 No.6 信令系统的数字形式，信令速率为 4Kbit/s（模拟信道）或 56Kbit/s（数字信道）。1973 年，原 CCITT 开始 No.7 信令系统的研究，并于 1980 年第一次正式提出 No.7 信令建议（1980 年黄皮书），信令速率为 64Kbit/s。经过 1984 年的红皮书、1988 年的蓝皮书，基本完成了电话用户部分 TUP 的研究，并在 ISDN 用户部分（ISUP）、信令连接控制部分（SCCP）、事务处理能力（TC）三个领域取得了重大进展。1993 年的白皮书继续对 ISUP、SCCP、TC 进行深入的研究。目前，ITU-T 仍在加紧 No.7 信令在宽带领域应用中的研究。

　　我国从 20 世纪 80 年代开始研究和应用 No.7 信令系统，我国的 No.7 信令体系是在原 CCITT No.7 信令体系的基础上，根据需要进行了适当的修改，1984 年制定了第一个 No.7 信令系统技术规范《国内市话网 No.7 信令方式技术规范》（暂定稿），经过 1986 年、1987 年、1990 年补充，该规范仍只包括 MTP 和 TUP 两个部分内容。1993 年，原邮电部发布了《No.7 信令网技术体制》，为我国 No.7 信令网的建设提供了技术依据。1994 年提出了《中国国内电话网 No.7

信令方式测试规范和验收方法》。1995 年以原 CCITT No.7 信令方式的白皮书建议为基础,又相继提出了国内 No.7 信令方式技术规范《信令连接控制部分(SCCP)》《事务处理能力(TC)部分》《智能网应用部分(INAP)》《综合业务数字网用户部分(ISUP)》。这些技术规范为我国 No.7 信令的开发和建设奠定了基础。

随着我国电话网的数字化和从五级网向三级网的演变,1998 年提出了《No.7 信令网技术体制(修订版)》,对已有的 No.7 信令网技术体制进行修改和补充。随着 No.7 信令在全国范围的普及,No.7 信令的业务量不断增加,之前使用的 64Kbit/s 的信令链路已经不能完全适应信令业务量的需求。为了使我国的 No.7 信令网合理发展,2001 年提出《国内 No.7 信令方式技术规范—2 Mbit/s 高速信令链路》,作为 1997 年信令技术规范的补充。2005 年提出的《公用电信网关口局间 No.7 信令技术要求》保证了我国 No.7 信令设备的正常互连、运行和管理。

No.7 信令系统是国际化、标准化的通用公共信道信令系统,具有信道利用率高,信令传送速度快,信令容量大的特点。No.7 信令系统最显著的特征是它以分组通信方式在局间专用的信令链路上传送控制信息,不但可以传送传统的中继线路接续信令,还可以传送各种与电路无关的管理、维护、信息查询等消息,可支持 ISDN、移动通信、智能网等业务。由于信令网与通信网分离,所以任何信令消息都可以与业务信息同时传递,并且便于信令网的运行维护和管理,方便扩充新的信令规范,适应未来信息技术和各种业务发展的需要,是通信网向综合化、智能化发展的不可缺少的基础支撑。

No.7 信令系统具有以下几个特点。

(1)No.7 信令最适合采用速率为 64Kbit/s 的双向数据通道传送,也可通过模拟信道和低速信道传送;

(2)尽管 No.7 信令系统所支撑的业务大部分是电路交换业务,但它基于分组交换,以分组传送和明确标记的寻址方式传送信令;

(3)系统可靠性高,能提供可靠的方法保证正确的信息传送顺序,防止信号丢失和顺序颠倒,保证发送端发送的信令消息被接收端可靠地接收;

(4)采用多功能模块化结构,可灵活地使用整个系统功能的一部分或几部分,组成需要的信号网络;

(5)具有完善的信号网管理功能。

### 4.3.2 No.7 信令系统结构

No.7 信令系统实质上可以看成是交换机控制系统之间传送消息的数据通信系统,即一个专用的分组交换处理系统。No.7 信令系统采用模块化的功能结构,也适合采用 OSI 参考模型。OSI 参考模型有七层功能级,而 No.7 信令系统只有四层功能级。

1. 基本功能结构

No.7 信令系统基本功能结构由消息传递部分(Message Transfer Part,MTP)和用户部分(User Part,UP)组成,图 4-21 表示的是 No.7 信令系统的四个功能级与 OSI 七层对应关系的结构图。

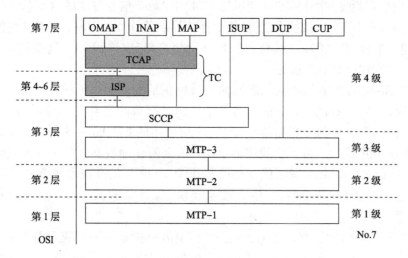

图 4-21　与 OSI 七层结构对应的 No. 7 信令系统结构

由图 4-21 可知,在 No. 7 信令系统中,消息传递部分(MTP)是 No. 7 信令系统的基础部分,为各种用户部分所公用,主要功能是在信令网中可靠地传递消息。

用户部分(UP)是一个功能实体,利用 MTP 的传递能力来传送信号消息,主要功能是控制呼叫的建立和释放,通过两用户部分之间信令消息的交换实现两同等级规约的接续控制,完成交换局中传送业务通道的建立与释放。UP 定义了各种用户和应用部分的功能和程序。

MTP 可以进一步划分为三个功能级:信令数据链路功能级、信令链路功能级和信令网功能级。

(1)信令数据链路功能级(MTP-1)是 No. 7 信令系统的第 1 级,对应于 OSI 参考模型中的物理层功能。它定义了信令链路的物理电气特性及介入方法,提供全双工的双向传输信道,以规定的帧结构来实现比特流传输。

(2)信令链路功能级(MTP-2)是 No. 7 信令系统的第 2 级,对应于 OSI 参考模型中的数据链路层功能。它定义了将信号信息传递到数据链路的功能和程序,与第 1 级共同完成两个信令点之间可靠的信号传递,具体完成的主要功能有:误差控制功能、同步功能和拥塞控制功能。

(3)信令网功能级(MTP-3)是 No. 7 信令系统的第 3 级,定义了在信令点之间传递信号消息的功能和程序,包括信令消息处理和信令网络管理两部分。

以上三级为消息传递部分(MTP),是 No. 7 信令系统的网络核心,为各种用户部分公用。

用户部分(UP)是一个功能实体,各种不同的业务类型可以构成不同的 UP。目前,已定义的用户部分有:电话用户(TUP)、数据用户(DUP)、ISDN 用户(ISUP)、信令连接控制部分(SCCP)、事务处理能力应用部分(TCAP)等用户部分。

(1)电话用户(TUP),规定有关电话呼叫建立和释放的信令程序及实现这些程序的消息和消息编码,并能支持部分用户的补充业务。它的主要功能是在两个信令点的 TUP 之间按照同等级规约传送与建立、释放收发地址之间的话音物理电路相关的信令信息。

(2)数据用户(DUP),用来传送采用电路交换方式和数据通信网的信令信息。

(3)ISDN 用户(ISUP),在 TUP 的基础上扩展而成。ISUP 提供了综合业务数字网中的信令功能,以支持基本承载业务;规定电话或非话交换业务所需的信令功能和程序;不但可以提供用户基本业务和附加业务；而且支持64Kbit/s和$n\times64$Kbit/s等多种承载业务。

（4）信令连接控制部分（SCCP），叠加在MTP上，提供了增强的路由和寻址功能，与MTP中的第3级共同完成OSI中网络层的功能。

（5）事务处理能力应用部分（TCAP）与OSI第7层的一些功能相似。它叠加在SCCP上，通过完善的网络层功能实现各种现有的和未来的与电路无关消息的远程传送，支持移动通信、智能网、电信管理网等各项新业务、新功能。

### 2. 消息传递部分（MTP）

消息传递部分（MTP）位于No.7信令系统功能结构的最底层，在信令网中提供可靠的信令传递的物理通路，保证信令传输的可靠性，同时提供信令路由功能和信令网管理功能。

它由信令数据链路功能（MTP-1）、信令链路功能（MTP-2）、信令网功能（MTP-3）三个功能级组成，分别对应MTP-1层、MTP-2层、MTP-3层，如图4-21所示。

#### 1）信令数据链路功能（MTP-1）

信令数据链路功能是No.7信令系统MTP层的第1功能级，即对应OSI七层协议的物理层。它定义了信令数据的物理、电气和功能特性，并规定了数据链路连接的方法。

信令数据链路用于传递信令的双向传输物理通路。信令数据链路可以是模拟或数字的，数字信令传输信道利用PCM系统的一个时隙，速率为64Kbit/s或2Mbit/s高速双向数据通路，模拟信令传输信道的传送速率为4.8Kbit/s。

信令数据链路是No.7信令的信息载体，它的一个重要特性就是信令链路是透明的，即在它上面传送的数据不能有任何的改变，因此信令链路中不能接入回声消除器、数字衰减器、A/$\mu$率变换器等设备。

#### 2）信令链路功能（MTP-2）

信令链路功能是No.7信令系统MTP层的第2功能级，即对应OSI七层协议的数据链路层，规定了在一条信令链路上传送信令消息的功能及相应程序。它和信令数据链路相配合，为信令点之间提供一条可靠的传送通道。

No.7信令消息编码不允许有任何差错，但物理上相邻信令点之间的数据链路由于长距离传输会造成一定的误码。信令链路功能主要包括信令单元（SU）定界和定位、差错检测和纠错、初始定位及流量控制等。

#### 3）信令网功能（MTP-3）

信令网功能是No.7信令系统MTP层的第3功能级，即对应OSI七层协议的网络层。它是在信令网出现故障的情况下，通过对信令网路由和性能的控制保证信令消息可靠地传递，包括两个基本功能：信令消息处理和信令网络管理。信令网功能结构如图4-22所示。

（1）信令消息处理功能用于选择合适的信令链路并将信令点用户部分发出的消息准确地传送至指定信令点的用户部分。信令消息处理功能包含消息鉴别、消息分配、消息路由功能。

消息鉴别的作用是对接收的消息进行分析，读取其包含的目的地信息，确定本节点是否为消息的目的地：若属于本信令点的消息则传送至消息分配部分；若属于其他信令点的消息则传送至消息路由部分，实现转接点功能。

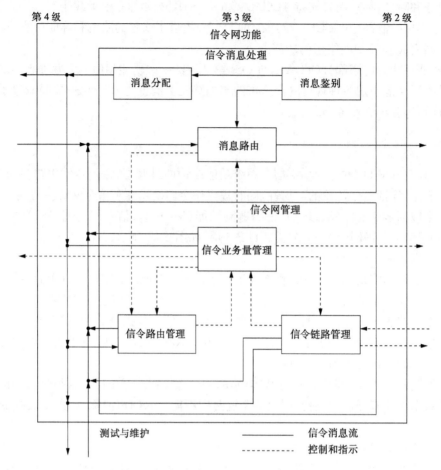

图 4-22 信令网功能结构

消息分配部分将消息分配至指定的用户部分及信令网管理和测试维护部分。

消息路由部分根据路由表将消息转发至相应的信令链路,实现消息的路由选择。

(2)信令网络管理功能用于实现在有故障情况时信令网的重新组合及在拥塞情况下的话务量控制,由信令业务管理、信令链路管理和信令路由管理组成。

信令业务管理功能的实现方式有两种:其一,当信令链路或路由拥塞时,对信令业务进行负荷重分配,减轻拥塞信令链路或路由的业务量;其二,当信令链路或路由发生故障时,将信令业务从发生故障的信令链路或路由倒换至备用的信令链路或路由,以保证及时准确地将消息传送至目的信令点。

信令链路管理,当信令链路发生故障时对其进行测试,并恢复链路。

信令路由管理,当信令点或信令链路发生故障导致信令路由不可及时,向相关信令点传送故障信息和重新分配路由信息,以保证在各信令点间安全地传送信令消息。

3. 用户部分

用户部分是 No. 7 信令的第 4 功能级,主要功能是控制各种基本呼叫的建立和释放。

用户部分可以是电话用户部分(TUP)、数据用户部分(DUP)和 ISDN 用户部分(ISUP)等。

通过以上介绍可知, No. 7 信令系统的基本结构是分级结构,共有 4 级, MTP 的 MTP-1、

MTP-2、MTP-3 构成了 No.7 信令系统的 1～3 功能级,用户部分是 No.7 信令系统的第 4 功能级。No.7 信令系统的 4 级功能结构如图 4-21 所示。

### 4.3.3 No.7 信令的信号单元格式

No.7 信令系统传送通过信令消息的最小单元称为信号单元(Signal Unit,SU)。No.7 信令系统是以不等长消息的形式传送信令,不同类型 SU 之间的长度不等长(在 62～272 字节之间),格式也不完全一样。为保证消息可靠传送,每个消息还附加一些必要的控制字段,形成信令链路中实际发送的信号单元(SU)。所有信号单元的长度均为 8 比特的整数倍。通常就以 8 比特作为信号单元的长度单位,称为一个八位位组(Octet)。

#### 1. 信号单元的格式与分类

No.7 信令系统有 3 种信号单元格式,即消息信号单元(MSU)、链路状态信号单元(LSSU);填充信号单元(FISU)。

1)填充信号单元(Fill-in Signal Unit,FISU)

填充信号单元不含任何信息。它是当链路处于空闲状态时网络节点间发送的空信号,作用是保持信令链路处于通信状态,并证实是否接收对端发送过来的消息,即消息确认功能。FISU 的格式如图 4-23 所示。

2)链路状态信号单元(Link Status Signal Unit,LSSU)

链路状态信号单元用来表示链路质量状态实时信息的链路状态单元,链路状态由 SF 字段指示。LSSU 的格式如图 4-24 所示。

3)消息信号单元(Message Signal Unit,MSU)

用来传送第 4 级用户级的信令消息或信令网管理消息的可变长的消息信号单元(MSU)包含了确实需要传送的信息,信息封装在 SIF 和 SIO 字段中。MSU 的格式如图 4-25 所示。

| F | CK |  | LI | FIB | FSN | BIB | BSN | F |
|---|----|----|----|-----|-----|-----|-----|---|
| 8 | 16 | 2 | 6 | 1 | 7 | 1 | 7 | 8 |

图 4-23 填充信号单元(FISU)格式

| F | CK | SF |  | LI | FIB | FSN | BIB | BSN | F |
|---|----|----|----|----|-----|-----|-----|-----|---|
| 8 | 16 | 8/16 | 2 | 6 | 1 | 7 | 1 | 7 | 8 |

图 4-24 链路状态信号单元(LSSU)格式

| F | CK | SIF | SIO |  | LI | FIB | FSN | BIB | BSN | F |
|---|----|-----|-----|----|----|-----|-----|-----|-----|---|
| 8 | 16 | 8n | 8 | 2 | 6 | 1 | 7 | 1 | 7 | 8 |

图 4-25 消息信号单元(MSU)格式

#### 2. 信号单元字段含义

信号单元中各个字段代表了不同的含义。

1)信号单元的定界标志(Flag,F)

码型为 01111110,它既表示每个 SU 的开始,也表示结束,如图 4-25 所示"发送方向"端是信号单元的起始端,另一端是信号单元的结束端。

2)检错码(Check bit,CK)

采用 16 位循环冗余码,用于检验信号单元传输过程中产生的误码。

3)信号单元长度表示码(Length Indicator,LI)

LI 是长度表示语,用于指示 LI 和 CK 间的字节数。LI 值可以判断信号单元的类别,其中 MSU 的 LI>2,LSSU 的 LI=1 或 2,FISU 的 LI=0。

4)信号单元序号和重发指示位

前向序号(Forward Serial Number,FSN),表示信号单元的发送序号。

后向序号(Backward Serial Number,BSN),表示接收的最后一个信号单元的序号,用于向对端指示序号至 BSN 所有的信号单元均已正确无误的接收。

前向(重发)指示位(Forward Identification Bit,FIB),取值 0 或 1,FIB 位反转指示本端开始重发消息。

后向(重发)指示位(Backward Identification Bit,BIB),取值 0 或 1,BIB 反转指示对端从 BSN+1 号消息开始重发。

5)状态字段(State Field,SF)

仅 LSSU 具有 SF,SF 表示链路的工作状态,SF 的编码格式及其含义如图 4-26 所示。

6)业务信息字段(Service Information Octet,SIO)

SIO 字段仅用于 MSU,用以指示消息的类别及其属性,如国内网或者国际网。SIO 包含业务表示语(Service Indicator,SI)和子业务(Sub-Service Field,SSF)两个子字段,各占 4 比特,SIO 字段编码格式及其含义如图 4-27 所示。

图 4-26　LSSU 中 SF 的编码与含义

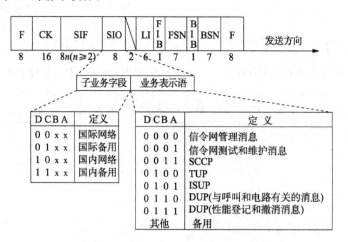

图 4-27　MSU 中 SIO 字段编码与含义

7)信令信息字段(Signaling Information Field,SIF)

SIF 仅用于 MSU,MSU 可传送不同用户部分的消息或同一用户部分的不同消息,这利用

MSU 中信令信息字段(SIF)加以区分,如图 4-28 所示。SIF 为用户实际要发送的信息,如一个电话呼叫控制信息、网络管理和维护信息等。SIF 长度为 2~272 个八位位组。

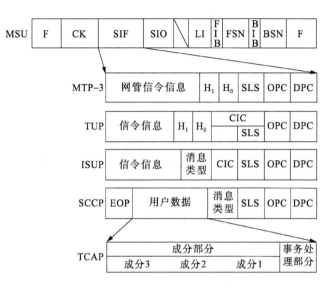

图 4-28 不同用户 MSU 中 SIF 的编码格式

### 4.3.4 TUP

TUP 是 No.7 信令系统的第 4 功能级,属于用户部分。TUP 定义了用于电话接续所需要的各类局间信令,不仅可以支持基本的电话业务,还可以支持部分用户补充业务。其基本功能是:

(1)根据交换局话路系统呼叫接续控制的需要产生并处理相应的信令消息。

(2)执行电话呼叫所需的信令功能和程序,完成呼叫的建立、监视和释放控制。

1. TUP 消息的格式

当 MSU 的 SIO 中业务表示语 SI=0100 时,MSU 中传送的就是 TUP 消息。

TUP 作为 No.7 信令系统的组成部分,其消息结构与 MTP 等其他功能部分的消息结构相同。TUP 消息信号单元长度可变,由路由标记(Lable)、标题码(H0、H1)和信令消息(SI)组成,如图 4-29 所示。

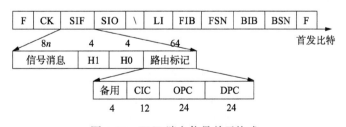

图 4-29 TUP 消息信号单元格式

## 2. TUP 消息编码

### 1）路由标记

路由标记是 TUP 消息信号单元的必备部分，由 3 部分组成：目的信令点编码（DPC），长度 24 比特；源信令点编码（OPC），长度 24 比特；电路识别码（CIC），长度 12 比特。路由标记的长度必须是 8 的整数倍，中国规定为 64 比特，其中 4 比特备用。

### 2）标题码

标题码也是 TUP 消息的必选部分，用来指明消息的类型，由 H0 和 H1 两部分组成。

（1）标题码 H0：H0 紧随路由标记之后，占 4 比特，用于标志消息群。所谓消息群就是同一类消息的组合。标题码 H0 最多可标志 16 个消息群，详细编码如表 4-2 所示。

（2）标题码 H1：标题码 H1 占 4 比特，用于标识消息群中的单个消息，或在更复杂的情况下标识消息的格式。H0 标识的任一消息组中最多可包含 16 个由 H1 标志的消息。

**表 4-2　TUP 消息类型及其标题码**

| 消息组 | H1 \ H0 | 0000 | 0001 | 0010 | 0011 | 0100 | 0101 | 0110 | 0111 | 1000 | 1001 | 1010 | 1011 | 1100 | 1101 | 1110 | 1111 |
|---|---|---|---|---|---|---|---|---|---|---|---|---|---|---|---|---|---|
| | 0000 | 国内备用 | | | | | | | | | | | | | | | |
| FAM | 0001 | | IAM | IAI | SAM | SAO | | | | | | | | | | | |
| FSM | 0010 | | GSM | | COT | CCF | | | | | | | | | | | |
| BSM | 0011 | | GRQ | | | | | | | | | | | | | | |
| SBM | 0100 | | ACM | CHG | | | | | | | | | | | | | |
| UBM | 0101 | | SEC | CGC | NNC | ADI | CFL | SSB | UNN | LOS | SST | ACB | DPN | MPR | | | EUM |
| CSM | 0110 | ANU | ANC | ANN | CBK | CLF | RAN | FOT | CCL | | | | | | | | |
| CCM | 0111 | | RLG | BLO | BLA | UBL | UBA | CCR | RSC | | | | | | | | |
| GRM | 1000 | | MGB | MBA | MGU | MUA | HGB | HBA | HGU | HUA | GRS | GRA | SGB | SBA | SGU | SUA | |
| | 1001 | 备用 | | | | | | | | | | | | | | | |
| CNM | 1010 | | ACC | 国际和国内备用 | | | | | | | | | | | | | |
| | 1011 | | | | | | | | | | | | | | | | |
| NSB | 1100 | | | MPM | 国内备用 | | | | | | | | | | | | |
| NCB | 1101 | | OPR | | | | | | | | | | | | | | |
| NUB | 1110 | | SLB | STB | | | | | | | | | | | | | |
| NAM | 1111 | | MAL | | | | | | | | | | | | | | |

### 3）信号消息（SI）

信号消息部分用来传送消息所需的参数。信号消息字段格式由消息类型决定，有的消息的信号消息部分由复杂的格式，如初始地址消息（IAM），如图 4-30 所示，而有的消息用标题码已足以说明该消息的作用，这时没有信号消息部分，如前向拆线消息（CLF）。

图 4-30　初始地址消息（IAM）格式

### 3. TUP 消息类型

ITU-T 定义了 9 类消息，我国与之基本相同，个别消息略有增删，参见表 4-2。

尽管 TUP 消息的类型很多，但实际上常用的并不多。本局呼叫过程一般包含初始地址消息（IAM/IAI）、一般请求消息（GRQ）、一般前向建立信息消息（GSM）、地址全消息（ACM）、应答计费消息（ANC）、前向拆线信号（CLF）和释放监护信号（RLG）等消息，如表 4-3 所示。

**表 4-3　TUP 常用消息类型及意义**

| 消息类型 | 信息意义 | 消息类型 | 信息意义 |
|---|---|---|---|
| IAI | 带有附加信息的初始地址信息 | CLF | 前向拆线信号（前向释放） |
| IAM | 初始地址消息 | RLG | 释放监护信号 |
| SAO | 后续地址消息（一次可传 1 位码） | CBK | 挂机信号（后向释放） |
| SAM | 后续地址消息（一次可传多位码） | UBM | 后向建立不成功消息组 |
| ACM | 地址全消息，表示地址信息收全 | SLB | 用户市话忙消息 |
| ANC | 应答，计费消息 | CCL | 主叫挂机信号 |
| ANN | 应答，免费消息 | RAN | 再应答 |
| GRQ | 一般后向请求消息，如主叫地址 | GSM | 一般前向建立消息 |

### 4. TUP 消息实例

下面给出两个例子，结合 TUP 消息的格式，介绍 TUP 消息的分析方法。

1）初始地址消息（IAM 和 IAI）

IAM/IAI 是为建立一个呼叫连接而发出的第一条消息，包含下一个交换局为建立呼叫连接而必需的地址消息或全部地址数字信息及确定路由所需要的全部信息。IAM 消息格式如图 4-30 所示。IAI 的消息格式如图 4-31 所示。

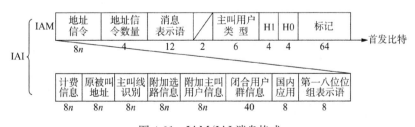

图 4-31　IAM/IAI 消息格式

由图 4-31 可知，上面 8 个字段为 IAM 的消息格式，IAI 则是在 IAM 的基础上又添加了下面

8 个字段。

| 消息指示 | H1 | H0 | 标记 |
|---|---|---|---|
| 8 位 | 0001 | 0100 | 64 位 |

发送顺序 →

图 4-32 地址全消息（ACM）的基本格式

2）地址全消息（ACM）

收到地址全消息（ACM）表明来话交换机收到了被叫用户的全部地址信号及其附加信息。地址全消息的基本格式如图 4-32 所示。

5. TUP 呼叫流程

在 No. 7 号信令网中，为完成用户间的通话而使用的交换局间的信令程序通常又称为呼叫处理信令过程。在面向连接的电话网中，一个正常的呼叫处理信令过程通常都包含三个阶段：呼叫的建立阶段、通话阶段和呼叫的释放阶段。下面以一个在市话网中经过汇接局转接的正常呼叫处理过程为例说明 No. 7 信令一般的信令过程和主叫送主叫号码的呼叫流程，分别如图 4-33 和图 4-34 所示。

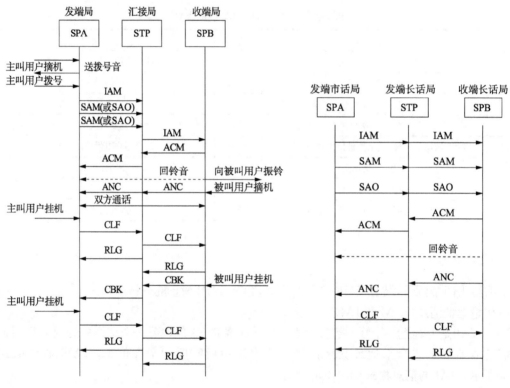

图 4-33 正常呼叫处理信令流程　　　　图 4-34 主叫送主叫号码的呼叫流程

（1）见图 4-33，在呼叫建立时，发端局首先发出 IAM 或 IAI 消息。IAM 包含了全部的被叫用户地址信号、主叫用户类别及路由控制信息。

（2）SAM 或 SAO 是在 IAM 或 IAI 后发送的前向地址消息，SAM 包含多个地址信号，SAO 包含 1 个地址信号。发送 SAM 还是 SAO 可由局数据设定。

（3）当来话交换局为终端局收全了被叫用户地址信号和其他必须的呼叫处理信息后，一旦确定出被叫用户的状态为空闲，应后向发送地址全消息（ACM），通告呼叫接续成功状态。ACM 使各交换局释放有关本次呼叫缓存的地址信号和路由信息，接通话路，并由终端局向主叫用户送回铃音。

（4）在被叫用户摘机后,终端局发送后向应答计费消息（ANC）。发端局收到 ANC 后,启动计费程序,进入通话阶段。

（5）通话完毕,如果主叫先挂机,发端局发送前向拆线消息（CLF）,收到 CLF 的交换局应立即释放电路,并回送释放监护消息（RLG）。若交换局是转接局,它还负责向下一交换局转发CLF。假如被叫先挂机,终端局应发送后向挂机消息（CBK）。

上面的例子只是一个成功呼叫的例子。在实际的呼叫处理过程中,常常要处理一些不能成功建立呼叫的异常情况,如遇到被叫用户忙、中继电路忙、用户早释、非法拨号等情况时均应立即释放电路,以提高电路的利用率。这里不再赘述。

### 4.3.5 ISUP

ISUP 定义了综合业务数字网中电路交换业务控制,包括语音业务（如电话）和非话业务控制所必需的信令消息、功能和过程。

#### 1. ISUP 的特点

为增强现有电话网在业务提供上的能力,现有电话网络的信令系统要采用 No.7 信令,并且逐步从 TUP 向 ISUP 过渡。ISUP 是 No.7 公共信道信令系统用户部分（UP）中的一种。由于 ISUP 具有信息量大,适用于话音及数据业务等优点,因此已逐步取代 TUP,成为网上的主流信号。

ISUP 是在 TUP 的基础上增加了非话承载业务的控制协议和补充业务的控制协议构成的。ISUP 与 TUP 都用于传送电路相关的消息。ISUP 全面支持 ISDN 用户的基本承载业务和补充业务,可以完全实现 TUP 和数据用户部分（Data User Part,DUP）的功能。ISUP 需要 MTP 的支持,部分功能还需要 SCCP 的支持。ISUP 消息采用类似于 SCCP 消息的灵活结构,其种类比TUP 少,中国 ISUP 信令共有 52 种信令消息。但信息容量更丰富,功能更强大。较之 TUP 而言,ISUP 具有许多突出的特点,主要有:

（1）消息采用类似于 SCCP 的灵活结构,虽然消息数量比 TUP 少,但消息的信息容量却丰富得多,话务控制更加灵活,且能适应未来的需要。

（2）能支持各种电路交换话音业务和非话音业务,包括范围广泛的 ISDN 补充业务。

（3）规定了许多增强的功能,尤其是端到端信令,可以实现 ISUP 用户之间消息的透明传送。

（4）ISUP 从一开始就同时考虑国际网络和国内网络的使用,编码留有充分的余地。

（5）与 BICC 协议的互通。BICC 全称是 Bearer Independent Call Control,即与承载无关的呼叫控制协议。BICC 协议分离了 PSTN/ISDN 的呼叫控制和承载控制。由于 BICC 实际上是在 ISUP 基础上修改而成的呼叫控制协议,是 ISUP 向宽带的演进和发展,很多概念和业务都基于 ISUP。

（6）与 INAP 的互通。INAP 的全称是 Intelligent Network Application Protocol。为了保证电信网能够很好地提供智能网业务,中国制定 INAP 与 ISUP 相配合的技术规范,并制定相关的协议标准之后,ISUP 将配合 INAP 提供越来越完善的智能业务。

#### 2. ISUP 与 TUP 的区别

ISUP 有灵活的消息结构,信息容量更加丰富,能够满足综合业务数字网和移动通信、数据通信的要求,支持范围广泛的 ISDN 补充业务,在使用时有很大的灵活性和可选择性,更能适应未来的需要。总的来说,TUP 与 ISUP 的区别包括以下四点。

（1）承载业务:ISUP 支持 $N \times 64 \text{Kbit/s}$;

(2)补充业务:ISUP 支持更多的补充业务;

(3)ISUP 消息参数和结构更灵活,更易扩充;

(4)ISUP 支持更多的信令过程。

### 3. ISUP 支持的业务

ISUP 提供的业务功能有承载业务、用户终端业务和补充业务三大类。

(1)承载业务是网络向用户提供的一种低层的信息转移能力,仅表明 ISDN 的通信能力,与终端的类型无关。因此,各种不同的终端可以利用相同的承载能力。

(2)用户终端业务是面向应用提供的业务,包含网络提供的通信能力和终端本身具有的通信能力。比如,用户使用的是可视电话终端,则要求网络所提供的承载能力至少是不受限的 $2\times64Kbit/s$。

(3)用户在利用承载业务或用户终端业务进行通信时,还可以要求网络提供额外的功能。这种由网络提供的额外功能称为补充业务。补充业务不能单独提供给用户,必须同承载业务或用户终端业务一起提供,如无条件呼叫前转、主叫来电显示等。

### 4. ISUP 的消息格式及编码

ISUP 消息以消息信号单元(MSU)的形式传送,其信令信息字段结构与 SCCP 消息类似。

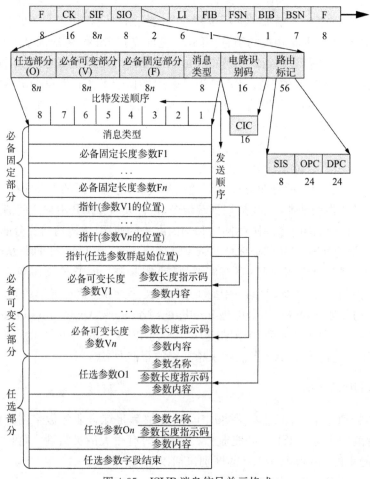

图 4-35    ISUP 消息信号单元格式

ISUP 消息由路由标记、电路识别码、消息类型编码、必备固定长度部分、必备可变长度部分、任选部分组成,如图 4-35 所示。

在消息发送过程中,首先发送路由标记,最后发送任选参数部分;对于单个字节,遵循从低位开始发送的原则。

1)路由标记

ISUP 消息中的路由标记的格式如图 4-36 所示。

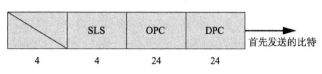

图 4-36　ISUP 消息路由标记格式

（1）DPC 称为目的信令点编码,表示接收消息的信令点的编码;

（2）OPC 称为源信令点编码,表示发送消息的信令点的编码;

（3）SLS 是信令链路选择码,用于进行负荷分担的信令链路的编码,目前仅使用低 4 位。

2)电路识别码（CIC）

CIC 是消息的源信令点和目的信令点之间相连电路的编码,目前用低 12 比特,其余 4 比特备用（为 0000）,如图 4-37 所示。

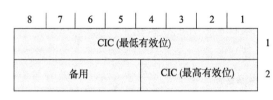

图 4-37　ISUP 消息电路识别码格式

3)消息类型及标题码

ISUP 消息类型及标题码如表 4-4 所示。消息编码统一规定了每种 ISUP 消息的功能和格式,消息类型对所有消息都是必备的。

表 4-4　ISUP 消息类型及标题码

| H1<br>H0 | 0000 | 0001 | 0010 | 0011 | 0100 | 0101 | 0110 | 0111 | 1000 | 1001 | 1010 | 1011 | 1100 | 1101 | 1110 | 1111 |
|---|---|---|---|---|---|---|---|---|---|---|---|---|---|---|---|---|
| 0000 |  | RLC | FAA | OLM |  |  |  |  |  |  |  |  |  |  |  |  |
| 0001 | IAM | CCR | FRJ | CRG |  |  |  |  |  |  |  |  |  |  |  |  |
| 0010 | SAM | RSC |  | NRM |  |  |  |  |  |  |  |  |  |  |  |  |
| 0011 | INR | BLO |  | FAC |  |  |  |  |  |  |  |  |  |  |  |  |
| 0100 | INF | UBL | LPA | UPT |  |  |  |  |  |  |  |  |  |  |  |  |
| 0101 | COT | BLA |  | UPA |  |  |  |  |  |  |  |  |  |  |  |  |
| 0110 | ACM | UBA |  | IDR |  |  |  |  |  |  |  |  |  |  |  |  |
| 0111 | CON | GRS |  | IRS |  |  |  |  |  |  |  |  |  |  |  |  |
| 1000 | FOT | CGB | PAM | SGM |  |  |  |  |  |  |  |  |  |  |  |  |
| 1001 | ANM | CGU | GRA |  |  |  |  |  |  |  |  |  |  |  |  |  |  |
| 1010 |  | CGBA | CQM |  |  |  |  |  |  |  |  |  |  |  |  |  |  |
| 1011 |  | CGUA | CQR |  |  |  |  |  |  |  |  |  |  |  |  |  |  |
| 1100 | REL |  | CPG |  |  |  |  |  |  |  |  |  |  |  |  |  | CCL |
| 1101 | SUS |  | USR |  |  |  |  |  |  |  |  |  |  |  |  |  | MPM |
| 1110 | RES |  | UCIC |  |  |  |  |  |  |  |  |  |  |  |  |  | OPR |
| 1111 |  | FAR | CFN |  |  |  |  |  |  |  |  |  |  |  |  |  |  |

4）ISUP 消息参数

（1）必备固定长度部分（F）。

指消息中必备且长度固定的参数，参数的位置、长度和顺序统一由消息类型规定，因此消息不包括参数的名字和长度表示语。

（2）必备可变长度部分（V）。

指消息中必备且长度可变的参数，参数的开始用指针表明，参数的名字和指针的发送顺序隐含在消息类型中，参数和指针的数目统一由消息类型规定。

（3）任选部分（O）。

由若干个参数组成，有固定长度和可变长度两种，每一任选参数都应包括参数名、长度表示语和参数内容。结束时用全"0"的八位位组来表示。

5. ISUP 消息类型与意义

ITU-T 共定义了 42 种 ISUP 消息，消息名与意义如表 4-5 所示。表 4-5 还列出了与 TUP 消息功能对应的消息。

表 4-5　ISUP 常用的消息类型及意义

| ISUP 消息 | 消息名 | 缩　写 | 与 TUP 对应的消息 |
|---|---|---|---|
| 前向呼叫建立消息 | 初始地址消息 | IAM | IAM,IAI |
|  | 后续地址消息 | SAM | SAM,SAO |
|  | 导通（情况）消息 | COT | COT,CCF |
| 后向呼叫建立消息 | 地址全消息 | ACM | ACM |
|  | 计费消息 | CRG* | CFIG |
|  | 呼叫进展中消息 | CPG | — |
|  | 接续消息 | CON | — |
| 呼叫监视消息 | 应答消息 | ANM | ANU,ANC,ANN,EAM |
|  | 释放消息 | REL | CLF,CBK,UBM 消息组所有 13 个消息 |
|  | 前向传递消息 | FOT | FOT |
| 电路监视消息 | 释放完成消息 | RLC | PLG |
|  | 延迟释放消息 | DRS* | — |
|  | 呼叫挂起消息 | SUS | — |
|  | 呼叫恢复消息 | RES | — |
|  | （协议）混淆消息 | CFN | — |
|  | 导通检验请求消息 | CCR | CCR |
|  | 环路证实消息 | LPA* | — |
|  | （电路）闭塞消息 | BLO | BLO |
|  | 闭塞证实消息 | BLA | BLA |
|  | 解除闭塞消息 | UBL | UBL |
|  | 解除闭塞证实消息 | UBA | UBA |
|  | （电路）复位消息 | RSC | RSC |
|  | 未装备电路识别码消息 | UCIC* | — |
|  | 过负荷消息 | OLM* | — |

续表

| ISUP 消息 | 消息名 | 缩 写 | 与 TUP 对应的消息 |
|---|---|---|---|
| 电路群监视消息 | 电路群闭塞消息 | CGB | MGB,HGB,SGB |
| | 电路群闭塞证实消息 | CGBA | MBA,HBA,SBA |
| | 电路群解除闭塞消息 | CGU | MGU,HGU,SGU |
| | 电路群解除闭塞证实消息 | CGUA | MUA,HUA,SUA |
| | 电路群复位消息 | GRS | GRS |
| | 电路群复位证实消息 | GRA | GRA |
| | 电路群询问消息 | CQM | — |
| | 电路群询问响应消息 | CQR | — |
| 信息询问消息 | 信息请求消息 | INR | GRQ |
| | 信息消息 | INF | GSM |
| 呼叫中改变消息 | 呼叫中改变请求消息 | CMR | — |
| | 呼叫中改变证实消息 | CMC | — |
| | 呼叫中改变拒绝消息 | CMRJ | — |
| | 补充业务请求消息 | FAR | — |
| | 补充业务接受消息 | FAA | — |
| | 补充业务拒绝消息 | FRJ | — |
| 端到端消息 | 逐段传递消息 | PAM | — |
| | 用户至用户信息消息 | USR | — |

#### 6.ISUP 的呼叫流程

ISUP 与 TUP 消息在信号流程上是类似的,只是 ISUP 初始地址消息用 IAM(含主叫用户地址)。如果呼叫不成功,则回送 REL 消息(带有原因值);拆线或被叫挂机用释放信号(REL)和释放完成消息(RLC)代替 TUP 的 RLG;用信息请求消息(INR)代替 TUP 的 GRQ,用信息消息(INF)代替 TUP 的 GSM。下面以几个呼叫流程为例,如图 4-38~图 4-41 所示,说明 ISUP 信令消息的控制功能。

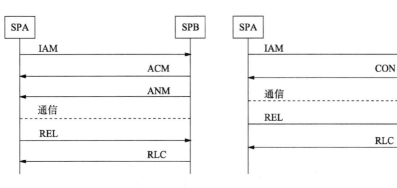

图 4-38 人工应答的正常呼叫流程　　　图 4-39 自动应答的正常呼叫流程

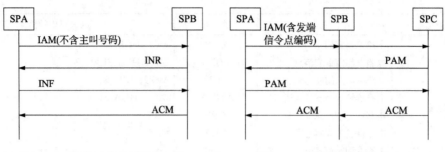

图 4-40　收端局要主叫号码流程　　　　图 4-41　端到端信息发送流程

### 7. TUP 与 ISUP 的互通

下面以市话汇接接续为例来说明 ISUP 与 TUP 之间的配合信令流程。ISUP 与其他信令的配合可以从两个方面来理解：信令配合流程和信令配合转换。信令配合流程主要完成流程上的协作，而信令配合转换主要是相关的消息及参数的转换。下面主要举例说明信令配合流程，对于信令配合转换请参考原邮电部 ISUP 部分的相关标准。

虽然 ISUP 完全具备 TUP 所有的功能并有一定对应的关系，见表 4-5，但由于 ISUP 与 TUP 的消息类型编码 H1H0 不一致，所以 ISUP 与 TUP 互通时必须经过相应的转换。图 4-42 说明了 ISUP 与 TUP 相互转换成功的市话汇接的信令流程。

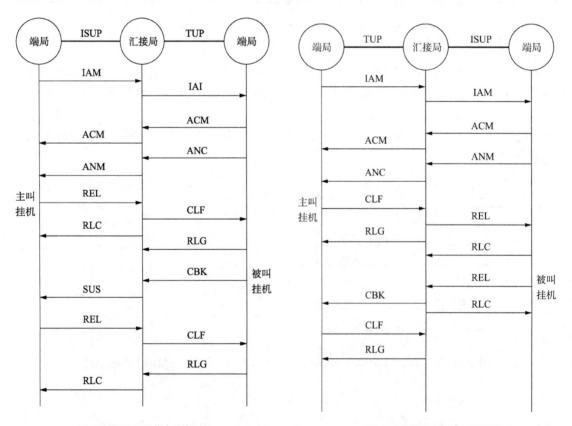

(a) ISUP 至 TUP 的信令转换流程　　　　　　　(b) TUP 至 ISUP 的信令转换流程

图 4-42　ISUP 与 TUP 相互转换的市话汇接信令流程

# 4.4 No.7信令网

No.7信令是目前应用最广泛的共路信令。在一定的信令方式和规约的控制下,No.7信令通过No.7信令网的承载,完成电话网各部分设备的相互配合和协调运行,共同完成某项任务,No.7信令、No.7信令网、信令方式与规约的集合就构成了No.7信令系统。

No.7信令系统所支撑的业务大部分是电路交换的业务,但No.7信令系统本身基于分组交换,以分组和标记的寻址方式,采用速率为64Kbit/s的双向数据通道传送信令;No.7信令系统具有完善的纠错和检错机制,并具有完善的信令网管理功能,防止信号出错、丢失和顺序颠倒,保证发送端发送的信令消息能被接收端可靠地接收;No.7信令系统采用多功能产生的模块化结构,可灵活地组合各功能模块,组成所需要的信令功能。

## 4.4.1 信令网的组成

No.7信令网本质上是一种专用于传送No.7信令消息的数据网,是具有多种功能业务的一种支撑网。它由信令点(SP)、信令转接点(STP),以及连接信令点或信令转接点的信令链路三部分构成。

信令点是信令消息的起源点和目的地点。信令点通常就是通信网中的节点,如交换机、操作维护中心、网络数据库等。在特殊情况下,一个物理节点可以定义为逻辑上分离的两个信令点,如国际出入口局,既是国内信令网的一个信令点,又是国际信令网中的一个信令点。

信令转接点是完成信令消息转发功能的节点。STP在信令网中将信令消息从一个SP转接到另一个SP的信令转接设备上。STP分为独立的STP和综合的STP,独立的STP仅具有转接功能,不能作为SP;综合的STP既可完成转接信令功能,又可完成SP功能。

信令链路(SL)是连接信令点之间、信令点与信令转接点之间传送信令的物理通道,链路是双向的,同时具有发送和接收消息的能力。属性相同的多个信令链路构成一个信令链路组,属性相同的多个信令链路组构成一个信令链路群。

## 4.4.2 信令网的工作方式

按照信令消息所取的信令链路与通话电路之间的对应关系,信令信息的传送可采用下面三种工作方式:直联工作方式、准直联工作方式和非直联工作方式。

### 1. 直联工作方式

直联工作方式又称为对应工作方式,是指两个SP之间信令消息沿着直接相连的信令链路传递的工作方式,此时话路与链路平行,如图4-43(a)所示。

### 2. 准直联工作方式

准直联工作方式又称为准对应工作方式,是指两个SP之间的路由预先设定固定多个串接信令链路来传递信令消息的工作方式,如图4-43(b)所示。

### 3. 非直联工作方式

非直联工作方式又称为非对应工作方式,是指两个SP之间的信令消息按照网络的路由选择原理和规则通过交换网络任意选择一条可用路径来传送的工作方式,如图 4-43(c)所示。

由于非直联工作方式需要进行动态编路,路由选择很灵活,操作管理困难,因此目前规定 No. 7 信令网只使用直联工作方式和准直联工作方式。

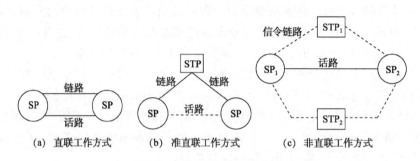

(a) 直联工作方式          (b) 准直联工作方式          (c) 非直联工作方式

图 4-43   信令网的工作方式

### 4.4.3   信令网的分类与分级结构

信令网按网络的等级结构可分为无级信令网和分级信令网两类。

1. 无级信令网

信令网中不引入 STP,信令点之间采用直联工作方式。这种方式在容量和经济上都满足不了国际、国内信令网的要求,故未广泛采用。

2. 分级信令网

信令网中引入 STP,它可按等级分为二级或三级信令网。二级信令网是具有一级 STP 的信令网,三级信令网是具有二级 STP 的信令网。大多数国家采用二级网,当二级网不能满足要求时,可采用三级网。二级信令网结构如图 4-44 所示。

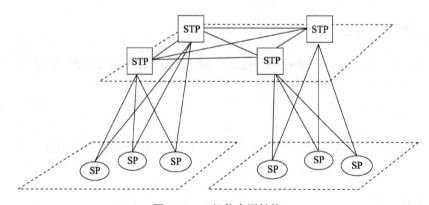

图 4-44   二级信令网结构

我国信令网采用三级结构。第一级是信令网的最高级,由高级信令转接点(HSTP)组成;第二级由低级信令转接点(LSTP)组成;第三级为信令点,由各种交换局和特种服务中心(业务控制点、网管中心等)组成。中国 No. 7 信令网的分级结构见图 4-45,该信令网采用了备份冗余度的措施来保证整个信令网的高度可靠性。

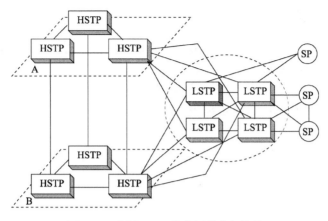

图 4-45 中国 No.7 信令网的分级结构

(1)第一级由两个平行的 A、B 平面组成,A、B 平面内部的各个 HSTP 为网状网相连,A、B 平面之间成对的 HSTP 相连。

(2)第二级每个 LSTP 通过信令链路组至少要分别连接至上级 A、B 平面内成对的 HSTP, LSTP 至 A、B 平面两个 HSTP 的信令链路组之间采用负荷分担的方式工作。

(3)第三级 SP 至上级 STP(HSTP 或 LSTP)根据具体情况采用固定或自由连接方式。每个 SP 至少连至两个上级 STP,若连至 HSTP 时,需分别连至 A、B 平面内成对的 HSTP。SP 至两个 HSTP 的信令链路组之间采用负荷分担方式工作,SP 至两个 LSTP 的信令链路组之间也采用负荷分担方式工作。

(4)每个信令链路组中至少应包括两条信令链路,并尽可能采用分开的物理通路。

(5)若两个信令点之间信令业务量足够大时可以设置直达信令链路。

(6)第一级 STP(HSTP)设置在中央直辖市、省和自治区内,汇接 DC1 及所属 LSTP 的信令;第二级 STP(LSTP)一般设在汇接局,在特殊的情况下也可以设在端局或长话局,汇接 DC2、终端交换机的信令。我国电话网与信令网的对应关系如图 4-46 所示。

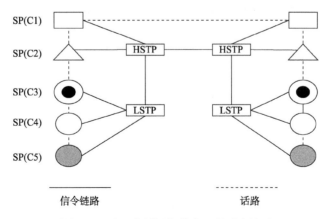

图 4-46 我国电话网与信令网的对应关系

#### 4.4.4  信令网的编号计划

信令网中每一个信令点均有一个唯一的编码。为便于信令网的管理,国际和国内信令网的编号彼此独立,即各自采用独立的编号计划。我国在 1993 年制定的《中国 No.7 信令网体制》中规定,我国信令点编码采用 24 位统一编号计划,其编码格式见图 4-47。国际网的信令点编码由 ITU-T 在 Q.708 中统一规定采用 14 位编码,编码结构见图 4-48。

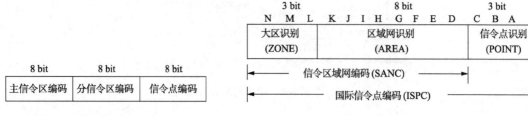

图 4-47  我国信令点编码格式          图 4-48  国际信令点编码格式

由图 4-47 可知,每个信令点编码由主信令区编码、分信令区编码和信令点编码三部分组成。我国信令网分为 33 个主信令区,每个主信令区由若干个分信令区组成。主信令区编码以省、自治区、直辖市(香港、澳门地区和台湾省都暂定为主信令区)为单位编排,见表 4-6;分信令区编码以每个省内地区、地级市、直辖市的汇接区、郊县及地级市为单位编排;国内信令网的每个信令点都分配一个信令点编码。下列信令点则应分配给信令点编码:

(1)国际出口/入口交换系统;

(2)国内长话交换系统(含长市合一交换系统);

(3)本地汇接交换系统、终端交换系统;

(4)移动交换系统(TMSC、MSC、HLR、SGSN);

(5)直拨 PABX;

(6)各种特种服务中心(业务控制点、短信中心等);

(7)信令转接点;

(8)其他 No.7 信令点(信令网关设备等)。

表 4-6  主信令区编码分配

| 省、自治区、直辖市及港澳地区名称 | 主信令区编码(十进制) | 主信令区编码(十六进制) | 省、自治区、直辖市及港澳地区名称 | 主信令区编码(十进制) | 主信令区编码(十六进制) |
|---|---|---|---|---|---|
| 1  北京 | 01 | 01 | 10  山东 | 10 | 0A |
| 2  天津 | 02 | 02 | 11  上海 | 11 | 0B |
| 3  河北 | 03 | 03 | 12  安徽 | 12 | 0C |
| 4  山西 | 04 | 04 | 13  浙江 | 13 | 0D |
| 5  内蒙古 | 05 | 05 | 14  福建 | 14 | 0E |
| 6  辽宁 | 06 | 06 | 15  江西 | 15 | 0F |
| 7  吉林 | 07 | 07 | 16  河南 | 16 | 10 |
| 8  黑龙江 | 08 | 08 | 17  湖北 | 17 | 11 |
| 9  江苏 | 09 | 09 | 18  湖南 | 18 | 12 |

续表

| 省、自治区、直辖市及港澳地区名称 | 主信令区编码（十进制） | 主信令区编码（十六进制） | 省、自治区、直辖市及港澳地区名称 | 主信令区编码（十进制） | 主信令区编码（十六进制） |
|---|---|---|---|---|---|
| 19  广东 | 19 | 13 | 27  甘肃 | 27 | 1B |
| 20  广西 | 20 | 14 | 28  青海 | 28 | 1C |
| 21  海南 | 21 | 15 | 29  宁夏 | 29 | 1D |
| 22  四川 | 22 | 16 | 30  新疆 | 30 | 1E |
| 23  贵州 | 23 | 17 | 31  台湾 | 31(暂定) | 1F(暂定) |
| 24  云南 | 24 | 18 | 32  香港 | 32(暂定) | 20(暂定) |
| 25  西藏 | 25 | 19 | 33  澳门 | 33(暂定) | 21(暂定) |
| 26  陕西 | 26 | 1A | | | |

在图 4-48 中，NML 为 3 bit 的大区识别，用于识别全球的编号大区或洲；K-D 为 8 bit 的区域网识别，用于识别全球编号大区内的地理区域或区域网，即国家或地区；CBA 为 3 bit 的信令点识别，用于识别地理区域或区域网中的信令点。在这里，大区识别和区域网识别合称为信令区域网编码(SANG)。我国大区编码为 4，区域网编码为 120，因此，我国在国际网中分配有 8 个信令点，其编码为 4-120-*XXX*。

## 思考题

1. 本地网是否指一个城市的电话网？

2. 查阅相关资料，比较中国电信、中国移动、中国联通的电话网络，它们在网络结构、组网情况、汇接方式等方面有何异同。

3. 我国移动用户的手机号码与固定用户的电话号码的编码规则有何异同？

4. 如何理解信令系统的重要性？若电话网中没有交换机，只有两部电话相连，这两部电话之间的通信需要信令吗？

# 第 5 章　数据分组交换

从一个网络节点的工作角度来看,交换的作用就是负责把从某个输入端口输入的信号流经过特定的处理,然后从特定的输出端口输出。节点设备内部的硬件和软件系统通过一系列的具体控制(基于预先存储程序的流程和数据驱动的控制)动作在其交换核心部分完成交换或交叉连接。

从更高的层面如整个通信网的角度看,交换的作用就是把源于某个源点的信号流由通信网内的若干节点按照预定规则(信令或协议)完成接力传送,这时整个传送过程可以看成一种更高层面上的交换。如果把整个通信网抽象地看成前面章节里介绍的程控电话交换机中的数字交换网络或更为复杂的交换矩阵,就会发现其实它们最终的效果是一致的。

电路交换面向连接,在通话的全部时间内,通话双方固定占用端到端之间的传输信道,无论某个时刻是否实际传送了有效的语音信息,都占用着固定的带宽资源。然而,这种应电话业务而生的通信方式显然不适合于突发性、简短性数据的传送或通信。

分组交换本质上就是为实现数据的通信而设计的。针对数据通信的特点而设计的分组交换方式相对于电路交换,在传输数据时效率更高,且有专门机制保证通信内容无差错。从基于X.25 协议族的经典分组交换技术开始,到其后出现的 ATM 交换、IP 交换、标记交换、MPLS 等都可以归类于分组交换。因此,作为现代通信主要方式之一的数据通信,其实现所依赖的分组交换技术是本章讨论的重点,为真正理解通信及通信网未来的发展奠定基础。需要说明的是,本书并不专注于数据通信网的技术细节,而力图从信息交换的角度分析数据分组如何在分组交换方式工作下实现传送和通信。

## 5.1　分组交换的背景

按照现代通信的概念,凡在终端以编码方式表示的信息能用脉冲形式在信道上传送的通信都属于数据通信范畴。也就是说,无论是文字、语声、图像,只要它们能用编码的方法形成各种代码的组合,存储在计算机内,并可用计算机进行处理加工,那么它们均可被称为数据。

数据通信的主要特点可以描述如下。

(1)直观表现为机器与机器之间的通信。语音通信是人与人之间的通信,有人参与整个通信过程,如听到拨号音或者忙音后,人可以采取不同的动作,拨号或者挂机。如果电话通信中传送的语音信号出错而无法听懂时,接收方可以请求对方重说一遍。相反,数据通信则完全在后台完成,如数据出现差错,不由人来判断和控制,必须由机器自我控制请求重发来达到纠正的目的。

(2)业务突发性。数据通信的一大特点是突发的业务多,业务速率以及数据量差异大,不像语音通信那样有恒定的业务速率且传输均匀。

(3)误码率要求高。数据通信中的数据必须完全正确地传送到目的地,一个比特的错误可能使得收到的文件完全无用。语音通信中的语音在传送过程中出现少量差错不影响整个通话的效果。

(4)时延要求不高。相对语音通信,数据通信大多对实时性要求不严。

在分组交换出现以前,计算机通信只采用点到点的通信方式,传送的也仅仅是计算机数据。

例如,利用 RS-232 技术实现两台计算机对接来交互文件,或者利用调制解调器技术把这条对接线路延长,实现两台计算机之间共享远程信息资源。数据在基于电路交换方式的电话通信网中传送会存在明显的缺陷:固定占用带宽,链路利用率低,通信终端双方必须以相同的数据速率进行发送和接收等。这些都表明电路交换方式并不适合数据通信,使用电路交换机制来实现数据通信的效率往往很低,因为计算机数据往往突发出现,链路上真正用于数据传送的时间非常短,在绝大部分时间里,被占用的通信链路实际上空闲着,成本高且浪费资源。

数据通信与语音通信几乎截然相反的要求使得人们自然想到应该着手研究一种新形式且数据通信的交换方式。1946 年,世界第一台电子数字计算机 ENIAC 出现,尽管当时人类的通信主要是电话通信,但社会新的需求随之出现,使得两者的结合成为必然。20 世纪 50 年代初,美国军方 SAGE 系统项目需要将远程雷达、机场和防控体系的信息通过通信链路传送到专门的计算机来处理,这项研究开始了计算机技术与通信技术结合的尝试。1960 年,美国国防部要求成立不久的战略研究机构 RAND 公司寻找一种有效的通信网络解决方案,以保证在二战后与前苏联对抗中及即使遭到核战争或自然灾害后剩余的网络仍然能继续工作,即要有强大的生存能力和抗破坏能力。当时世界通信都主要依赖相当脆弱的电话交换网,如果几个关键的电话局遭到破坏,就很可能导致整个电话通信崩溃。

RAND 公司的 Paul Baran 于 1964 年 8 月在"论分布式通信"研究报告中首先提出了"存储转发"的概念,以及体现高度分布和容错的网状结构设计思路"分布式网络结构",并建议采用数字化分组交换技术,每个节点使用"hot potato routing"算法和存储转发机制,由计算机快速完成计算和控制,将分组发送到下一个节点;如果某个节点损坏,可由"动态路由"算法来修改分组将要传送的路线,避开损坏节点最终送达目的地。1966 年 6 月,英国国家物理实验室 Donald Davies 引用了 Paul Baran 的研究成果,通过实验验证了分组交换思想的可行性,并提出"packet"这个词。1967 年,在 ACM SIGOPS 会议上,Wesley Clerk 发表了分组交换通信子网的设计思想。1966 年,美国国防部远景研究规划局(DARPA)任命年仅 29 岁的 Larry Roberts 主持 ARPANET 的研究工作,设计目标主要有:针对计算机的数据信号正确传送;网络节点对等;网络结构简单、冗余,不同型号的计算机均能接纳。为此,最初设计出的 ARPANET 包括通信子网和资源子网,通信子网中负责存储转发的节点称为接口报文处理器

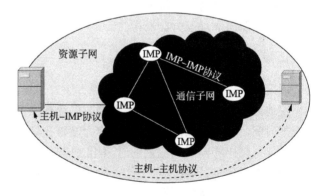

图 5-1 ARPANET 协议及最初网络架构

IMP(由小型计算机改装),通过 56Kbit/s 速率的租用电话传输链路连接。为实现冗余,每个 IMP 至少与两个 IMP 相连。主机发出的最大报文长度为 8063 位,IMP 将报文拆分成 1008 位的分组进行独立转发。ARPANET 协议,即网络控制协议(NCP)包括 IMP-IMP、HOST-IMP、HOST-HOST 协议。ARPANET 协议及最初网络架构如图 5-1 所示。

1969 年 12 月,仅有 4 个节点(分布在 UCLA、UCSB、SRI、Utah 等 4 所大学)的 ARPANET 投入运行,标志着计算机网络正式登上历史舞台,ARPANET 作为分组交换网也标志现代电信时代的来临。1971 年 2 月,关于 TELNET 协议的 RFC0097 文档公布;1972 年,第一个电子邮件

应用程序开始使用，ARPANET 节点数增加到 40 多个。1975 年，网络实验阶段结束正式交付美国国防部。

　　1972 年，ARPANET 开始进行网络互联方面的研究，解决异构网络在分组长度和结构、分组头结构、传输速率等方面的接纳问题。1974 年 5 月，实现端到端分组传递的 TCP 协议发布。1977 年 10 月，ARPANET 实现了与无线分组网络、卫星分组网络的互联，互联的关键协议 TCP 被分成负责报文的拆装、差错控制、流量控制等功能的著名的 TCP，以及负责处理分组传送路由的 IP。对此作出突出贡献的 Vinton G. Cerf 在 DARPA 任职期间从事研究 TCP/IP 和 IP 地址体系设计，后主持研制了世界上第一个商用电子邮件系统，以及领导 TCP/IP 软件和路由器研发工作，为此获得图灵奖，并被推为"Internet 之父"。

　　分组交换方式作为一种存储—转发的交换方式，结合电路交换和报文交换的特点，克服了电路交换链路利用率低、不能动态利用链路资源等缺点，同时又不像报文交换那样有非常大的时延。因此，分组交换技术自从产生后便在数据通信领域迅猛发展，伴随着数据业务量的不断增大。当前，全球信息通信网络将统一于基于分组交换的 IP 核心化已成为共识。

## 5.2　分组交换原理

　　从电路交换的同步时分复用到分组交换的异步时分复用，从本质上来说，就是因为对链路资源的利用方式不同，或者说资源分配的思想不同。因此，在分析分组交换原理之前，先来考察它们对资源分配的基本思想。

### 5.2.1　资源分配原则

　　对同一个物理链路资源的利用可以有不同的资源分配方式，电路交换和分组交换分别采用固定分配资源法和动态分配资源法。

#### 1. 固定分配资源法

　　固定分配资源法也称为预分配资源方法。它根据用户的要求预先把链路传输容量的某一部分固定地分配给某个用户，每个用户的数据都在固定的子信道中传输。具体的实现方法是，在电路上把时间分割成等长的时间单元(称为帧)，在每帧里又把时间分成等长的时隙，并按照时间顺序编号。每帧中相同时间位置的时隙用来传输同一信源的信息，接收者很容易根据时间位置区分不同的用户信息，因此这种子信道称为位置化信道。

　　这种将多个低速的数据信号按照固定时间位置合并在一条高速的数据电路上传送的方法，称为同步时分复用。需要完成交换任务时，则可通过改变某信源在信道上的时间位置，具体参见第 2 章介绍的时间接线器。因此，采用固定分配资源方式的交换称为同步时分交换。

　　由于链路传输时间资源依次分配给每个用户，因此每个用户只能在分配到的时间里向链路资源发送信息和接收信息，如果在分配的时间内该用户没有信息传输时，也不能临时分给其他用户使用，而只能保持空闲状态，显然链路资源利用率很低。

　　这种方法尽管实现了多个用户对一条传输链路资源的共享，但由于采用了固定分配方法，链路传输能力不能得到充分的利用，这是固定分配资源方式的不足之处。

2. 动态资源分配技术

为了克服固定分配资源方式的缺点,采取用户有数据传输时才分配资源的方式,称为动态分配或按需分配。当用户暂停发送数据时不分配链路资源,链路的传输能力可用于其他用户。因为在许多情况下,各单路信号并非连续不断而是断断续续,传送单路信号的链路上有很多空闲时间,因此可将此空闲时间分配给其他用户使用。这种根据用户实际需要动态分配链路资源的方法也称为统计时分复用(STDM)。这样,每个用户的数据传输速率可以高于平均速率,理论上最高可以达到链路总传输能力。例如,32 路的 E1 链路的传输速率为 2Mbit/s,32 个用户的平均速率为 64Kbit/s,当用固定分配复用方式时,每个用户最高传输速率为 64Kbit/s,而在统计时分复用方式下,每个用户的最高速率可以达到 2Mbit/s(包含用户信息的分组头在内)。统计时分复用原理如图 5-2 所示。

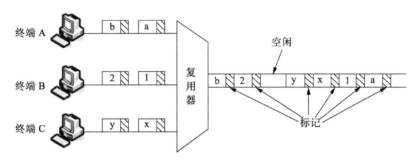

图 5-2　统计时分复用原理图

在统计时分复用方式下,各个用户数据在通信链路上互相交织传输,没有固定的时间位置,这样出现的新问题是如何区分不同用户的数据？为了识别来自不同终端的用户数据,采取的措施是,在发送到链路之前先给这些数据打上与终端或子信道有关的"标记",通常是在用户数据的开头加上终端号或子信道号,这样接收端就可以通过识别用户数据的"标记"来加以区分。这与日常生活中的信件邮寄类似,邮局要求发信人必须信封上应标明收发件人的地址和姓名。

统计时分复用对每个单路信号分配标注一个独有的标志码,通过该标志码来区分不同用户的数据。与位置化信道相对应的是,这种统计复用信道也称为标志化信道,用户数据与时间位置无关。通过更换这个代表某个用户唯一的标志即可完成交换,这就是分组交换的根本功能。

统计时分复用的优点是可以获得较高的信道利用率。由于在分组交换方式中,每个终端的数据使用一个自己独有的"标记",可以把传送的信道按照需要动态地提供给每个终端用户,从而提高了传送信道的利用率。

统计时分复用也有不足之处,比如可能会产生附加的随机时延和丢失数据。这是由于用户向分组交换网提出传送数据的时刻、频度和流量等都是随机的,若多个用户同时发送数据,则必然会有部分用户需要等待一定时间才可能获得信道资源而进行传输。等待的过程就是排队的过程,也就是缓冲存储的过程,由于缓冲器容量总是有限制的,严重时可能因缓冲区溢出而造成部分数据丢失。

与两种资源分配方式对应的两种时分复用方式和两种信道类型的比较如图 5-3 所示。

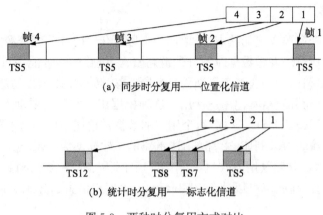

(a) 同步时分复用——位置化信道

(b) 统计时分复用——标志化信道

图 5-3　两种时分复用方式对比

### 3. 分组交换的优缺点

设计分组交换方式的初衷是为了实现计算机之间的资源共享,故设计思路完全不同于电路交换。从前一点的分析可以发现,基于动态统计时分复用方式的分组交换可以显著提高线路资源利用率,每个分组都携带了控制信息,使终端和交换机之间的用户线上或者交换机之间的中继线上,均可同时有若干不同的用户终端按需进行资源共享。另外,这种资源共享大大降低了用户费用。

由于采用存储—转发方式,无须预先建立端到端的物理连接,也就不必如电路交换方式那样采用严格而耗费资源巨大的控制规程。分组交换也相对易于实现不同类型的数据终端设备(不同的传输速率、不同的代码、不同的通信控制规程等)之间的通信。

每个分组沿着分组交换网络内的通路传送时,有逐段、独立的差错控制和流量控制,故即使在传输媒介不太好的情况下,端到端误码率也可以被控制在 $10^{-11}$ 以下,保证了传送质量。另外,分组交换方式的路由选择和拥塞控制等功能能保证网内线路或某些分组交换设备出现故障后,可为所传送的分组自动智能地选择一条迂回路由,避开故障点。逐段的流量控制机制可以及时检测到分组交换网有无过负荷发生,必要时可以通过拒绝接受新的连接请求,以控制分组交换网不至于严重过负荷。

不难想象,由于分组交换在降低通信成本和提高通信可靠性等方面有巨大的优势,因此,自从 20 世纪 70 年代后期开始,数据通信网得以高速发展和普及。

分组交换技术也有弱点。首先是其信息传送时延不固定:基于存储—转发方式的处理模式使得各个分组在经过每个分组交换设备时都要经历存储、排队、转发的过程,因此,分组穿过分组网络的平均时延较大。

用户信息被分成了多个分组进行传送,其分组头都需要分组交换机的分析处理,必然需要较大开销。因此,传统的分组交换主要面向计算机通信等突发或断续业务,却不适用于实时性要求高、信息量大的通信业务。

分组交换技术的协议和控制比较复杂,如前面述及的逐段链路流量控制和差错控制,加上编码和速率的变换、网络管理控制等,一方面使得分组交换具有很高的可靠性,但同时也加重了分组交换机处理负荷,使得分组交换机的分组吞吐能力和传送速率受到了明显的抑制。

综上所述,早期的分组交换技术对语音通信(电话)和高速数据通信(大致指 2.048Mbit/s 以上)并不适合,难以满足对实时性要求较高的电话和视频等业务。其实这也是受当时的技术所限,在通信网以模拟通信为主的年代,用于传送数据的信道大多数是电话通信信道,当时技术水平能达到的数据传输速率一般不大于 9.6Kbit/s,误码率不低于 $10^{-5}$,如此的高误码率难以满足数据通信对数据传送的高质量要求,因此,不得不通过额外增加一系列复杂的控制手段,基本满足了当时数据通信的要求。

为了提高分组交换网的分组吞吐能力和传输速率,一方面要提高传输能力,另一方面也要改进分组交换技术。光纤通信技术的发展为分组交换技术的发展开辟了新的道路,光纤的数字传输误码率可小于 $10^{-11}$,光纤数字传输系统能提供数百兆以上的速率。在这种通信信道条件下,分组交换中逐段的差错控制、流量控制就显得不太必要了,快速分组交换(Fast Packet Switching,FPS)技术应运而生。快速分组交换技术的主要思路是尽量简化协议,只提供基础的网络功能。帧中继作为快速分组交换的一种典型技术取得了巨大的成功并得到广泛的应用。

### 5.2.2 分组交换的工作原理

在图 5-4 所示的分组交换例子中,终端 I 产生两个数据包 a、b,将这两个数据包送到交换机 I,交换机 I 将数据包 a 通过交换机 II、交换机 III 送到终端 IV,而将数据包 b 直接通过交换机 III 送到终端 IV。由此可知,在分组交换方式下,同一个用户的数据可以经过不同的路径进行传输,不像电路交换那样需要通过相同的固定电路进行传输。另一方面,由图 5-4 可知,分组式终端 V 可以"同时"接收来自终端 II 和终端 III 的数据,这就是同一台计算机可以同时进行多个网络通信的原因。

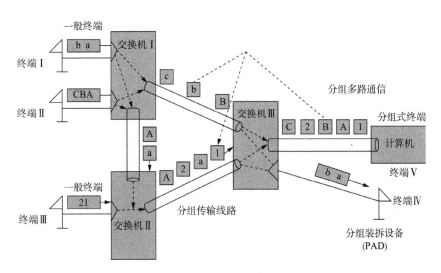

图 5-4 分组交换工作流程

分组交换的工作流程是首先把用户要传送的信息分成若干个小的数据块,即分组,这些分组具有统一标准的格式,每个分组均有分组头(Head),分组头存放用于控制和选路的有关状态信息和控制信息。这些分组以"存储-转发"的分组交换方式在网内传输,即每个分组交换机首先对收到的分组进行缓存,分析该分组头中有关选路的信息并确定路由选择,然后在所选择的路由上再次进行排队等待,直到该路由上有空闲信道时转发给下一个交换节点或用户终端。

显然,采用分组交换时属于同一个报文的多个分组有可能并行传送;另一方面,不同用户发出的数据也可能共享同一物理信道。因此,分组交换可以实现资源共享,并为用户提供可靠、有效的数据传输服务,成功克服了电路交换中独占链路及链路利用率低的缺点。同时,由于分组的长度短且格式统一,便于交换机进行处理,因此它又比传统的报文交换有较小的时延。

### 5.2.3　逻辑信道的引入

在统计时分复用方式下,通过对数据分组的编号,可以把来自各个终端的数据分组在链路上完全区分开,如同把传送链路划分成若干子信道一样,这种子信道称为逻辑信道,逻辑信道为各个终端提供相互独立的数据传送虚拟通路。各个逻辑信道用不同的代号表示,即逻辑信道号。逻辑信道号本质上代表着传送链路的部分资源,当某个终端要求通信时,统计时分复用器就负责分配一个逻辑信道号给它。

逻辑信道号与各个终端的代号无关:对于同一个终端,每次呼叫被分配的逻辑信道号都可能不同。一个终端可以同时通过网络建立多个数据通路,统计时分复用器为每个通路分配一个逻辑信道号,并维护一个终端号与逻辑信道号的映射表:通过逻辑信道号可以识别出哪个终端发来数据,如图 5-5 所示。

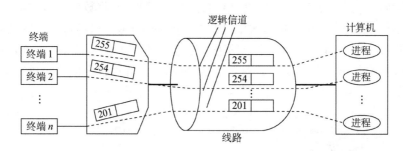

图 5-5　逻辑信道的功能原理

逻辑信道号是在用户至交换机或交换机之间的网内中继线上可以被分配且代表了信道的一种编号资源。在每一条物理链路上,逻辑信道号的分配相互独立,也就是说,逻辑信道号并不在全网中有效,而是在每段物理链路上局部有效,即仅具有局部意义。

分组交换网内的分组交换设备负责出/入线上逻辑信道号的转换工作。

每个逻辑信道可被定义为总是处于几种工作状态的转移过程中,如"准备好"状态、"呼叫建立"状态、"数据传输"状态、"呼叫清除"状态等。

### 5.2.4　分组与分组格式

在分组交换中,分组是交换和传送处理的对象。分组是由终端将欲发送的用户信息块(报文或数据报)分成若干符合标准格式的块,然后给每个块"戴"上一顶"帽子",称为分组头,分组头用于存储具有标准格式的控制信息、地址信息和状态信息。

由于每个分组都带有含控制信息和地址信息的分组头,所以每个分组就可以在分组交换网内独立传送,同时,可以以分组为单位进行流量控制、路由选择和差错控制等相关处理。

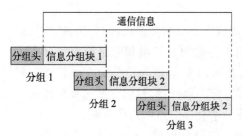

图 5-6　逻辑信道的功能原理

例如,如图 5-6 所示,某终端的某个用户通信信息被分成分组 1、2 和 3 总共 3 个信息分组块。每个分组长度通常为 128 个八位组（字节），也可根据通信链路的质量选用 32、64、256 或 1024 个八位组的模式。

下面以经典的 X.25 协议为例说明分组交换分组头的格式。分组头由 3 个字节构成，包含通用格式识别符（GFI）、逻辑信道组号（LCGN）和逻辑信道号（LCN）、分组类型识别符等 3 个部分。分组头的格式如图 5-7 所示。

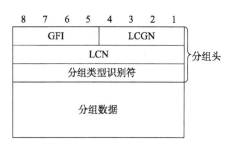

图 5-7　分组头的格式

通用格式识别符由分组头第 1 个字节的高 4 位组成：最高位为限定符比特，用于标识本分组是用户数据还是控制信息；次高比特用来区分数据分组的确认方式，0 表示数据分组在 DTE 与 DCE 之间确认，D＝1 表示数据分组在 DTE 之间确认。剩余 2 个比特为"01"表示按模 8 方式工作，"10"表示按模 128 方式工作。

逻辑信道组号和逻辑信道号共 12 比特，表示在 DTE 与分组交换机之间的时分复用信道上以分组为单位的时隙号，即在理论上可以同时支持 $2^{12}=4096$ 个逻辑信道。当然，实际支持的逻辑信道数取决于接口的传输速率、与应用有关信息流的大小和时间分布。逻辑信道号在分组头的第 2 字节中，当编号大于 256 时，用逻辑信道组号扩充，扩充后的编号可达 4096。

分组类型识别符用 8 比特来区分各种不同的分组，X.25 协议分组层定义了 4 大类 30 个分组，详见表 5-1。

表 5-1　X.25 协议的网络层分组类型

| 类　型 | | DTE-DCE | DCE-DTE | 功　能 |
|---|---|---|---|---|
| 呼叫建立分组 | | 呼叫请求<br>呼叫接收 | 入呼叫<br>呼叫连接 | 在两个 DTE 之间建立 SVC |
| 数据传输分组 | 数据分组 | DTE 数据 | DCE 数据 | 两个 DTE 之间传送用户数据 |
| | 流量控制分组 | DTE　RR<br>DTE　RNR<br>DTE　REJ | DCE　RR<br>DCE　RNR | 流量控制 |
| | 中断分组 | DTE　中断<br>DTE　中断证实 | DCE　中断<br>DCE　中断证实 | 加速传送重要的数据 |
| | 登记分组 | 登记请求 | 登记证实 | 申请或停止可选业务 |
| 恢复分组 | 复位分组 | 复位请求<br>DTE 复位证实 | 复位指示<br>DCE 复位证实 | 复位一个 SVC |
| | 重启动分组 | 重启动请求<br>DTE 重启动证实 | 重启动指示<br>DCE 重启动证实 | 重启动所有的 SVC |
| | 诊断分组 | — | 诊断 | 诊断 |
| 呼叫释放分组 | | 释放请求<br>DTE 清除证实 | 释放指示<br>DCE 清除证实 | 释放 SVC |

呼叫建立分组用于在两个 DTE 之间建立交换虚电路，包括呼叫请求分组、入呼叫分组、呼叫接收分组和呼叫连接分组。数据传输分组用于两个 DTE 之间实现数据传输，包括：数据分组、流量控制分组、中断分组和登记分组。恢复分组实现分组层的差错恢复，包括复位分组、再启动分组和诊断分组。呼叫释放分组用在两个 DTE 之间断开虚电路，包括释放请求分组、释放指示分组和释放证实分组。

### 5.2.5　数据链路层的帧

　　按照网络实体功能分层模型,分组存在于网络层并在网络层按照分组头的信息进行选路和传递,在传送过程中应保证可靠性。为了实现可靠性,由网络层之下的数据链路层将每个分组封装成数据链路层的格式,即帧。帧的首尾通过设置控制字段来配合分组交换机实现可靠性。X.25 协议采用高级数据链路控制(HDLC)规程来进行数据链路层的封装,让 HDLC 帧在链路上传送。HDLC 帧格式如图 5-8 所示。

图 5-8　HDLC 帧格式

　　在 HDLC 中,数据传送基本的单位是帧,每帧可含任意比特,不必恰好是多少个字符。这种规程又称为面向比特的通信规程。HDLC 的 F、A、C、I、FCS 称为字段,各个字段的含义如下。

　　F:帧定界的标志字段,固定为 01111110。这个码型作为帧的首尾标志,以配合实现帧的定界功能。

　　A:地址字段。因数据链路层的根本作用是保证相邻节点之间的可靠传输,故不存在地址选择问题。A 字段用来表示相连节点之间的方向。

　　C:控制字段,8 比特,指示帧的类型。下面简单介绍帧的类型,X.25 共定义了 3 类帧,如表 5-2 所示。

　　(1)信息帧(I 帧)用于运载网络层分组,I 帧含有支持信息帧收发的控制信息,如用于链路层差错控制和流量控制发送顺序号、接收顺序号等。

　　(2)监控帧(S 帧)用来支持 I 帧的正确传送,分为 3 种:接收准备好(RR),接收未准备好(RNR)和拒绝帧(REJ)。RR 用于在没有 I 帧发送时向对端发送肯定证实信息;REJ 用于重发请求;RNR 用于流量控制,通知对端暂停发送 I 帧。

　　(3)无编号帧(U 帧):用于实现对链路的建立和断开过程的控制。U 帧包括:置异步平衡方式(SABM)、断链(DISC)、已断链方式(DM)、无编号确认(UA)和帧拒绝(FRMR)等。其中,SABM、DISC 分别用于建立链路和断开链路;UA 和 DM 分别为 SABM 和 DISC 进行肯定和否定的响应;FRMR 表示接收到语法正确但语义不正确的帧,将触发链路复原。

表 5-2　X.25 数据链路层的帧类型

| 分　类 | 名　　称 | 缩　写 | 作　　用 |
|---|---|---|---|
| 信息帧 | —— | I 帧 | 传输用户数据 |
| 监控帧 | 接收准备好 | RR | 向对方表示已经准备好接收下一个 I 帧 |
| 监控帧 | 接收未准备好 | RNR | 向对方表示"忙"状态,这意味着暂时不能接收新的 I 帧 |
| 监控帧 | 拒绝帧 | REJ | 要求对方重发编号从 N(R)开始的 I 帧 |
| 无编号帧 | 置异步平衡方式 | SABM | 用于在两个方向上建立链路 |
| 无编号帧 | 断链 | DISC | 用于通知对方,断开链路的连接 |
| 无编号帧 | 已断链方式 | DM | 表示本方已与链路处于断开状态,并对 SABM 进行否定应答 |
| 无编号帧 | 无编号确认 | UA | 对 SABM 和 DISC 的肯定应答 |
| 无编号帧 | 帧拒绝 | FRMR | 向对方报告出现了用重发帧的办法不能恢复的差错状态,将触发链路还原 |

Ⅰ:信息字段,存放网络层分组。

FCS:校验字段,采用循环冗余校验(CRC)方式判断所接收的帧是否正确,校验多项式为$X^{16}+X^{12}+X^5+1$。

### 5.2.6 数据报与虚电路

如前所述,在分组交换网中,来自各个用户的数据被分成分组,这些分组沿着各自的逻辑信道从源点出发,经过网络达到终点。那么,分组如何通过网络? 分组所经过各个网络节点之间有无配合? 分组通过网络的时延如何? 分组在通过数据网时有两种方式:数据报方式(Data Gram)和虚电路(Virtual Circuit)方式。这两种方式各有特点,适应不同业务的需求。

#### 1. 数据报方式

数据报方式类似于报文传输方式,即将每个分组作为一份报文来对待,每个数据分组都包含目的地地址信息,即每个分组都作为独立的信息单元在网上传输,即使是同一个终端发出的若干数据分组,分组网络也不关注它们之间是否相关。分组交换机为每一个数据分组独立地寻找路径,因此同一份报文包含的不同分组可能沿着不同的路径到达终点,经历不同的时延,甚至使顺序颠倒,因此在网络终点必须重新排序,以拼装成原来的用户数据信息。

对于小数量的报文,数据报方式节省了建立链路需要的时间,尤其当有些数据本身就只有一个分组,这种方式的效率非常高。

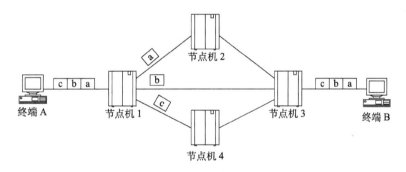

图 5-9　数据报方式

图5-9中的终端A有三个分组a、b、c要送给B。在网络中,分组a通过节点2进行转接到达3,分组b通过节点1和3之间的直达路由到达3,分组c通过节点4进行转接到达3。由于每条路由上的业务情况(如负荷、时延等)不尽相同,三个分组不一定按照原来的顺序到达,因此节点3要将它们重新排序,再送给终端B。这个简单例子很清晰地反映出数据报的特点是:

(1)整个通信直接独立传送每个分组,无须事先建立连接,短小的报文通信效率很高,因此适用于短报文传送。

(2)每个分组头包含详细的目的地址,独立选路,开销较大。

(3)每个节点自由选路,易于避开网络的拥塞路径或故障节点,因此健壮性较好。

(4)分组不能保证按原来的顺序到达,在网络终点必须重新排队。

(5)端到端的差错控制和流量控制由用户终端自行负责。

### 2. 虚电路方式

虚电路方式是两个用户终端设备在开始传输数据之前必须通过网络建立的逻辑连接,一旦这种连接建立以后,用户发送的数据(以分组为单位)将通过该路径按顺序经网络传送到达终点。当通信完成之后用户发出释放链路的请求,网络拆除该连接。这种方式非常类似电路交换中的通信过程,只不过此时网络中建立的是虚电路而非物理电路,也不像电路交换方式那样透明传输,而会受到网络负载的影响,分组可能在分组交换机中等待输出链路空闲后才进行信息传输。

两终端用户在相互传送数据之前要通过网络建立一条端到端的逻辑虚连接,称为虚电路。一旦这种虚电路建立以后,属于同一呼叫的数据均沿着这一虚电路传送。当用户不再发送和接收数据时,该虚电路拆除。在这种方式中,用户的通信需要经历连接建立、数据传输、连接释放三个阶段,即是面向连接的方式。

需要强调的是,分组交换中的虚电路和电路交换中建立的电路不同:分组交换以统计时分复用的方式在一条物理链路上可以同时建立多个虚电路,两个用户终端之间建立的是虚连接;电路交换以同步时分方式进行复用,两用户终端之间建立的是实连接。

在电路交换中,多个用户终端在固定的时间段内向所占用的物理链路发送信息,若某个时间段某终端无信息发送,其他终端也不能在分配给该用户终端的时间段内向链路发送信息。虚电路方式则不然,每个终端发送信息没有固定的时间,它们的分组在节点机内部的相应端口进行排队,当某终端暂时无信息发送时,链路的全部带宽资源可以由其他用户共享。换句话说,在建立实连接时,不但确定了信息所走的路径,同时还为信息的传送预留了带宽资源;在建立虚电路时,仅仅是确定了信息所走的端到端的路径,但并不一定要求预留带宽资源。之所以称这种连接为虚电路,是因为每个连接只有在发送数据时才排队竞争占用带宽资源。

图 5-10 的网络已建立起两条虚电路,VC1:A—1—2—3—B,VC2:C—1—2—4—5—D。所有 A 到 B 的分组均沿着 VC1 从 A 到达 B,所有 C 到 D 的分组均沿着 VC2 从 C 到达 D。在节点机 1 和 2 之间的物理链路上,VC1、VC2 共享资源。若 VC1 暂时无数据可送,网络将保持这种连接,所有的传送能力和交换机的处理能力交给 VC2,此时 VC1 并不占用带宽资源。

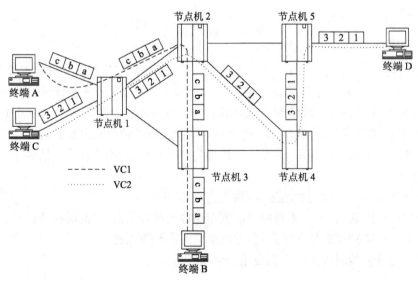

图 5-10　虚电路方式

这里,有必要将虚电路的特点归纳如下。

(1)虚电路的路由选择仅仅发生在虚电路建立时,在以后的传送过程中,路由不再改变,这将减少节点不必要的通信处理。

(2)由于所有的分组遵循同一路由,这些分组以原有的顺序到达目的地,终端不需要进行重新排序,因此分组的传输时延较小。

(3)一旦建立了虚电路,每个分组头不再需要有详细的目的地址,而只需有逻辑信道号就可以区分每个呼叫的信息,这可以减少每一个分组的额外开销。

(4)虚电路由多段逻辑信道构成,每一个虚电路在它经过的每段物理链路上都有一个逻辑信道号,这些逻辑信道级联构成端到端的虚电路。

(5)当网络链路或者设备发生故障,虚电路可能中断,必须重新建立连接。

(6)差错控制和流量控制由网络相关的节点负责。

(7)虚电路适用于一次建立后长时间传送数据的场合,其持续时间应显著大于呼叫建立时间,如文件传送、传真业务等。

(8)虚电路分为两种:交换虚电路(SVC)和永久虚电路(PVC)。交换虚电路是指在每次呼叫时用户通过发送呼叫请求分组来临时建立虚电路的方式。如果用户事先已经要求网络运营商专门建立了固定的虚电路,就不需要在呼叫时再临时建立虚电路,而可以直接进入数据传送阶段,这种方式是永久虚电路,适用于业务量较大的集团用户。

**3. 交换虚电路的建立与释放**

鉴于交换虚电路的使用最为广泛,下面进一步说明其工作过程。采用面向连接方式的交换虚电路在工作过程中分为连接建立、数据传输、连接释放三个阶段。

1)交换虚电路方式涉及的分组类型

在分析交换虚电路的连接和释放之前,先考察其中要用到的几个分组类型,分别是:呼叫请求分组、呼叫接收分组、数据分组、释放请求/指示分组、释放确认分组,不同的分组类型通过分组头的第3字节——分组头类型标志符来区分。

(1)呼叫请求分组的格式如表5-3所示。该分组的第一个字节包含逻辑信道组号(1~4位);第二个字节为逻辑信道号;第三个字节为分组头类型标志符00001011,表示该分组是呼叫

**表 5-3　呼叫请求分组的格式**

| 8 | 7 | 6 | 5 | 4 | 3 | 2 | 1 |
|---|---|---|---|---|---|---|---|
| 0 | 0 | 0 | 1 | \multicolumn{4}{c}{逻辑信道组号} |
| \multicolumn{8}{c}{逻 辑 信 道 号} |
| 0 | 0 | 0 | 0 | 1 | 0 | 1 | 1 |
| \multicolumn{4}{c}{主叫 DTE 地址} | \multicolumn{4}{c}{被叫 DTE 地址} |
| \multicolumn{8}{c}{被叫 DTE 地址(若干字节)} |
| \multicolumn{8}{c}{主叫 DTE 地址(若干字节)} |
| 0 | 0 | \multicolumn{6}{c}{业务字段} |
| \multicolumn{8}{c}{业务字段(若干字节)} |
| \multicolumn{8}{c}{呼叫用户数据(若干字节)} |

请求分组；第四个字节的高 4 位表示主叫 DTE 地址，低四位表示被叫 DTE 地址，分别用来指示主叫 DTE 地址和被叫 DTE 地址的长度；第五个字节开始为被叫 DTE 地址，具体的字节长度由第四个字节的被叫 DTE 地址长度值来确定；紧接着是主叫 DTE 地址，其占用的字节数由主叫 DTE 地址长度来确定；再下面是业务字段长度，若干个字节的业务字段和呼叫用户数据分别用来向交换机说明用户所选的补充业务及在呼叫过程中发端 DTE 向收端 DTE 传送的用户数据。

（2）呼叫接收分组格式如表 5-4 所示。呼叫接收分组类型标志符为 00001111。

表 5-4　呼叫接收分组的格式

| 8 | 7 | 6 | 5 | 4 | 3 | 2 | 1 |
|---|---|---|---|---|---|---|---|
| 0 | 0 | 0 | 1 | 逻辑信道组号 | | | |
| 逻辑信道号 | | | | | | | |
| 0 | 0 | 0 | 0 | 1 | 1 | 1 | 1 |

（3）数据分组的格式如表 5-5 所示。它是用来传送用户数据的分组包，其中的 P(S) 是发送数据分组的序号，P(R) 是期望的接收序号。采用模 8 方式时，P(R)、P(S) 占 3bit，第一字节中的 SS=01；采用模 128 方式时，P(R)、P(S) 占 7bit，第一字节中的 SS=10；P(R)、P(S) 是分组层流量控制和重发纠错的基础。M(More data) 比特为后续数据比特，指示该分组后是否有属于同一报文的后续分组。

表 5-5　数据分组的格式

| 8 | 7 | 6 | 5 | 4 | 3 | 2 | 1 |
|---|---|---|---|---|---|---|---|
| Q | D | 0 | 1 | 逻辑信道组号 | | | |
| 逻辑信道号 | | | | | | | |
| P(R) | | M | P(S) | | | | 0 |
| 用户数据 | | | | | | | |

（a）模 8 方式

| 8 | 7 | 6 | 5 | 4 | 3 | 2 | 1 |
|---|---|---|---|---|---|---|---|
| Q | D | 1 | 0 | 逻辑信道组号 | | | |
| 逻辑信道号 | | | | | | | |
| P(S) | | | | | | | 0 |
| P(R) | | | | | | | M |
| 用户数据 | | | | | | | |

（b）模 128 方式

（4）释放请求/指示分组的格式如表 5-6 所示。第 4 字节为释放原因。

表 5-6　释放请求/指示分组的格式

| 8 | 7 | 6 | 5 | 4 | 3 | 2 | 1 |
|---|---|---|---|---|---|---|---|
| 0 | 0 | 0 | 1 | 逻辑信道组号 | | | |
| 逻辑信道号 | | | | | | | |
| 0 | 0 | 0 | 1 | 0 | 0 | 1 | 1 |
| 释　放　原　因 | | | | | | | |

（5）释放确认分组的格式如表 5-7 所示，分组头类型标志符为 00010111。

表 5-7 释放确认分组的格式

| 8 | 7 | 6 | 5 | 4 | 3 | 2 | 1 |
|---|---|---|---|---|---|---|---|
| 0 0 0 1 | | | | 逻辑信道组号 | | | |
| 逻辑信道号 | | | | | | | |
| 0 0 0 1 0 0 1 1 | | | | | | | |

2）虚电路的连接

虚电路的连接过程如图 5-11(a)所示，如果数据终端 DTE-A 要与数据终端 DTE-B 通信，则 DTE-A 发出呼叫请求分组。交换机 A 在收到呼叫请求分组后，根据其被叫 DTE 地址，选择通往交换机 B 的路由，并由交换机 A 发送呼叫请求分组。由于交换机 A 至交换机 B 之间的时分复用信道与 DTE-A 至交换机 A 之间信道的具体情况不同，所以两者的逻辑信道号可能不同。为此，交换机 A 应建立一张如图 5-11(b)所示的逻辑信道对应表，其中 $D_A$ 表示 DTE-A 进入交换机 A，逻辑信道号为 10；$S_B$ 表示交换机 A 出去的下一站是交换机 B，逻辑信道号为 50。通过交换机 A 把上述入端逻辑信道号 10 和出端逻辑信道号 50 连接起来。

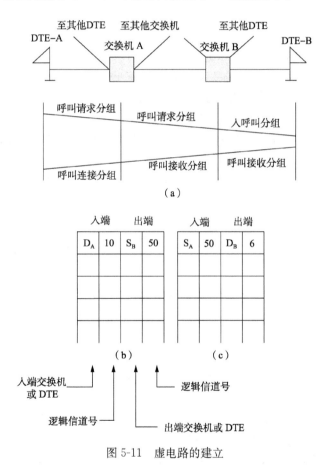

图 5-11 虚电路的建立

同理，交换机 B 根据交换机 A 发来的呼叫请求分组再发送呼叫请求分组至 DTE-B，并在该交换机内也建立一张逻辑信道对应表，如图 5-11(c)所示。$S_A$ 表示进入交换机 B 的是交换机 A，逻辑信道号为 50；$D_B$ 表示交换机 B 出去的是 DTE-B，逻辑信道号为 6。通过交换机 B 再把它的入端逻辑信道号 50 和出端逻辑信道号 6 连接起来。对于 DTE-B 来讲,它是被叫终端,所以从交换机 B 发送的呼叫请求分组应称为入呼叫分组,其格式与呼叫请求分组一样。

当 DTE-B 可以接入呼叫时便发出呼叫接受分组。由于 DTE-A 至 DTE-B 的路由已经确定,所以反向的呼叫接收分组只有逻辑信道号,无主叫、被叫 DTE 地址,呼叫接收分组的逻辑信道号与呼入分组的逻辑信道号相同。该呼叫接收分组经交换机 B 接收后,再向交换机 A 发送另一呼叫接收分组,交换机 A 接收该分组后,再向 DTE-A 发送呼叫连接分组,其格式也同呼叫接收分组一样。DTE-A 收到该呼叫连接分组后就完成了 DTE-A 至 DTE-B 之间的虚电路建立。

虚电路建立后,就进入数据传输阶段。DTE-A 或 DTE-B 将要传送的数据分割成一个个数据分组进行传送,格式如表 5-5 所示。数据分组只有逻辑信道号而没有被叫 DTE 号。至少要用 8 个十进制数才能表征终端 DTE 号,而 1 个十进制数至少需用 4 个二进制来表示,那么被叫地址就要占用 32 位,现在每个数据分组只用了 12 位的逻辑信道号,这可以大大减少了数据分组的开销,从而提高传输效能。

数据分组中的 P(S) 为发送数据分组的顺序编号,P(R) 为接收端对发送端发来数据分组的应答,表明对方发送来的 P(R)-1 以前的数据分组已正确接收,希望对方下一次发送数据分组的序号为 P(R)。虚电路通过分组交换机内的入端、出端对应表把两个不同的链路及两个不同的逻辑信道号连接起来。由图 5-11(b) 可见,DTE-A 至交换机 A 所用的逻辑信道号为 10,它与交换机 A 至交换机 B 的逻辑信道 50 联系起来,交换机 B 又将逻辑信道 50 与到 DTE-B 之间的逻辑信道号 6 联系起来,由此构成一条自 DTE-A 至 DTE-B 的虚电路。由于 DTE-A、DTE-B 在交换机 A、交换机 B 的入端号分别为固定的 $D_A$、$D_B$,所以虚电路一经建立,数据分组只需用逻辑信道号表示该链路,无须再由 DTE 地址来表示去向。

虚电路的释放过程与其建立过程相似,只是主动要求释放方必须首先发出释放请求分组,并获得交换机发送的确认信号才算释放了虚电路。当 DTE-A 发送释放请求时,虚电路释放过程如图 5-12 所示。释放请求分组与释放指示分组的格式相同,参见表 5-6。

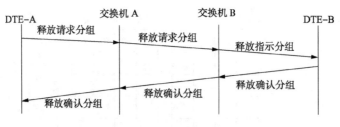

图 5-12　呼叫释放过程

通过以上分析,可以将虚电路看成由多个逻辑信道级联而成,这就保证了虚电路的出端分组序号次序一致,也即可把虚电路看成先进先出的队列。

在虚电路方式下,一次数据通信包括呼叫建立、数据传输和呼叫释放三个阶段。数据分组不需要包含终点地址,对于数据量较大的通信传输效率高。

数据分组按建立的路径,依次按顺序通过网络,在网络终点不需要对数据重新排序,相对数据报方式而言分组传输时延小,而且不容易丢失数据分组。

网络中的链路或设备产生故障时,虚电路可能中断连接,需要重新呼叫,建立新的连接。但是现在许多采用虚电路方式的网络已能提供呼叫重新连接的功能。当网络出现故障时,网络自动选择并建立新的虚电路,而不需要用户重新呼叫,并且不丢失用户数据。

### 5.2.7 差错控制

本章曾提及在计算机网络发展初期,传输媒介主要是电话网,在双绞线模拟信道中传送计算机数据,传输质量较差,导致数据传输的差错率较大,数据链路层的主要功能之一就是为了解决可靠传输的问题。数据链路层协议从最简单的停止等待协议、发送窗口大于1的连续 ARQ、选择重传 ARQ 等,发展到更强大的滑动窗口协议。

本节前面提及数据链路层利用 HDLC 帧格式中 FCS 字段,存放对所承载的分组生成 CRC 校验码。当对端分组交换机接收后,利用 CRC 校验运算判断是否存在差错。但是,应该考虑到 CRC 差错检测技术仅能使接收无差错,即接收端丢弃了错误的帧,凡是接收了的帧均认为无传输差错。另一方面,可靠传输涉及传输到接收端的帧无差错、无丢失、无重复、无乱序,就必须增加确认和重传机制。因此,分组交换网中的差错控制包括差错检测和差错纠正两个方面的功能。

自动请求重发(ARQ)的原理是如果接收端检验出接收到的数据分组有差错,就向发送端发出重发请求,发送端收到重发请求后重发数据分组,如此循环交替,直到收到正确的数据分组为止。

预防性重发的原理是接收端只对接收的正确数据分组向发送端发出确认应答,如果发送端在一定时间内收不到确认应答,或发现确认和数据分组序号不连续,就重发没有确认的数据分组。

在运用反馈重发方法中,如果由于信道情况特别恶劣,或是其他原因,导致数据分组总是出错,在这种情况下,反复重发也徒劳无益,反而导致信道长时间无效占用,甚至使信道进入死锁状态,为了防止这种情况,一般在接收方或发送方都设置一个最大重发次数 $N$,超过这个 $N$ 时就停止反馈重发过程,报告故障发生。

更为严重的是甚至连请求重发的数据分组也收不到,或任何数据分组都不能传送,导致通信双方进入无限期的等待状态。为防止这种情况发生,一般在接收方和发送方都设置一个时间常数 $T$,如果在时间 $T$ 内收不到任何数据分组,就停止反馈重发过程,报告故障发生。

通信网上两个终端之间的通信往往要经过若干段用户链路和中继链路才能完成,与此相对应的反馈重发机制有两种实施办法。第一种办法是端对端反馈重发,即反馈重发只在两个终端之间进行,中间链路段上的交换机没有反馈重发机制,也不对数据分组的差错进行检验。第二种办法是逐段反馈重发,即在这若干段用户链路和中继链路中的每一段上进行差错检验和反馈重发。

一般而言,逐段反馈重发方法的效率较高。这是因为,如果使用端对端方法,在若干段链路上的任一段发生了差错都要在整个链路上(包括若干段链路)进行反馈重发,而使用逐段反馈重发的方法则只要在发生了差错的一段上进行反馈重发即可。所以,分组交换方式采用逐段反馈重发的方法。

### 5.2.8 流量控制

流量控制是分组交换网中的基本管理控制功能之一,目标是让网络各链路上的流量维持在一个合理、均匀、平滑的水平,以提高网络的吞吐能力和可靠性,防止阻塞。分组交换网的流量控制特别重要,原因如下所述。

(1)分组交换网中的链路是统计复用的,必须用流量控制的方法来防止链路过分拥挤及分组排队等待时间过长。在电路交换中,一对终端在通信时得到的一条信道供这个通信专用,并可以满足其最大的通信能力要求,因此不需要排队,所以不存在这个问题。

(2)接入分组交换网的终端速率可能存在差异,用流量控制的方法可以限制某快速终端发出数据的速率,或者限制向慢速终端发送过多的分组。在电路交换中,所有终端的通信速率都一样。

(3)为了让分组交换网运行在一个正常水平,流量控制方法可让分组交换机在其不能处理更多的数据时抑制源端发送数据。

(4)电路交换是立即损失制,即若路由选择时没有选择到空闲的中继电路,该呼叫建立就告失败。因此,只要根据预测话务量配备足够多的中继电路,就能保证呼叫接通率。分组交换属于时延损失制,只要传输链路不全部阻断,路由选择总能选到一条链路,但是如果链路上待传送的分组过多,传送时延就会急剧增加,从而降低网络性能,严重时甚至会使网络崩溃。

网络负载与拥塞、吞吐量和时延之间的大致关系如图 5-13 所示,如果没有适当的流量控制,随着网络负载的增加,进入严重拥塞状态区域后,吞吐量可能急剧下降,直到崩溃。另一方面,流量控制对吞吐量和时延的影响相当重要,图 5-14(a)中有流量控制的网络,即使负荷继续增加,其吞吐量仍然能较好地保持稳定。图 5-14(b)中有流量控制时,网络即使处于超负载状态,分组平均时延仍然能处于较小的水平。因此,流量控制是分组交换网一项必不可少的基本功能。

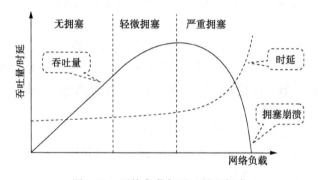

图 5-13　网络负载与吞吐量和拥塞

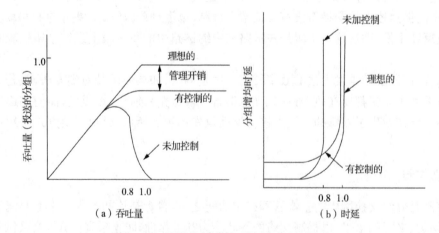

图 5-14　流量控制对吞吐量和时延的影响

流量控制可以从以下几个方面出发进行考虑和设计:用户级的端到端流量控制、网络级的端到端流量控制、终端与网络节点之间的点对点流量控制、相邻节点之间的点到点流量控制。基本原理是接收端发送特殊的数据分组给发送端,依靠该数据分组来控制发送端停止发送数据或重新发送数据。

具体的流量控制方法有多种,如"滑动窗口"方法:把已经发送出去但尚未收到应答的数据分组数(或字节数)记作 $N$,并令 $N$ 不可大于某一常值 $W$,也就是窗口尺寸。使用这种流量控制方法,只要由接收端控制应答的发送,就可控制发送方发送信息的速率。

静态或动态(基于调整算法)的窗口尺寸很关键,如果 $W$ 很大,则对流量控制的响应可能不够及时;同时 $W$ 也不能太小,如果终端从发送一个数据分组到收到它的响应时间是 $T$,在这段时间内终端共可发送 $M$ 个数据分组,假设 $W<M$,那么终端在任何时候都不能以全速发送数据,则传输效率不高。这种方法既适合于点对点的流量控制,也适用于端到端的流量控制。X.25 协议的分组层和数据链路层都采用了这种方法进行流量控制。

另外,流量控制还有其他方法如令牌网"许可证"法及用于报文交换的"缓冲区预约"法等。

### 5.2.9 帧中继

X.25 作为经典的计算机网络协议能提供可靠交付。在 20 世纪 80 年代后期,通信主干线路开始大量使用光缆,数据传输质量大大提升,误码率降低了几个数量级,X.25 复杂的数据链路层协议和分组层协议已经成为多余。PC 机市场扩大使价格急剧下降使得无盘工作站退出通信市场,更多的通信应用涌现,其中的许多应用对于分组交换的速率提出更高要求,即要求新的、快速的分组交换技术,而帧中继 Frame Relay,FR 正是应用最成功的快速分组交换技术。

帧中继起源于分组交换技术,是经简化的 X.25 协议,目标是减少节点处理时间,从而提升分组网络的速率。它取消了分组交换技术中的数据报方式,而仅采用虚电路方式,向用户提供面向连接的数据链路层服务。

类似于分组交换,帧中继也采用统计复用技术,但它是在链路层进行统计复用,这些复用的逻辑链路用 DLCI 来标识。类似于 X.25 中的 LCN,当帧通过网络时,DLCI 并不指示目的地址,而是标识用户和网络节点及节点与节点之间的逻辑虚连接。在帧中继中,由多段 DLCI 的级连构成端到端的虚连接(X.25 中称为虚电路),目前在网中只提供永久虚电路业务,帧中继的虚连接通过 DLCI 来实现。

当帧中继网只提供 PVC 时,每一个帧中继交换机中都存在 PVC 转发表,当帧进入网络时,帧中继通过 DLCI 值识别帧的去向。其基本原理与分组交换过程类似,不同的是帧中继在链路层实现了网络(线路和交换机)资源的统计复用,而分组交换(X.25)在分组层实现统计时分复用。帧中继中的虚连接由各段的 DLCI 级连构成,而 X.25 的虚电路由多段 LCN 级连构成。

在帧中继网中,一般都由路由器作为用户,负责构成帧中继的帧格式。路由器在帧内设置一个 DLCI 值,将帧经过本地 UNI 接口送入帧中继交换机,帧中继交换机首先识别到帧头中的 DLCI,然后在相应的转发表中找出对应的输出端口和输出的 DLCI,从而将帧准确地送往下一个节点机。如此循环往复,直至送到远端 UNI 处的用户,途中的转发都按照转发表进行。

帧中继不使用差错纠正和流量控制机制,检测到有差错的节点要立即中止本次传输,当中止传输的指示到达上一个节点后,该节点就立即中止该帧的传输,最后该帧就会从网络中消除。源节点的高层协议负责请求重发该帧。

当帧中继交换机收到一个帧的首部时,只要一查出帧的目的地址就立即进行转发,因此单帧处理时间比 X.25 网络减少一个数量级。

帧中继的呼叫控制信令在与用户数据分开的另一个逻辑连接上传送,这与 X. 25 很不相同。帧中继逻辑连接的复用和交换都在数据链路。帧中继网络向上层提供面向连接的虚电路服务,通常是永久虚电路(PVC),如图 5-15 所示。

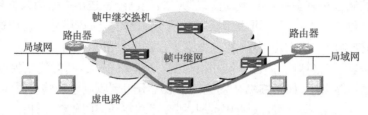

图 5-15　帧中继提供虚电路服务

## 5.3　局域网交换技术

前两节讨论了从最初的远程计算机数据传送的解决办法,到为实现多个计算机之间数据通信而随之产生的分组交换网,其典型应用 X. 25 网和帧中继网实现了无论远近,传输覆盖所至,数据通信即能达到的人类数据通信需求。

然而,构建和扩展这样的分组交换网比较复杂,成本也相当高。对于属于同一企业和单位内部的数据通信需求,因地理范围不大且站点分布密集,所以采用分组交换网显然非常不适合。局域网技术于是应运而生。

作为推动数据通信网络大发展而使人类进入信息化时代的要素之一,当今世界数据通信网络中运用最为广泛、数量最大的数据网络是局域网。采用局域网技术能方便快捷地搭建起小范围的数据通信网以实现设备、主机及软件、数据等共享,而且易于扩展和升级,可靠性、可用性和健壮性等方面也都相当令人满意。

美国 Xerox 公司的 PARC 研究中心于 1975 年推出了一种基于总线的局域网,当时速率为 2.94Mbit/s,以无源电缆作为总线来传送数据帧,并以假说中无处不在的物质以太(Ether)来命名。1980 年,DEC 公司、Intel 公司和 Xerox 公司联合提出了 10Mbit/s 以太网协议的第一个版本 DIX V1。1982 年,推出第二个版本 DIX Ethernet V2,成为世界第一个局域网产品的协议。

参照 DIX Ethernet V2,IEEE 802 工作组于 1983 年制订了 IEEE 802.3,所以它与 DIX Ethernet V2 非常类似。同时,IEEE 802.4 令牌总线网、IEEE 802.5 令牌环形网也陆续推出。为了增强数据链路层的适应性,802.3 标准里将其划分为两个子层:逻辑链路控制(LLC)和媒体接入控制(MAC)子层,LLC 与传输媒体无关,易于实现不同传输媒介的子网之间的互联互通。但是,很多网卡上就仅有 MAC 协议而没有 LLC 协议,主要遵循的是 DIX Ethernet V2 协议,所以自 20 世纪 90 年代开始,以太网在局域网市场上取得垄断地位,并成为局域网的代名词。TCP/IP 协议在局域网上广泛使用,Internet 得以发展成为全世界覆盖最广泛的数据通信网。

### 5.3.1　以太网帧结构与 MAC 地址

1. 以太网 MAC 帧结构

以太网 MAC 帧结构通常用到两种,分别定义在 DIX Ethernet V2 和 IEEE 802.3 标准中。

现在,MAC 帧一般都是以太网 V2 的格式,由目的地址、源地址、协议类型和数据等 4 个字段构成,详见图 5-16。

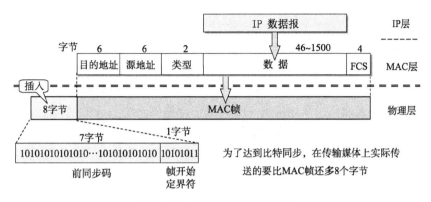

图 5-16 以太网 V2 的帧格式

前面两个 6 字节长的目的地址和源地址字段分别标识该帧接收者的地址和发送该帧的计算机。2 个字节的类型字段标志其上一层使用何种协议,以及该把收到的 MAC 帧的数据字段内容交给何种类型的上一层进一步处理。例如,0x0800 的类型代表 IP 数据报,0x8137 标示该帧由 Novell IPX 发来。第 4 个字段是数据字段,即 MAC 客户数据字段,长度范围 46 到 1500 字节。最后一个字段是 4 个字节的帧检验序列。当传输媒体的误码率为 $10^{-8}$ 时,以太网 MAC 子层未检测到的差错率小于 $10^{-14}$。

当数据字段的长度小于 46 字节时,MAC 子层会在数据字段之后加挂一个整数字节的填充字段,最终保证以太网的 MAC 帧长不小于 64 字节。

MAC 帧的字段没有指示数据字段的长度,那么上层协议如何知道数据字段的长度实际是多少呢?留给读者思考。

IEEE 802.3 标准规定的无效 MAC 帧有:数据字段的长度与长度字段的值不一致;帧的长度不是整数个字节;用收到的帧检验序列(FCS)查出差错;数据字段的长度在 46~1500 字节范围以外的 MAC 帧,直接丢弃经检查无效的 MAC 帧,以太网不负责重传丢弃的帧。

MAC 子层的标准还规定了帧与帧之间的最小时间间隔为 $9.6\mu s$。

2. MAC 地址

以太网总线型结构以广播方式发送数据,发送的数据帧携带了接收者的唯一地址信息,这样其他所有的计算机收到这个数据帧后提取这个地址信息与自身地址信息比对,如果相同,就说明自身就是这个数据帧的接收者,反之,则不予理睬。显然,在局域网中这个地址信息非常关键,被称为硬件地址,或物理地址或 MAC 地址。IEEE 802 标准规定的一种二进制 EUI-48 地址,为 48 字节长的全球地址,固化在网卡 ROM 的地址中,严格说来,应该算是一个"标识符",如 de:ac:16:01:22:88。

网卡上的硬件地址可标识插有该网卡的计算机。当路由器通过网卡连接到局域网时,网卡上的硬件地址代表了插着这个网卡的路由器的某个接口,即如果路由器连接到两个网络上,路由器就有两块网卡和两个硬件地址。

单播(unicast)时,某计算机收到的帧中的 MAC 地址与该计算机的硬件地址相同。

广播（broadcast）代表该帧应发给局域网内所有的计算机，广播帧的地址信息为全 1。

多播（multicast）代表仅有特定的部分计算机接收该帧。

### 5.3.2　以太网的交换原理

以最简单方便且可靠的方法把相对距离较近的计算机相互连起来以实现高速的数据通信，这正是局域网及以太网设计的根本目标。

由于总线型方式被认为是最容易实现且最开放的组网方式，而且总线可以是因无源而提高可靠性，于是采用将许多计算机都连接到一套类似于计算机系统总线的结构上的设计方案。这样的效果即是：这个结构上的任何一台计算机发送数据时，其余的计算机都能检测到这个数据，即广播方式，这种连接方式简单又可靠。为了能在这样的总线架构上实现点对点的数据通信，设计出唯一的标识作为区分的办法，即为每一台计算机分配一个与其他计算机都不同的地址，在所发送数据帧的首部地址字段写入接收计算机的地址，仅当某计算机的地址与这个数据帧中的目的地址一致时，该计算机才会接收这个数据帧。也就是说，计算机对不是发送给自己的数据帧一律不接收。图 5-17 就是以太网这种收发识别模式的示例。

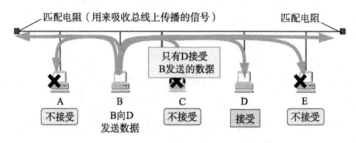

图 5-17　总线型局域网的数据收发模式

为了实现简便易用的设计目标，以太网采用无连接工作方式，即不必先建立连接就可以直接发送数据。另外，也不要求收到数据的目的站专门回送确认帧，这归因于小范围局域网物理信道的质量较好，产生差错的概率小，故以太网提供不保证可靠服务的数据传送，只是尽最大努力的交付，即 best effort。

如果当目的地计算机发现收到的数据帧有差错（如校验失败）时，直接丢弃这个差错帧，当成没收到过该帧。差错数据的重传由高层（网络层之上的层）负责。例如，基于 TCP 的传输层可以发现丢失了数据帧，根据预先确定的算法，传输层就会发出专门的请求，要求重传。以太网把重传帧都按新的数据帧对待。

以太网设计中还有一个关键问题，即如何避免网上各个计算机发送数据时的冲突问题。众所周知，总线方式中只要有一台计算机在发送数据，整个总线系统就专门为这台计算机服务，即总线的传输资源被占用。也就是说，同一时刻只能允许一台计算机发送数据，否则多个计算机发送的数据帧所造成的相互干扰必然会让接收者无法分辨。

对此，以太网专门设计了一种协调方法：载波监听多点接入/碰撞检测（Carrier Sense Multiple Access with Collision Detection，CSMA/CD）。CSMA/CD 的主要思想包括三个环节：多点接入、载波监听、碰撞检测。

多点接入就是指前面说明过的基于无连接总线型连接架构，即若干计算机以多点接入的方式连接在一套传输电缆（总线）上。

载波监听的工作原理是以太网物理层标准中规定的各个计算机发送的数据是采用曼彻斯特编码的信号,接收者可以提取同步时钟信号;还规定各网卡接口通过电子技术检测总线上是否存在信号,每一个计算机在发送数据帧之前都必须先检测总线上是否有其他计算机正在发送数据帧,如果有,则暂时不发送数据帧以避让。

简而言之,碰撞检测就是计算机一边发送数据一边检测信道上的信号电压大小。若几个计算机同时在总线上发送数据,总线上的信号电压变化会比较剧烈。当一台计算机检测到的信号电压变化超过一定的门限值时就判定总线上至少有两个站同时在发送数据,这就说明总线上产生了碰撞冲突,也意味着接收者无法从收到的信号中提取有效信息。因此,以太网标准规定一旦检测到碰撞,就立即停止发送,并采用一种特定的算法(截断二进制指数类型退避算法)等待一段时间后再次尝试发送。另外,以太网还规定了一种强化碰撞的措施,当发送数据的计算机检测到碰撞时,除了立即停止发送数据,还额外发送若干比特的人为干扰信号(jamming signal),让所有用户都知道正发生了碰撞。

初次接触这个问题的读者也许会有疑问:电信号传输速度那么快,只要每个计算机发送数据前检测到没有其他计算机在发送数据,就几乎不会碰撞,即使有碰撞,其概率应该相当小以致可以忽略。事实上,电磁波在总线上总以有限的速度传播,因此当某个站监听到总线空闲时,也可能总线实际并非空闲,即另一个站刚刚发送了第一个信号,而此信号还没有到达该站。显然,在使用 CSMA/CD 协议时,计算机不可能同时进行发送和接收,也即使用 CSMA/CD 协议的以太网不可能进行全双工通信,只能进行双向交替通信的半双工通信。

### 5.3.3 以太网的转发与交换

在实际的使用环境下,一个单位或公司往往有若干局域网,自然就需要实现局域网之间的通信,这就需要用相应的网络设备将这些局域网互联起来。例如,可以用集线器或转接器在局域网的物理层上进行扩展,也可以用网桥或局域网交换机在数据链路层上进行扩展,还可以用路由器或三层交换机在网络层上进行扩展。

#### 1. 物理层转发技术

1990 年,IEEE 推出了星型网 10BASE-T 802.3i 标准,即基于无屏蔽双绞线的 10Mbit/s 局域网。这是局域网发展史上的重要里程碑,使得以太网很快垄断了局域网。

10BASE-T 的通信距离较短,要求在 100m 内。如果需要适当延长通信距离,则需要用转发器(repeater)进行中继。转发器负责将信号放大并整形后再转发出去,以消除信号因经过长距离传输而产生较大的失真或衰减。失真或衰减信号的波形和电平达不到要求指标。如果同时还需要进一步扩展物理层结构,则可以使用集线器。

由集线器构建的局域网在物理上是星型网,因集线器使用电子器件来模拟实际电缆线的工作电路,所以基于集线器的以太网在逻辑和实质上仍然是一个总线网,使用 CSMA/CD 协议共享逻辑上的总线。

集线器通常配有若干端口,如 8 口、16 口、32 口等,每个端口由 RJ-45 插头通过两对双绞线与一台计算机上的网卡相连。因此,集线器相当于多端口的转发器,同样工作在物理层。

当集线器的某个端口接收到计算机发来的数据时,就简单地将该数据向全网所有其他端口转发,集线器内部工作电路如图 5-18 所示,显然,这就是一个总线型系统。

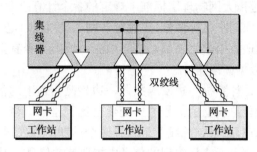

图 5-18    集线器的工作原理

随着集线器的发展,集线器逐步采用专用芯片进行自适应串音回波抵消或近端串音消除。多个集线器可连成更大的局域网。图 5-19 的案例是通过一个主干集线器把多个集线器连接起来以构成一个更大的扩展局域网,每个部门的局域网都是一个独立的碰撞域(又称为冲突域)。在任何时刻,仅有一台计算机可以发送数据,A、B、C 三个部门通过集线器互连起来后组成一个更大的碰撞域,使原来属于不同碰撞域的局域网上的计算机能够进行跨碰撞域的通信。

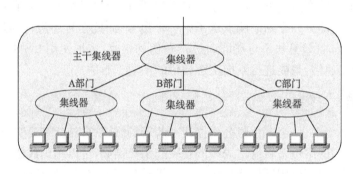

图 5-19    多个集线器分级连接构成更大的局域网

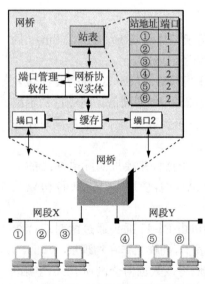

图 5-20    网桥内部工作流程

当然,碰撞域增大,总吞吐量却并未提高。另外,如果不同碰撞域的数据速率不同,碰撞域便不可互连。

**2. 数据链路层的交换**

局域网的网桥专门设计用于数据链路层的扩展,网桥根据 MAC 帧的目的地址对收到的帧进行转发,同时还具有过滤帧的功能,即当网桥收到一个帧时,先检查其目的 MAC 地址,判断其应当属于哪个网段,然后再确定将该帧转发到目的网段所对应的端口。

网桥至少应有两个端口(即硬件接口),每个端口与一个网段相连,网桥从端口接收网段上传送的各种帧,每收到一个帧就先缓存起来并查找转发表,根据帧的目的地,查询转发表中对应的端口号,然后送往对应的端口。属于同一网段的帧不会被网桥所转发。

图 5-20 给出了一个网桥内部的工作流程示例。端口 1 连接到网段 X,网段 X 有 1、2、3 号主机;端口 2 连接到网段

Y,网段 Y 则包含 4、5、6 号主机。如果网桥的端口 1 收到来自计算机 1 而将要发给计算机 3 的帧,那么网桥首先查询网桥的站表,查到计算机 1 与计算机 3 属于同一网桥端口 1,即均属于网段 X,故不需要经过网桥转发,于是对这个帧不作进一步处理。又如,网桥端口 1 收到来自计算机 1 且要发给计算机 5 的数据帧,经查询站表,发现两台计算机并不属于同一网桥端口,目的地连到端口 2,于是网桥就将这个帧交给端口 2,端口 2 以广播方式把这个帧发到网段 Y,计算机 5 根据地址比较最终确定应该自己接收,并作进一步处理。

网桥通过内部的端口管理软件和网桥协议实体来控制完成上述工作流程。可以发现,使用网桥可以实现通信量的过滤,因为每个端口对应的网段都是一个独立的碰撞域,各个网段可以同时独立并行工作。显然,这将大大减轻了全网负荷,也减少了帧的平均时延,这是前面提及的物理层集线器所不具备的功能。

通过配置不同的类型端口,网桥就能适配不同物理层、不同 MAC 子层和不同速率的局域网。具有不同 MAC 子层的网段桥接在一起时,网桥在转发一个帧之前,必须修改帧的某些字段的内容,以适合另一个 MAC 子层的要求,这将耗费时间也因此增加了时延。

另一方面,由于网桥对接收到的帧要先存储和查找站表,然后才转发,这也必然会增加一些时延。MAC 子层并没有流量控制功能,若网络负荷很重,网桥中的缓存空间可能非常紧张,甚至可能溢出,以致产生帧丢失的现象,并造成更大的时延。

网桥只适合于用户数不太多(不超过几百个)和通信量不太大的局域网,否则还会因传播过多的广播信息而产生网络拥塞,也称为广播风暴。

目前,使用得最多的网桥是透明网桥,属于即插即用设备。透明网桥连接到局域网上后很快会生成一个动态转发表,但由于很可能形成回路而引发死循环,如图 5-21 所示。

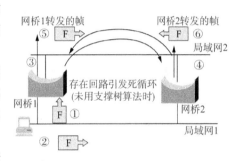

图 5-21 网桥间帧的死循环

因此,透明网桥常使用支撑树(spanning tree)算法来建立转发表,首先选择一个网桥作为支撑树的根(如选择一个最小序号的网桥),然后以最短路径为依据找出树上的每一个节点,最终形成原网络拓扑的一个子集,这个子集里的网络不存在回路,即在任何两个站之间存在一条唯一路径,这样就避免了所转发的帧不断地在网桥之间流转而引发死循环。另一方面,若相互连接的局域网的数目非常大时,支撑树的算法可能要花费较长时间,从而使得生成初始转发表或完成一次更新的时间较长。

另一种网桥是源路由选择网桥,假定了每一个站在发送帧时都已经明白发往各个目的站的路由,因而在发送帧时将详细的路由信息放在帧的首部中。当然,为了发现合适的路由,源站以广播的方式向目的站发送一个发现帧作为探测之用,发现帧在整个扩展的局域网中沿着所有可能的路由传送,并在传送过程中记录所经过的结点。一旦这些发现帧到达目的站,又沿着这个路由返回源站。源站在收到这些路径信息后从所有可能的路由中选择一个最佳路由。于是,凡是从这个源站向该目的地站发送的帧的首部都携带了这一最佳路由信息,使得这类帧都沿着这条最佳路径传送。

1990 年,交换式集线器(switching hub)出现,即以太网交换机(switch)或二层交换机,其工作在数据链路层上。以太网交换机实质上就是一个多端口网桥,常见的以太网交换机有 16 端口、32 端口、48 端口等多种规格。与普通网桥的端口分别连至局域子网相比,以太网交换机的每个端口都直接连到主机,一般也工作在全双工方式下,也就是说,交换机根据需要可以同时连通若干对端口,这样每对相互通信的主机都能单独在物理媒体上无冲突地传输数据,并在通信完成后断开连接,交换机内部用高速专用的交换结构芯片实现其交换功能。

以太网交换机采用存储转发交换方式或直通(cut through)交换方式来实现数据帧的交换。直通交换方式不是将整个数据帧存储后转发,而是在接收到数据帧时立即按目的地的 MAC 地址查询应转发出去的端口,这种方式有较高的吞吐速率;存储转发交换方式一般用于需要进行速率匹配、协议转换或差错检测等的场景下。

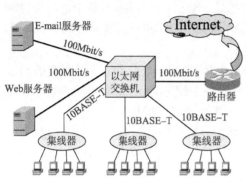

图 5-22  基于以太网交换机的扩展局域网

对于普通 10Mbit/s 的共享式以太网,则所有用户共同占用这个总带宽;使用以太网交换机时,虽然每个端口到主机的数据率还是 10Mbit/s,但由于一个用户在通信时是独占而不是和其他网络用户共享传输媒体的带宽,因此拥有 N 对端口的交换机的总容量为 $N \times 10$Mbit/s,即局域网的总吞吐量扩大了 N 倍。以太网交换机具有多种速率的端口,如 10Mbit/s、100Mbit/s、1Gbit/s 等速率的端口,图 5-22 中的以太网交换机就有 3 个 100Mbit/s 端口和 3 个连到集线器的 10Mbit/s 端口。

### 5.3.4  局域网的快速交换

前面说明了一个单位或公司可能有若干局域网,这些局域网之间的通信就需要用到相应的网络设备,既可以用集线器或转接器在物理层上进行局域网的扩展,也可用网桥或二层交换机则在数据链路层上进行扩展,还可以用路由器或三层交换机在网络层上进行扩展。

目前,广泛使用的是 100BASE-T 以太网,在双绞线上传送 100Mbit/s 基带信号的星型拓扑以太网仍使用 IEEE 802.3 协议,又称为快速以太网(Fast Ethernet)。1995 年,IEEE 正式颁布 100BASE-T 快速以太网的国际标准,即 IEEE 802.3u。

100BASE-T 可以使用交换式集线器提供很好的服务质量,可以在全双工方式下工作而无冲突。因此,CSMA/CD 协议对全双工方式工作的快速以太网不起作用。快速以太网使用的 MAC 帧格式仍然是 IEEE 802.3 标准规定的帧格式,但只使用无屏蔽双绞线(UTP)。

IEEE 802.3u 标准规定了以下 3 种不同的物理层标准。

100BASE-TX 是目前广泛使用的物理层标准,用 2 对 UTP 5 类线或屏蔽双绞线(STP)作为物理媒介,一对用于发送而另一对用于接收,信号编码为 MLT-3,即用正、负和零三种电平的变化差分地表征信息码而实现传送。

100BASE-FX 使用两根光纤,一根用于发送,另一根用于接收。信号编码是 4B/5B-NRZ1。100BASE-T4 使用 4 对 UTP 3 类线或 5 类线,这是为已使用 UTP 3 类线的大量用户而设计的,信号编码为 8B6T-NRZ。

IEEE 于 1997 年推出了千兆以太网标准 IEEE 802.3z,使用 IEEE 802.3 协议规定的帧格式,仍使用 CSMA/CD 协议,并向下兼容 10BASE-T 和 100BASE-T,有全双工和半双工两种方式,半双工方式下使用 CSMA/CD 协议。

10GE 以太网在 2002 年完成,依然使用 IEEE 802.3 协议规定的帧格式,但只使用光纤作为传输媒体,采用单模光纤的距离可以达到 40km,即使使用多模光纤,其距离也可以达到

65～300m。10GE 以太网只工作在全双工方式下,不存在争用问题,也不使用 CSMA/CD 协议。

10GE 以太网的出现使得以太网的工作范围从局域网扩大到城域网和广域网,从而实现了端到端的以太网传输,也节省了转换设备及其操作管理。另外,10GE 用于广域网的成本仅有 SONET 的五分之一、ATM 的十分之一。

10Mbit/s 以太网淘汰了 16Mbit/s 的令牌环,100Mbit/s 的快速以太网替代了 FDDI,千兆和万兆以太网挑战 ATM 在城域网和广域网的应用地位。

### 5.3.5 虚拟局域网的交换模式

IEEE 802.1Q 标准定义了虚拟局域网(Virtual LAN,VLAN),它是由一些局域网网段构成的与物理位置无关的逻辑组,通常这些网段具有某些共同的需求或目的。每一个 VLAN 的帧都有一个明确的标识符,表征发送这个帧的工作站属于哪一个 VLAN。VLAN 标记的长度是 4 字节,放置在 MAC 帧的源地址字段和长度/类型字段之间。虚拟局域网其实只是局域网给用户提供的一种服务,而并不是一种新型局域网。

虚拟局域网限制了接收广播信息的工作站数,使得网络不会因传播过多的广播信息(即所谓的广播风暴)而引起性能恶化。同属一个 VLAN 的每个站可以听到其他成员发出的广播。

图 5-23 中的虚拟局域网由 4 个具有 VLAN 功能的交换机组成,其中 1 个交换机负责汇聚,另外 3 个交换机分别属于 3 个局域网。例如,最上面的以太网交换机所在局域网有 $A_4$、$B_3$、$C_3$ 等 3 台主机。利用以太网交换机将这 10 个工作站划分成 3 个 VLAN,如 $VLAN_2$ 由 $B_3$、$B_2$、$B_1$ 三台主机构成。属于同一 VLAN 的每个站都可以给同一 VLAN 上的其他成员发出广播,但若干主机却代表另一种方式的虚拟划分。例如,工作站 $B_1$、$B_2$、$B_3$ 同属于 $VLAN_2$,当 $B_1$ 发出数据时,$B_2$、$B_3$ 能收到广播的信息,尽管它们不属于同一以太网交换机。另外,$B_1$ 发送数据时,$A_1$、$A_2$ 和 $C_1$ 都不会收到,尽管它们属于同一以太网交换机。这样的效果说明 VLAN 限制了接收广播信息的工作站数量,使得网络不会因传播过多的广播信息(广播风暴)而引起性能恶化。

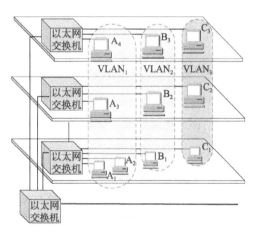

图 5-23 VLAN 工作原理图

# 5.4 IP 路由交换技术

Internet 在短短 20 多年中把世界亿万计算机用户互联在一起,Internet 完成网络互联和信息交换主要用路由器来实现。每个计算机终端在发起呼叫前,首先把要进行交互的数据信息按照网际协议(IP)的要求加入目的地址和本地地址及其他控制信息并封装成 IP 包交给路由器,由路由器完成下一段传递路线的选择并投递至下一站,最终一段一段地传递到目的地。

Internet 上 IP 包的传递采用面向无连接的交换方式,以尽力交付服务为宗旨。随着宽带多媒体业务和实时业务应用的发展,以路由器为基础的 Internet 运行数十年的无记录、逐跳转发分组传送方式难以满足高吞吐、高带宽、低时延及 QoS 的要求。近年来不断有改良优化技术、新兴转接及交换技术涌现,TCP/IP 的广泛使用,使得 Internet 发展成为全世界覆盖最广的数据通信网。

　　为了让读者更好地理解路由交换技术,本节首先介绍当今信息网络中最为核心的 TCP/IP 协议族,然后分析路由交换技术,最后讨论标记交换技术。

### 5.4.1　TCP/IP 网络体系结构

　　两台计算机之间进行通信需要的基本功能包括:发起通信的计算机必须将数据通信的通路激活,即通过发出信令保证要传送的计算机数据能在这条通路上正确发送和接收;然后通知网络如何识别接收数据的计算机;发起通信的计算机必须查明对方计算机是否已准备好接收数据;发起通信的计算机必须明白,对方计算机的文件管理程序是否已完成文件接收和存储文件的准备工作,若计算机的文件格式不兼容,则至少其中的一个计算机应完成格式转换功能;对于出现的各种差错和意外事故,如数据传送错误、重复或丢失,网络中某个节点交换机出故障等,应当有可靠的措施保证对方计算机最终能够收到正确的文件。

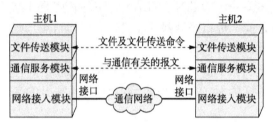

图 5-24　简单的通信协议分层示例

　　除上面最基本的功能外,相互通信的计算机系统之间必须协调工作,解决的思路是层次化各功能实体。简单的通信协议分层架构如图 5-24 所示。

　　1. 计算机网络体系结构的形成

　　1974 年,IBM 公司宣布了其研制的系统网络体系结构(System Network Architecture, SNA)。现在它是世界上使用得相当广泛的网络体系结构。国际标准化组织(ISO)于 1977 年成立了专门的机构研究如何让不同体系结构的计算机网络能实现互连,最终提出了一个试图使各种计算机在世界范围内互连成网的标准框架,即著名的开放系统互连基本参考模型(Open Systems Interconnection Reference Model, OSI RM),简称为 OSI,并在 1983 年形成了开放系统互连基本参考模型的正式文件,即著名的 ISO 7498 国际标准。

　　尽管 OSI 七层协议体系结构概念清晰,理论也较完整,但它既复杂又不实用,最终未被实际试用。OSI 七层的名称自顶而下依次是:应用层、表示层、会话层、运输层、网络层、数据链路层、物理层。

　　网络协议是为进行网络中的数据交换而建立的规则、标准或约定。一个网络协议主要由 3 个要素组成:语法,即数据与控制信息的结构或格式;语义,即需要发出何种控制信息,完成何种动作及做出何种响应;同步,即事件实现顺序的详细说明。分层的目标是各层之间相互独立;灵活性好;结构上可分割开;易于实现和维护;能促进标准化工作;层数与每层完成任务之间的平衡。

　　计算机网络的各层及其协议的集合称为网络的体系结构(architecture),也就是说,计算机网络的体系结构就是这个计算机网络及其部件所应完成的功能的精确定义。

- 差错控制:使得和网络对等端的相应层次的通信更加可靠。
- 流量控制:使得发送端的发送速率不至于太快,使接收端能及时接收。
- 分段和重装:发送端将要发送的数据块划分为更小的单位,接收端将其还原。
- 复用和分用:发送端几个高层会话复用一条低层的连接,接收端再进行分用。
- 连接建立和释放:交换数据前先建立一条逻辑连接,数据传送结束后释放连接。

### 2.TCP/IP 五层协议的体系结构

事实的国际标准是 TCP/IP 五层协议体系结构:应用层、运输层、网络层、数据链路层和物理层,图 5-25 表现应用进程的数据在各层之间的传递过程中所经历的变化和表现形式。

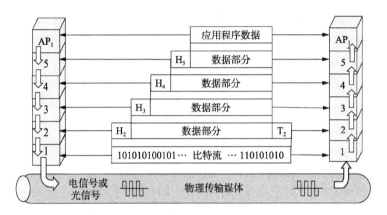

图 5-25　TCP/IP 五层协议体系结构

应用层(application layer)是原理体系结构中的最高层。应用层确定进程之间通信的性质以满足用户的需要(这反映在用户所产生的服务请求)。

运输层(transport layer)的任务就是负责主机中两个进程之间的通信,其数据传输的单位是报文段(segment)。运输层具有复用和分用的功能。Internet 的运输层可使用两种不同的协议,即面向连接的传输控制协议(Transmission Control Protocol,TCP)和无连接的用户数据报协议(User Datagram Protocol,UDP)。

网络层(network layer)负责为分组交换网上的不同主机提供通信。在网络层,数据的传送单位是分组或包。在 TCP/IP 体系中,分组也称为 IP 数据报或数据报。

数据链路层(data link layer)的任务是在两个相邻节点间的线路上无差错地传送以帧为单位的数据,每一帧包括数据和必要的控制信息。数据链路层负责把一条有可能出差错的实际链路转变成为让网络层向下看去好像是一条不出差错的链路。

物理层(physical layer)的任务就是透明地传送比特流。"透明"表示:某一个实际存在的事物看起来却好像不存在一样。

在 Internet 所使用的各种协议中,最重要也最著名的是 TCP 和 IP 两个协议。现在人们经常提到的 TCP/IP 并不一定指 TCP 和 IP 这两个具体的协议,而往往表示 Internet 所使用的体系结构或指整个的 TCP/IP 协议族(protocol suite)

协议和服务在概念上很不一样:首先,协议的实现保证了能够向上一层提供服务。本层的服务用户只能看见服务而无法看见下面的协议。下面的协议对上面的服务用户是透明的。其次,协议是"水平的",即协议是控制对等实体之间通信的规则,但服务是"垂直的",即服务由下层向上层通过层间接口提供。上层使用下层所提供的服务必须通过与下层交换一些命令才可,这些命令在 OSI 中称为服务原语。

服务访问点(Service Access Point,SAP)是同一系统中相邻两层的实体进行交互(即交换信息)的地方。OSI 将层与层之间交换的数据的单位称为服务数据单元(Service Data Unit,SDU)。Internet 中常用的客户-服务器工作方式如图 5-26 所示。

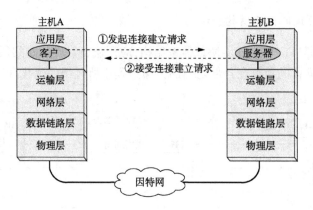

图 5-26   客户进程和服务器进程的交互

应用层协议并不是解决用户各种具体应用的协议,而是为最终用户提供服务。为了解决具体的应用问题而彼此通信的进程就称为应用进程。应用层的具体内容就是规定应用进程在通信时所遵循的协议。客户(client)和服务器(server)都是通信中所涉及的两个应用进程。客户是服务请求方,服务器是服务提供方。

### 5.4.2   网际协议(IP)

网际协议(IP)是 TCP/IP 体系中最重要的两个协议之一,其辅助协议包括地址解析协议(ARP)、逆地址解析协议(RARP)、因特网控制报文协议(ICMP)和因特网组管理协议(IGMP),它们之间的关系如图 5-27 所示。ARP 和 RARP 画在最下面,因为 IP 有时会使用这两个协议。ICMP 和 IGMP 画在 IP 之上,是因为它们要使用 IP。

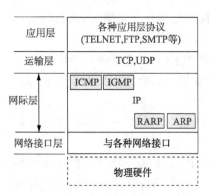

图 5-27   网际协议(IP)及其配套协议

IP 的主要功能包括无连接数据包传送、数据包路由和差错处理等 3 个部分。作为通信子网的最高层,提供无连接的数据包传送机制,协议本身非常简单,并且不保证可靠的传送。IP 层对等实体的通信位于同一物理网络,即有直接的物理连接。数据包路由根据最终目的地主机的 IP 地址来确定下一跳该是哪个点。

1. IP 数据报的格式

IP 数据报由包头和正文两部分组成,其格式如图 5-28 所示,首部为 20 字节的固定部分和可变部分。

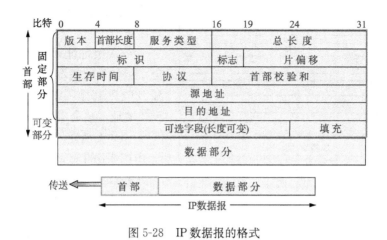

图 5-28 IP 数据报的格式

- 版本字段置为 4 表示为目前广泛使用的 IPv4 格式。
- 首部长度指示首部实际长度,以 4 个字节为基本单位,范围为 5~15。
- 服务类型(TOS)字段指示优先级、低时延、高吞吐量、高可靠性、代价更小的路由选择等。
- 总长度字段指示整个数据报的大小,单位是字节,最大为 65535 字节。
- 标识字段占 16bit,用来产生数据报的分片识别码,相同的标识字段的值使分片后的各数据报片顺利重装恢复。
- 标志字段占 3bit,标志是否还有分片或是最后的分片,是否允许分片。
- 片偏移字段占 13bit,表征较长分组在分片后,某一个分片在原分组中的相对位置。片偏移以 8 个字节为单位。与标识字段和标志字段一起共同支撑分片传送功能。
- 生存时间(TTL)字段允许数据报在网络中还能通过多少个路由器。
- 协议字段占 8bit,指出承载的数据是何种协议,以便使目的主机的 IP 层知道上报给哪部分功能程序并进一步处理。例如,ICMP 为 1;IGMP 为 2;TCP 为 6;EGP 为 8;IGP 为 9;UDP 为 17;OSPF 为 89 等。
- 首部校验和字段仅检验数据报的首部,不覆盖数据部分。因为 IP 数据报每经过一个节点都需要重新计算校验和,若包含数据部分,计算量就大多了。校验方式是反码算术运算,将所有 16bit 累加,将得到的和的反码写入校验和字段。接收端收到数据报后作相同的运算,若结果不为 0,则说明传输有错。
- 源地址字段存放发送者的 32bit 的 IP 地址。
- 目的地址字段存放接收者的 32bit 的 IP 地址。
- 可选字段用于存放安全保密、报文历经、错误报告调试、时间戳等信息,例如在跟踪报文时所历经的每个路由器都在这个字段中填入各自的 IP 地址。

若把整个因特网看成一个单一抽象的网络,IP 地址就是给每个连接在因特网上的主机或路由器分配一个唯一的 32bit 的标识符。IP 地址由 ICANN(Internet Corporation for Assigned Names and Numbers)进行分配。分类的 IP 地址是最基本的方法,IP 地址划分为 A、B、C、D、E 等 5 类,地址格式如图 5-29 所示。

分析 IP 地址的格式可以发现:

- IP 地址是一种分等级的地址空间。分配 IP 地址时只分配网络号,主机号由得到这个网

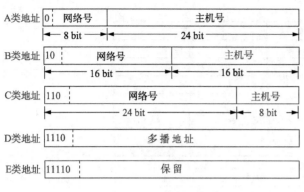

图 5-29  IP 地址的格式

络号的单位自行分配。这有利于 IP 地址的管理。

* A 类地址只有 7bit 可供使用,扣除全 0 和全 1 的情况,可提供使用的网络号有 126 个,每个网络中的主机数为 $2^{24}-2$。A 类地址占整个 IP 地址的一半。
* B 类地址的网络号占 14bit,B 类地址每个网络的最大主机数是 $2^{16}-2$。
* C 类地址有 3 个字节的网络号字段,每个 C 类地址的最大主机数仅有 254。

路由器仅根据目的主机所连接的网络号来转发分组,而不考虑目的主机,以消减路由表存储内容,提高查询速度。

同一个局域网上主机或路由器 IP 地址中的网络号必须一样,用网桥互连的网段仍然是一个局域网,只能有一个网络号。若一个主机同时连接到两个网络上时,则至少具有两个对应的 IP 地址,同时这两个网络号一定不同。毫无疑问,路由器至少应该有两个不同的 IP 地址。如图 5-30 所示,两个路由器之间为一个局域网即同一个网络号,如 LAN₁、LAN₂、LAN₃、N₁、N₂、N₃ 的 C 类网络号分别为 202.222.1.0、202.222.2.0、202.222.3.0、202.222.4.0、202.222.5.0、202.222.6.0,它们均不相同。路由器的某接口连到哪个局域网,则属于这个局域网,如路由器 R₃ 左侧接口连到 LAN₃,则其地址就形如 202.222.3.x;又如局域网 N₁ 中没有主机或工作站,只有路由器 R₂ 和路由器 R₃ 直连所构成的局域网,它们相应的接口具有相同的网络号 202.222.4.0。转发器或网桥连接的若干局域网仍为同一个网络,即具有相同的网络号,如 LAN₂ 中就有一个网桥 B。

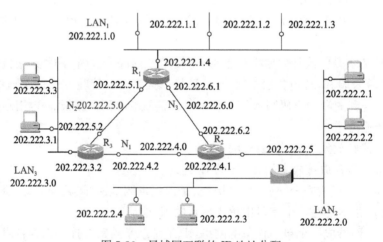

图 5-30  局域网互联的 IP 地址分配

## 2. IP 地址与硬件地址

在发送数据时,数据从高层下到低层,然后才到通信媒介上传输。IP 数据报一旦交给了数据链路层,就被封装成 MAC 帧。MAC 帧在传送时使用的源地址和目的地址都是硬件地址,硬件地址都写在 MAC 帧的首部。数据链路层不关注帧数据中的 IP 地址,只有在提取出数据并上交给网络层时网络层才能在 IP 数据报的首部中找到源和目的的 IP 地址,如图 5-31 所示。

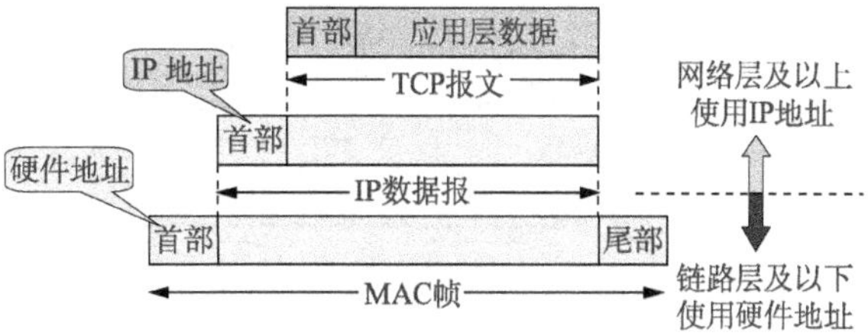

图 5-31 IP 地址与硬件地址的对比

3. ARP 的运行机制

IP 地址定义每个主机和路由器存在于网络层的唯一地址,代表其在抽象的网络层中的鉴别号。显然,要把网络层传送的数据报交给目的主机,必须先由数据链路层把数据报转换成 MAC 帧后才能发送到物理媒介上。因此,不论网络层使用何种协议,要想在实际网络的数据链路层上传送数据帧就必须使用硬件地址。也就是说,协议栈在发送一个数据报之前,必须先将目的地 IP 地址翻译成对应的硬件地址或 MAC 地址。

32bit 的 IP 地址与 48bit 的局域网硬件地址之间并不存在简单的映射关系,一个局域网中的硬件地址并不会一直存在,如新的主机上线,旧主机下线,或更换网络接口卡等,都会使主机的硬件地址发生变化。由此,主机中存放一个 IP 地址与硬件地址的动态映射表。地址解析协议(ARP)就是专门为解决这个问题而推出的。每台主机的软件系统都设置了一个 ARP cache,用于动态存储主机和网络设备的 IP 地址与硬件地址之间的映射表。当然,映射表仅限于该主机所知道的各主机和路由器的 IP 地址与硬件地址。ARP cache 中的内容动态反映接入该局域网的主机和网络设备的状态。

例如,当主机 A 要向本局域网上的主机 B 发送数据报,先在 ARP cache 中查看有无主机 B 的 IP 地址(作为索引)。如查得,也就得到其对应的硬件地址,将此硬件地址写入要发送帧的 MAC 地址字段,最后将该帧发送到传输媒介上。如果未查到,说明主机 B 可能新上线,或者主机 A 刚上线不久。在这种情况下,主机 A 会自动运行 ARP,ARP 进程生成一个 ARP 请求分组并在本局域网上广播发送,ARP 请求分组的主要内容包括主机 A 的 IP 地址与硬件地址,以及希望获得的主机 B 的硬件地址和 IP 地址,如图 5-32 上半部分所示。这样,在本局域网上在线的所有主机都收到此 ARP 请求分组。

主机 B 在 ARP 请求分组中发现是自己的 IP 地址,就向主机 A 以单播方式发送 ARP 响应分组,分组携带了自己的硬件地址,其他所有主机这个 ARP 请求分组不予理睬,如图 5-31 下部分所示。ARP 响应分组表明是对请求分组的响应,同时告知主机 A 的 IP 地址和硬件地址。主机 A 收到主机 B 的 ARP 响应分组后更新 ARP cache,即添加一条主机 B 的 IP 地址至硬件地址的映射新记录,至此,因相互知晓,主机 A 就可以与主机 B 直接收发数据链路帧了。

逆地址解析协议(RARP)的功能相反,使只知道自己硬件地址的主机能够查得 IP 地址。

以上同时也反映出 ARP cache 机制的重要价值:试想若不采用 ARP cache,主机每次通信都必须事先查得目的地主机的硬件地址,这势必造成局域网中的 ARP 请求分组和应答分组频繁发送。

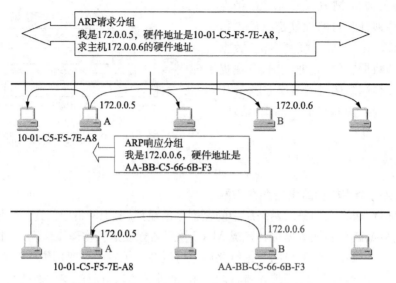

图 5-32  主机 A 通过 ARP 获得主机 B 的硬件地址

考虑到 ARP cache 中的映射表应该较及时地反应各主机的最新状态,所以应及时更新 ARP cache,为每一条映射记录设置生存时间(一般 10 多分钟),凡是超过的记录会被清除。因此,即使主机或路由器改变了硬件地址,也能及时发现新的硬件地址。

ARP 自动工作,即从 IP 地址到硬件地址的解析自动进行,主机用户无须关心,只关心已知目的地的 IP 地址即可。ARP 机制会在后台自动完成解析工作。

### 5.4.3  IP 网络层分组转发机制

以上说明 ARP 机制解决了同一个局域网上的主机或路由器的 IP 地址和硬件地址的映射问题。那么,如果源主机和目的主机不在同一个局域网上,就需要通过 ARP 机制找到一个位于本局域网上的某个路由器的硬件地址,然后把数据报分组发送给它,之后就由路由器负责把分组转发给下一个网络,后续工作就由下一个网络接力式地完成。

如图 5-33 所示的是以路由器为数据报交换节点来实现跨局域网的一次通信过程,上半部分是从网络拓扑结构的视角说明主机 $H_1$ 数据报发送给主机 $H_2$ 的路径和流程,下半部分则是从网络协议分层结构的视角进一步说明发送过程中 IP 地址和硬件地址(HA)的转换及路由器接口与硬件地址的关系。主机 $H_1$ 通过网卡(其硬件地址为 $HA_1$)与路由器 $R_1$ 的左侧接口(其硬件地址为 $HA_3$)以同一局域网内的单播方式完成数据报第一段传送工作,路由器 $R_1$ 收到数据报后查询其路由表中主机 $H_2$ 的 IP 地址 $IP_2$,确定路由器 $R_2$ 为下一交换节点,于是把数据报从其右侧接口(其硬件地址为 $HA_4$)发出。路由器 $R_2$ 左侧接口(其硬件地址为 $HA_5$)接收到数据报后同样根据目的地 IP 地址 $IP_2$ 查询路由表,确定主机 $H_2$ 就在其右侧接口(其硬件地址为 $HA_6$)所在的局域网内,于是把数据报从这个右侧接口发出,通过单播方式,主机 $H_2$ 的网卡(其硬件地址为 $HA_2$)就能收到数据报。

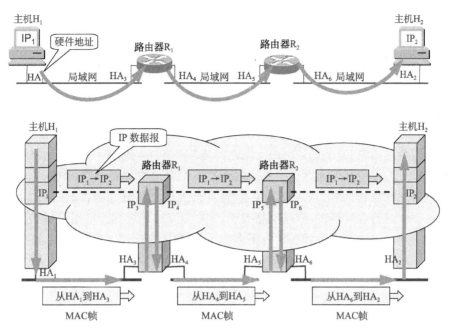

图 5-33 以路由器为交换节点的跨局域网的通信

进一步分析可以发现,图 5-33 中主机 $H_1$ 用不着也无法获得主机 $H_2$ 的硬件地址。主机 $H_1$ 发送给 $H_2$ 的 IP 数据报需要通过与主机 $H_1$ 连接在同一个局域网上的路由器 $R_1$ 来转发,主机 $H_1$ 这时需要的是把路由器 $R_1$ 的 IP 地址 $IP_3$ 解析为硬件地址 $HA_3$,以便能够将 IP 数据报传送到转发该数据报的路由器 $R_1$。这样,路由器 $R_1$ 从路由表中找出下一跳路由器 $R_2$,并使用 ARP 解析出路由器 $R_2$ 的 $HA_5$,于是 IP 数据报通过 $HA_5$ 转发到路由器 $R_2$,后者在转发这个 IP 数据报时用类似的方法解析出目的主机 $H_2$ 的硬件地址 $HA_2$,数据报最终交付给主机 $H_2$。

在图 5-33 的下半部分,在数据链路层上数据报以 MAC 帧的形式传送,两个路由器的数据链路层也如同电话网里的电路交换机一样充当数据报(在帧的层面)的交换节点或转接点。注意 MAC 帧的源硬件地址和目的硬件地址在不同的局域网网段是不同的,这反映出网卡和路由器接口的数据链路层中的地址只具有局部意义,作用域仅限于某个局域网内。另一方面,IP 数据报通过路由器 $R_1$ 与路由器 $R_2$ 在网络层上完成通信,两个路由器如同电话网里的电路交换机一样充当数据报的交换节点或转接点。注意,数据报中的源 IP 地址和目的 IP 地址始终不变,这充分说明 IP 地址在网络互联中具有全局性,IP 地址独立于主机和路由器的硬件地址,虚拟网络层上 IP 地址的设计为局域网之间的互联及 Internet 的实现起着最关键的作用。

IP 层协议还有一个逆地址解析协议(RARP),用于无盘工作站运行其 ROM 中的 RARP 来申请提取其 IP 地址,IP 地址由局域网上的 RARP 服务器负责查询应答,即从其预先存在的映射表中以无盘工作站的硬件地址为索引查出该无盘工作站的 IP 地址,写入 RARP 响应分组并发给无盘工作站。

ARP 和 RARP 都是 Internet 标准协议,分别定义在 RFC826 和 RFC903 文档中。

#### 5.4.4  互连设备的信息交换原理

##### 1. 各协议层次的互连设备

由于计算机网络系统分层次实现,上层协议往往支持多种下层协议,并且对上层协议而言,下层协议的差异性被屏蔽,似乎根本就不存在。因此,网络互连可以在不同的层次上实现。根据互连设备作用在 OSI 的哪一层,通常有以下几种类型。

(1)物理层:中继器,在两个局域网电缆段之间复制并传送物理信号,以复制每一个比特。

(2)数据链路层:网桥和以太网交换机。网桥互连两个独立的局域网,在局域网之间存储转发数据帧。网桥又称为桥接器,从协议层次上看,网桥工作在 OSI 参考模型的第二层,它在数据链路层上对数据帧进行存储转发,实现网络互连,常用于互连局域网。使用网桥连接起来的局域网在逻辑上是一个网络。交换机和网桥有很多共同的属性,它们都工作在数据链路层,但交换机比网桥转发速度快,由于交换机比网桥具有更好的性能,因此,网桥已被以太网交换机所取代。

(3)网络层:路由器,在不同的逻辑子网及异构网络之间实现路由选择和数据转发。路由器连接的物理网络可以是同类网络,也可以是异类网。由于路由器作用在网络层,因此它比网桥和交换机具有更强的异类网互连能力、更好的隔离能力、更强的流量控制能力、更好的安全性和可管理维护性等特点。后面将进一步介绍路由的组成和功能。

(4)网关(gateway)又称为协议转换器,作用在 OSI 参考模型的 4～7 层。网关的构成比较复杂,其主要的功能是进行报文格式转换、地址映射、网络协议转换和原语联接转换等。网关有传输网关和应用程序网关两种。网关可以是一种专用设备,也可以用计算机作为硬件平台,由软件实现其功能。

##### 2. 路由器的构成

前面已经详细说明了路由器的任务是转发分组,即将路由器某个输入接口收到的分组按照目的网络的位置将该分组从某个适合的输出接口转发给下一跳路由器。下一跳路由器也按照这样方法处理分组,直到分组给送达目的地为止。

在图 5-33 中,当主机 $H_1$ 要向主机 $H_2$ 发送数据报时,先要检查它们是否在同一个网络上,由于它们不属于同一局域网,所以无法直接交付数据报,而必须交给路由器 $R_1$ 进行交换处理,由这个路由器按照其转发表(内容来自路由表)指示的路由将数据报转发给下一个路由器,这称为间接交付。当传输路径的最后一个路由器(如图 5-33 中的 $R_2$)与目的主机同在一个局域网中时,即可以直接交换方式最终完成数据报的传送。

路由器是一种具有多个输入端口和多个输出端口的专用计算机系统。最初的路由器采用了传统的计算机体系结构,Cisco 2501 就是第一代单总线单 CPU 结构路由器的典型代表,CPU 采用 Motorola 的 MC68302 处理器,配置了一个 AUI Ethernet 接口和 4 个广域网接口。目前,仅有接入网使用这类路由器。采用共享中央总线、中央 CPU、内存及外围线卡。中央 CPU 必须执行:过滤/转发数据包,根据需要修改数据包头标,更新路由及地址数据库,解释管理数据包,响应 SNMP 请求,生成管理数据包及处理其他业务等功能;每块线卡执行 MAC 层功能,用于将系统连至外面的链路。从输入链路上抵达的数据包穿过共享总线抵达中央 CPU,CPU 做出转发决定。然后,数据包再次通过总线传送到它的输出线卡上。主要局限是:CPU 必须处理每一个数据包,从而限制了系统的吞吐量;即使所有的数据包抵达同一线卡中的网络接口,它们也必须两次穿越系统总线,这将导致系统性能随接口的增加而降低;转发决定由软件完成,受 CPU 运行速率的限制;中央 CPU 出现故障将导致系统瘫痪。

第二代路由器以多总线多 CPU 结构为主,有单总线主从 CPU 结构的路由器,一个 CPU 负责数据链路层的协议处理,另一个 CPU 负责网络层的协议处理,典型的产品如 3Com 公司的 Net Builder2 路由器。单总线多 CPU 结构采用并行处理技术,每个网络接口都使用一个独立的 CPU,负责接收和转发本接口的数据包。主控 CPU 则完成路由器的配置、控制与管理等非实时性任务,典型的产品如 Bay 公司的 BCN 系列路由器,使用 Motorola 的 MC68060 和 MC68040 处理器。后来又出现了多总线多 CPU 结构,以及路由技术与交换技术的结合,典型的产品如 Cisco 7000 系列路由器,使用了 3 个 CPU 与 3 套总线,3 个 CPU 分别用于接口处理、交换和路由,3 套总线分别是 CxBUS、dBUS、SxBUS。

对于 2.5Gbit/s 和 10Gbit/s 水平的线速路由转发,基于软件处理已经无法实现,因此参考 ATM 交换机的设计方法,用基于 ASIC 的交换结构替代共享总线行结构,典型的产品如 Cisco 12000 路由器,最多可以提供 16 个 2.5Gbit/s 的 POS 端口,实现线速路由转发。它没有核心 CPU,所有的网络接口卡都有功能相同的 CPU,扩展能力强,适合作核心路由器。

还有的路由器采用纵横式交换结构替代共享总线,这样就允许多个数据包同时通过总线进行传送,从而极大地提高了系统的吞吐量,使系统的性能得到显著提高,如 Cisco 的 GSR12000 系列千兆位交换路由器根据这种结构来设计。这种路由器内部无阻塞,但需要采用合理的调度算法来解决行首 HOL 阻塞和输入输出阻塞等影响系统性能的问题。将第二层的信元/帧交换功能和第三层的智能路由与可伸缩功能融为一体,提供高达千兆位的端口速率、服务质量和多播能力,不断满足多媒体通信网络的需要。路由器主要呈以下三种发展趋势:第一种趋势是越来越多的数据通道功能以硬件方式来实现;第二种趋势是采用并行处理技术;第三种趋势就是放弃使用共享总线,使用交换背板。

第四代多级交换路由器倾向于网络处理,通过多微处理的并行处理工作模式,使 NP 具有与 ASCI 芯片相当的功能,同时具有很好的可编程能力,大幅度提升路由器性能。未来的路由器应该是并行处理、光交换技术的多级交换路由器。

一种典型的路由器构成框图如图 5-34 所示。整个路由器大致可分为控制部分和分组转发部分,控制部分的核心构件是路由选择处理机系统,它负责根据预定的路由选择协议在相邻路由器配合下构造、更新和维护路由表。路由选择处理机系统根据选定的路由选择协议及其算法,根据从各个相邻路由器收集或查询到的关于整个网络拓扑变化的信息,动态地改变所选择的路由。简言之,路由表根据路由选择算法计算而得到。

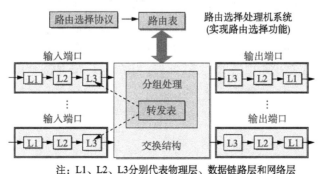

注:L1、L2、L3分别代表物理层、数据链路层和网络层

图 5-34　路由器工作原理

　　分组转发部分可以包括交换结构、输入输出端口。交换结构(switching fabric)根据转发表内容将从某个输入端口进入的分组从一个合适的输出端口转发出去,与电话交换机中的交换网络功能类似。

　　转发表源于路由表,含有完成转发功能所必需的信息,每一个记录含有从要达到的目的网络到输出端口及 MAC 地址信息的映射。

　　输入端口和输出端口通常成对出现,如路由器的线路接口卡(类似网卡功能)。

　　L1 负责比特流的接收,正确接收后交给 L2 继续处理;L2 按照数据链路层协议接收传送分组的帧,并从中分离出分组。如果是用户数据型分组,按照分组首部中的目的地 IP 地址查询转发表,根据结果,经过交换结构送达合适的输出端口。如果收到的分组属于路由器之间交换路由信息的协议分组,如属于本网络中与 OSPF 和 RIP 路由协议相关的分组,则将其送到路由器的路由选择处理机系统,用于更新路由表。

　　相对而言,每个输入端口中 L3 查找和转发功能的速度通常比不上接近线速(line speed)的 L1 和 L2 的处理速度,为此通常都设置缓存队列机制。为了提高处理速度,转发表往往复制在每个输入端口的网络层功能中。

　　在因特网中,路由器的作用与分组交换节点机很相似,但仍然存在一些差异:路由器可以用来连接不同的网络,而分组交换节点机专用于一种特定的网络;路由器专用于转发分组,而分组交换节点机还可接入多个主机;路由器使用统一的 IP,而分组交换节点机使用所在广域网的特定协议;路由器根据目的 IP 找出下一跳路由器,而节点交换机则根据目的站所接入的交换机号找出下一跳分组交换节点机。

　　3. 路由器转发数据报的流程

　　当路由器某接口的 L3 收到一个数据报时,首先检查该数据报首部的 TTL 字段,若已经到达该数据报被最大允许的最多跳数,则丢弃该数据报,并向其源主机反馈一个数据报超时的 ICMP 消息分组;否则,从数据报首部中提取目的地 IP 地址,将其与本地网络掩码一起运算出目的地网络号,从转发表中查找与其相匹配的记录项,匹配成功则将数据报放入记录项里标明在接口的输出缓冲区队列中排队输出。如果匹配失败则将数据报放入默认路由所在接口的缓冲区里排队输出。

　　路由器不修改数据报的数据部分,在转发过程中仅修改首部的部分字段(读者试分析哪些字段会被修改)。

　　图 5-35 是一个路由表的简单示例图:假设 4 个 A 类网络通过 3 个路由器连接在一起,每个网络都可能有成千上万个主机。若按主机号来制作路由表,则所得出的路由表必然会过于庞大。若按主机所在的网络地址制作路由表,那么路由表的记录数就很少。因为 R2 同时连接在网络 2 和网络 3 上,所以,只要目的站(如主机)在这两个网络上,就可以通过接口 0(连至网络 2)或接口 1(连至网络 3)将 IP 数据报由路由器 R2 直接交付(当然需要 ARP 配合以找到这些主机的硬件地址)。

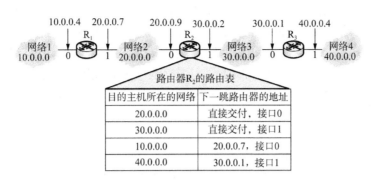

图 5-35 路由表示例

若目的站在网络 1 中(对应路由表第 3 项),则应把 IP 数据报先送交到路由器 $R_1$ 中,然后再由路由器 $R_1$ 把 IP 数据报交付到指定的主机中,故下一跳路由器应为 $R_1$,其输入接口号为 1,IP 地址为 20.0.0.7。同理,若目的站在网络 4 中(对应路由表第 4 项),则路由器 $R_2$ 应把分组转发给 IP 地址为 30.0.0.1 的路由器 $R_3$ 中。

综上所述,在路由表中针对每一条路由主要有两项:目的网络地址和下一跳地址,因此可以根据目的网络地址来确定下一跳路由器。IP 数据报的转发首先要设法找到目的主机所在目的网络上的路由器,只有到达最后一个路由器时,才试图向目的主机进行直接交付。

虽然,因特网所有的分组转发都基于目的主机所在的网络,但允许为某个特定的目的主机指定一个路由,称为特定主机路由。少量地使用特定主机路由可使网络管理人员能更方便地控制、诊断或测试网络,或者出于某种安全考虑。

**4. 第三层交换技术**

20 纪 90 年代中期,网络设备制造商提出了"第三层交换"的概念,将网络层较成熟的路由技术与数据链路层高效率的硬件交换技术结合起来,以达到快速转发分组、保证 QoS 服务质量、提供结点性能的目的。

简单地说,第三层交换技术就是第二层交换技术和第三层转发的结合体。第三层交换技术改变了局域网中网段划分之后网段中的子网必须依赖路由器进行管理的局面,从而解决了传统路由器因低速和复杂所造成的网络瓶颈问题。

第三层交换机实际上是将传统交换机与传统路由器结合起来的网络设备,既可以完成传统交换机的端口交换功能,又可完成部分路由器的路由功能。当然,这种二层设备与三层设备并不是简单的物理结合,而是各取所长的逻辑结合。其中最重要的动作是,当某一信息源的第一个数据流进入第三层交换机时,其中的路由系统将会产生一个 MAC 地址与 IP 地址映射表,并将该表存储起来。当同一信息源的后续数据流再次进入第三层交换机时,交换机根据第一次产生并保存的地址映射表,直接从第二层由源地址传输到目的地址,而不再需要经过第三层路由系统处理,从而消除了路由选择时造成的网络时延,提高了数据包的转发效率,解决了网间传输信息时路由产生的速率瓶颈。

第三层交换机的典型工作流程大致如下:假设两个使用 IP 的站点 A、B 通过第三层交换机进行通信,发送站点 A 在开始发送时,把自己的 IP 地址与 B 站的 IP 地址比较,判断 B 站是否与自己在同一子网内。若目的站 B 与发送站 A 在同一子网内,则进行第二层的转发。若两个站点不在同一子网内,如发送站 A 要与目的站 B 通信,发送站 A 要向默认网关发出 ARP 封包,而默认网关的 IP 地址就是第三层交换机的第三层交换模块。当发送站 A 对默认网关的 IP 地址广播出一个 ARP 请求时,如果第三层交换模块在以前的通信过程中已经知道 B 站的 MAC 地址,则向发送站 A 回复 B 的 MAC 地址。否则,第三层交换模块根据路由信息向 B 站广播一个 ARP 请求,B 站得到此 ARP 请求后向第三层交换模块回复其 MAC 地址,第三层交换模块保存此地址并回复给发送站 A,同时将 B 站的 MAC 地址发送到第二层交换功能模块的 MAC 地址表中。之后,A 再向 B 发送的数据包便全部交给第二层交换处理,信息因此得以高速交换。

由于仅仅在路由过程中才进行第三层的处理,绝大部分数据都通过第二层交换转发,因此第三层交换机的处理速度很快,接近第二层交换机的处理速度,同时又比相同功能的路由器的价格低很多。

另外,第三层交换机通过内部路由协议创建和维护路由表,一般还提供防火墙、分组过滤等功能。由于第三层交换机在设计上专注于如何提高接收、处理和转发分组的速度并减小传输时延上,其功能由硬件实现,采用 ASIC 而不是路由处理软件,因此只能使用特定的网络协议。

以上所述为单纯的二层交换与三层路由相结合的技术。人们为提高网络节点的吞吐量,作了大量研究,其中以被称为 IP 交换技术的若干技术尝试最具代表性,它们为推动网络宽带化发展发挥了作用。

(1)Ipsilon IP 交换:由 Ipsilon 公司提出,即识别数据包流,尽量在第二层进行交换,以绕过路由器,改善网络性能。通过改进 ATM 交换机,跳过控制器中的软件,附加一个 IP 交换控制器,与 ATM 交换机通信。该技术适用于机构内部的局域网和校园网。

(2)Cisco 标签交换:给数据包贴上标签,在交换节点读出此标签,以判断数据包传送的路径。该技术适用于大型网络和 Internet。

(3)3Com Fast IP:侧重数据策略管理、优先原则和服务质量。Fast IP 保证实时音频或视频数据流能得到所需的带宽。Fast IP 支持其他协议,如 IPX,可以运行在除 ATM 外的其他交换环境中。客户机需要有设置优先等级的软件。

(4)IBM ARIS(Aggregate Route based IP Switching):与 Cisco 的标签交换技术相似,数据包上加标记,以穿越交换网。一般用于 ATM 网,也可扩展到其他交换技术。边界设备是进入 ATM 交换环境的入口,含有第三层路由映射到第二层虚电路的路由表。允许 ATM 网同一端两台以上的计算机通过一条虚电路发送数据,从而减少网络流量。

MPOA 是 ATM 论坛提出的一种规范。经源客户机请求,路由服务器执行路由计算后给出最佳传输路径。然后,建立一条交换虚电路,数据报沿此电路越过子网边界,不用路由选择。

Cisco、3Com、北电网络、朗讯、Cabletron、Foundry 和 Extreme 等公司都有比较成熟的第三层交换产品和模块。

### 5.4.5　IP 路由选择协议

Internet 的根本目标是让某一主机能与另一主机实现数据报的传送,各种不同的网络应该能互联互通,而 IP 数据报的跨网传送即路由选择主要由路由器实现。路由器是网络层的一种智能设备,选择路由的依据是转发表,它指明了要到达某个地址该走哪一条路径,而转发表的内容由路由表决定,且动态地更新。下面讨论的问题就是路由表中的路由如何确定。

1. 路由选择协议的相关概念

1)理想的路由算法标准

一个算法必须正确完整;算法在计算上应尽量简单;算法应能适应通信量和网络拓扑的变化,这就是说,要有自适应性;算法应具有稳定性;算法应是公平的,应对于所有用户(除对少数优先级高的用户)都是平等的;算法应是最佳的,相对于某一种特定要求下得出得较为合理,是网络中所有的节点共同协调工作的结果,路由选择的环境往往是不断变化的,而这种变化有时无法预知。

2)自治系统(图 5-36)

Internet 采用分层的路由选择协议,将整个互联网划分为许多较小的自治系统(Autonomous system,AS),一个 AS 内的所有网络属于一个行政单位,比如一所大学、一个公司、一个机构等。一个自治系统最重要的特点是它有权自主决定本系统采用何种路由选择协议,具有统一的网络管理机构。

因特网把路由选择协议划分为两大类,一是内部网关协议(Interior Gateway Protocol, IGP),即在一个自治系统内部使用的路由选择协议。二是外部网关协议(External Gateway Protocol,EGP):若源点和终点处在不同的自治系统中,且可能使用不同的内部网关协议,当数据报传到一个自治系统的边界时,就需要使用一种协议将路由选择信息传递到另一个自治系统中。

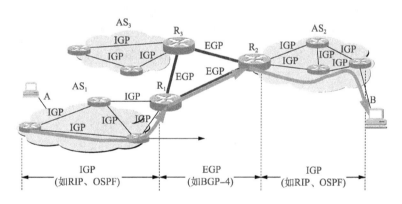

图 5-36　自治系统及其路由选择协议

自治系统的引入实际上将 Internet 分成了两层:自治系统的内部网络为一层,由内部路由器负责自治系统内部的分组交换,指定一个主干路由器连接到自治系统之外。连接自治系统的主干路由器构成主干区域,即第二层。

自治系统内部的路由器知道内部全部网络的路由信息并向主干路由器报告,可以通过本自治系统的主干路由器与外界联系。

3)路由选择算法与路由选择协议

网络上的主机和路由器通过路由选择算法形成路由表,以确定发送分组的传输路径;路由选择协议是路由器之间用来完成路由表创建和路由信息更新维护的通信机制。

### 2. 路由信息协议(RIP)

RIP(Routing Information Protocol)是最先得到广泛使用的内部网关协议(RFC1058),是一种分布式且基于距离向量的路由选择协议。

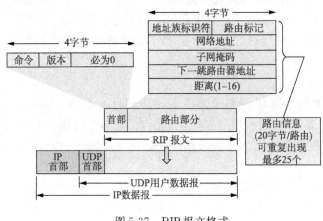

图 5-37　RIP 报文格式

RIP 中的距离也称为跳数(hop count),定义规则是:从一路由器到直接连接的网络的距离定义为1;从一个路由器到非直接连接的网络的距离定义为所经过的路由器数再加1。距离的最大值为 16 时表示不可达。

RIP 定义好的路径应是通过的路由器的数目最少,即距离短,一条路径最多只能包含 15 个路由器。因此,RIP 适于跳数小于 15 的小型自治系统,否则由内部路由器交换路由表信息带来的网络流量会急剧增加。

RIP 的基本思想是要求路由器周期性地向外发送路由刷新报文,其报文格式如图 5-37 所示。报文主要内容是由若干(V,D)组成的表。V 代表矢量,标识该路由器可以到达的目的网络或目的主机;D 代表距离,标识该路由器到达目的网络或目的主机的距离,距离对应该路径的跳数。每个内部路由器在收到这样的报文后按照最短路径原则重新计算相关路径并更新其路由表,如图 5-38 所示。

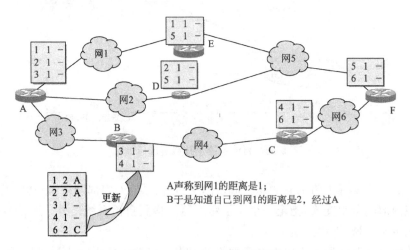

图 5-38　RIP 的更新机制示例

RIP 的距离向量算法如下,当收到相邻路由器(其地址为 X)的一个 RIP 报文时

(1)先修改此 RIP 报文中的所有项目:将下一跳字段中的地址都改为 X,并将所有的距离字段值加 1。

(2)对修改后的 RIP 报文中的每一个项目重复以下步骤:

若项目中的目的网络不在路由表中,则将该项目加到路由表中。否则,若下一跳字段给出的路由器地址相同,则将收到的项目替换原路由表中的项目。否则,若收到项目中的距离小于路由表中的距离,则进行更新。否则,什么也不做。

(3)若 3 分钟还没有收到相邻路由器的更新路由表,则将此相邻路由器记为不可达的路由器,即将距离置为 16(距离为 16 表示不可达)。

(4)返回。

RIP 让互联网中所有的路由器都和各自的相邻路由器不断交换并更新路由信息,最终可以使得每个路由器到每个目的网络的距离最短。

总之,RIP 的优点是算法简单,但是 RIP 不适应大网络,也不适应变化剧烈的网络环境。从 RIP 算法的分析中可以发现其特点是"好消息传得快,坏消息传得慢",这意味着当网络出现故障时,信息要经过较长时间才能通知到网内所有的路由器。

### 3. 最短路径优先协议(OSPF)

为克服 RIP 的缺点,OSPF(Open Shortest Path First)协议被开发出来,其第二个版本成为 Internet 标准协议(RFC2328),"Open"指 OSPF 不受厂商限制,"Shortest Path First"指协议使用了 Dijkstra 提出的最短路径算法(SPF)。

OSPF 主要的特征是使用分布式链路状态协议,要求路由器发送的信息更多,包括本路由器与哪些路由器相邻,链路状态的 metric(为费用、距离、时延、带宽等的综合评价值)可以是 1 至 65535 中的任何一个无量纲的数,使用灵活。如果到同一个目的网络有多条费用相同的路径,则可以将通信量分配给这几条路径,实现多路径间的负载平衡。OSPF 直接用 IP 数据报传送。OSPF 的位置在网络层,数据报很短以减少路由信息的通信量,同时避免数据报分片传送。

OSPF 要求当链路状态发生变化时用洪泛法向所有路由器公告,这有利于全网很快知晓,如图 5-39 所示。由于路由器之间频繁交换相互的链路状态信息,因此所有的路由器最终都能建立一个链路状态数据库,实质上就是全网逻辑拓扑图,并且全网范围的路由器里都一致。具有鉴别的功能,保证仅在可信赖的路由器之间交换链路状态信息。OSPF 没有"坏消息传得慢"的问题,据统计,其响应网络变化的时间小于 100ms。

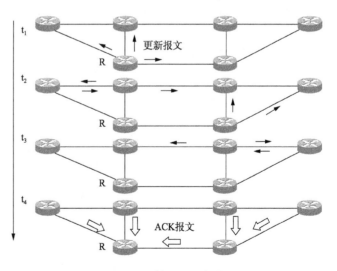

图 5-39 OSPF 使用的可靠洪泛法

在网络运行过程中,仅发生链路状态变化的路由器形成链路状态更新分组,以洪泛法向全网更新链路状态。为确保可靠同步,OSPF 规定每过一定时间(如 30 分钟)要刷新一次数据库中的链路状态。由于网络中的链路状态可能经常发生变化,因此 OSPF 让每一个链路状态都带上一个 32bit 的序号,序号越大状态越新。

为了适应规模很大的网络,以及更新收敛更快,OSPF 允许将自治系统进一步划分为若干区域,让一个区域内的路由器不超过 200 个,如图 5-40 所示。这样的好处是将利用洪泛法交换链路状态信息的范围局限在各自区域内,而不是整个自治系统。区域之间通过一个主干区域来完成互连,主干区域内部的路由器设置了主干路由器、区域边界路由器和自治系统边界路由器。这种分层次区域的方法虽然增加了交换信息的种类,也使 OSPF 更加复杂,但能使每个区域内部交换路由信息的通信量大大减少,因此使得 OSPF 能够用于规模很大的自治系统。

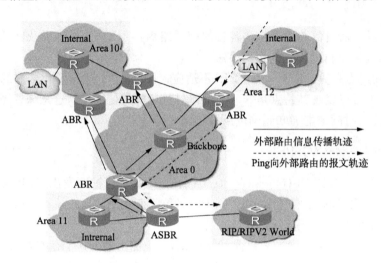

图 5-40   OSPF 的区域划分示意图

OSPF 算法思想归纳如下:

(1)路由器初始化时,通过询问分组获知有哪些相邻路由器及链路代价。

(2)OSPF 让每个路由器用数据库描述分组与相邻路由器交换本数据库中已有的链路状态摘要信息,摘要信息主要指出哪些路由器的链路状态信息已写入数据库。经过若干次的信息交换,全网链路数据库就同步了。

(3)每个路由器依据这个全局链路状态数据库计算出以本路由器为根的最短路径树,并进一步推出路由表,参见图 5-41。

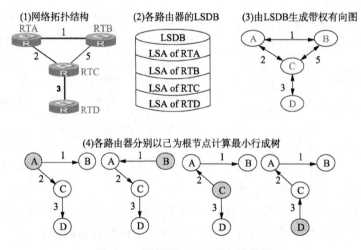

图 5-41   拓扑图-LSDB-最短路径树

#### 4. 外部网关协议

外部网关协议是不同自治系统的路由器之间交换路由信息的协议。

从设计角度看,外部网关协议与内部网关协议不同。由于 Internet 的规模太大,因此域间路由选择实现起来非常困难,连接在 Internet 主干网上的路由器必须对任何 IP 地址都能在路由表中找到对应的目的网络,如果使用一般的路由选择算法,则每个路由器必须维持一个庞大的路由状态数据库,这个计算最短路径所花费的时间也会非常长。同时,各个 AS 运行各自选定的内部路由选择协议,使用各自指明的路由开销,因此,当一条路由通过几个不同的自治系统时,要想对这样的路由计算出有意义的开销是不可能的,试图寻找最佳路径很不现实。因而,自治系统的域间路由选择协议应该允许使用多种路由选择策略,应考虑安全和经济等多种因素,找出较好路径,而不是最佳路径。

应用比较广泛的外部网关协议是 1995 年发布的 BGP-4(RFC1771、RFC1772)。BGP-4 采用的是路由向量路由协议,配置 BGP 时,每个 AS 管理员至少要选择一个边界路由器充当本 AS 的"BGP 发言人",两者的关系如图 5-42 所示。BGP 发言人负责与其他 AS 的 BGP 发言人进行路由信息的交换,首先应建立 TCP 连接,然后在此连接上交换 BGP 报文以建立 BGP 会话。利用 BGP 会话交换路由信息,如增加新路由、撤销过时路由或报告出错情况等。

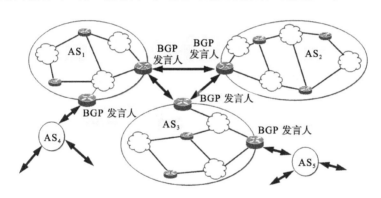

图 5-42 BGP 发言人和自治系统的关系

BGP 发言人互相交换网络可达的信息后,各 BGP 发言人就可找出到达各自治系统比较好的路由,图 5-43 表示一个 BGP 发言人构造出的自治系统连通图,是树形结构,不存在回路。

BGP-4 定义了 4 种报文,即:

(1)"打开"(open)报文,用来与相邻的另一个 BGP 发言人建立关系。

(2)"更新"(update)报文,用来发送某一路由的信息,以及列出要撤销的多条路由。

(3)"保活"(keep alive)报文,用来确认"打开"报文,周期地证实邻站关系。

(4)"通知"(notificaton)报文,用来发送检测到的差错。

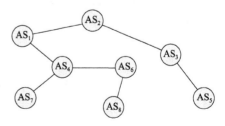

图 5-43 自治系统树形结构连通图

一旦与邻站的关系建立,就持续维持关系,双方都需要确信对方是存在的且一直保持这种邻站关系。为此,双方 BGP 发言人要周期地(一般 30s)交换 keep alive 报文。通过 update 报文可以撤销以前宣称的路由,还可以宣布添加新路由。

# 5.5　ATM 交换技术

前面从传统分组交换技术和以 Internet 为主的数据通信技术的角度讨论数据报如何被路由、被传递到目的接收点。交换不仅仅由某个节点独立完成,又由通信网中的若干设备相互配合共同实现。传统的分组交换和传统的 Internet 主要基于共享介质类型的物理网络(如以太网)通过路由器互连而成,无论是带宽资源还是 QoS 要求方面都难以适应 Internet 用户数和信息流量急剧膨胀的趋势,人们认为在路由器网络引入交换结构是一种较好的解决思路。

从本节开始,将在各种通信领域内延伸交换的概念,在电路交换/电话交换、数据通信网络中分组交换机、二层交换机、第三层交换机基础之上讨论 ATM 交换技术。20 世纪 80 年代中后期兴起的 ATM 技术至今仍然还有使用。ATM 接口标准依然是部分现有网络设备常见的接口,同时,在 ATM 技术基础上正不断衍生出新技术。

本节围绕 ATM 基本原理、交换技术、信息传送流程等方面来分析 ATM 交换技术,也为后面的 IP 交换技术、MPLS 技术作铺垫,并力图站在一个更高的视角去认识交换,领会交换的实质。

## 5.5.1　ATM 交换技术产生的背景

20 世纪 80 年代,通信传输技术的急速发展带来高比特率数据业务需求。宽带业务要求宽带网络的复用、交换设备应有每秒千兆到若干吉兆比特级的吞吐能力;信息传送的时延和时延抖动要求低;传送所引起的信息丢失和差错小;支持各种已出现和可能出现的业务并具有较好的网络资源利用率。显然,传统的电路交换和分组交换都无法满足这些要求。

电路交换以定长时隙分配方式建立一条双向或者单向的半固定物理连接,一旦这条连接建立成功,无论两端使用者是否正在传送信息,这条连接都不能再被其他使用者使用,直到这条连接被拆除,显然,这种独占连接信道方式的带宽利用率低。电路交换在本质上仅直接支持单一速率(典型的如 64Kbit/s),不能适应多种业务的要求。为克服电路交换只支持单一速率的缺点,人们曾经开发出多速率电路交换、快速电路交换技术,网络资源的分配仅在有信息要发送时才进行,但其控制过程非常复杂。这些改进无法从根本上支持宽带业务。

传统的分组交换在吞吐速率上存在严重的瓶颈,原因是协议处理复杂,每个分组都进行分组头的处理,包括路由选择和差错控制,还有每段链路上的流量控制。这些因素造成在网络负载较大时的传送时延超过 10ms,而且时延抖动更难以控制,这对文本数据类信息的传送尚可接受,但对如多媒体流之类的实时要求高、带宽要求大的信息传递,容易出现随机的传送中断,难以保证接收质量。当时基于 CSMA/CD 的高速以太网在高负载时的实时传输能力难以预计,基于令牌传递的 FDDI 的统计时延效果也很不理想。随后开发出帧中继、快速分组交换等技术,在差错控制和流量控制等方面作了较大的简化修改,但也仍未从根本上解决速率和时延问题。

在电路交换中,当数据的传输速率及其突发变化非常大时,交换的控制变得十分复杂;分组交换中的数据传输速率很高时,协议数据单元在各层的处理开销很大,无法满足实时强的业务的时延指标要求。电路交换的实时性和服务质量都很好,而分组交换的灵活性很好,这使得人们一直在寻找一种理想的网络"宽带综合业务数字网 BISDN",它能够结合两者的优点。

人们从改进电路交换,使其灵活适配不同速率业务,以及改进分组交换以使其尽量满足实时业务要求的多个角度出发,研究设计出了一种结合电路交换和分组交换两者优势的高速数据传送技术,即异步传输模式(Asynchronous Transfer Mode,ATM)。按照国际电报电话咨询委员会(CCITT)的定义,传输模式就是电信网中信息传输、复用和交换的方式。尽管目前看来BISDN没能成功,但其核心的 ATM 技术还是获得了相当广泛的应用,为 Internet 的发展起到了重要作用。

ATM 技术思想源于 1983 年美国贝尔实验室 Joh Tumer 提出的快速分组交换技术和 1984 年法国电信提出的异步时分交换思想。自 20 世纪 80 年代中期,人们进行了不少快速分组交换方面的实验,并建立了多种技术模型。欧洲技术组织希望能实现实时图像传送业务,把相应的技术称为异步时分复用;美国则更看重突发数据通信的应用,把相应的技术命名为快速分组交换。CCITT 的 SG-XVIII 研究组成立专门小组对宽带 ISDN 的交换技术进行了一系列的讨论和研究,随后正式命名 ATM 并推荐其作为宽带综合业务数据网的信息传送模式,之后,CCITT 在已有研究成果的基础上全面进行 ATM 标准、基础理论和实际技术的讨论和研究。1990 年,CCITT 推出第一套 BISDN 标准,包括 13 个 I 系列规范:I. 121(ATM 定义)、I. 150(ATM 特点)、I. 361(ATM 分层)、I. 362 和 I. 363(ATM 适配层)、I. 413 和 I. 432(用户-网络接口 UNI),正式定义 BISDN 和 ATM 及其参数标准。CCITT 主要从电信网络运营商的角度出发研究制定 ATM 技术标准。

在 CCITT 制定 ATM 标准的同时,一些大的网络设备制造公司在 1991 年 10 月联合成立 ATM 论坛,希望共同明确设备的功能和分级,制定 ATM 相关设备的工业标准,保证相关产品的互操作性,以便与现有网络设备互联。相对于 CCITT,ATM 论坛更专注于 ATM 在业界和终端用户通信领域的发展和应用,推出了数百个规范,涉及 BISDN 互连接口 BICI;各类物理层接口如 DS1、DS3、E1、E3、STM-1、STM-4、STM-16 等规范;通用测试及操作物理层接口(Utopia)规范;各类互通接口如局域网仿真、环路仿真、帧中继仿真和 MPLS 网络等规范;ATM 用户网络接口技术规范及接口信令规范;专用网络-网络接口(PNNI)规范;ATM 网间接口(AINI)规范;以太网上基于帧的 ATM 传输(FATE)规范;ATM 反转多路技术(IMA)规范;基于帧的用户到网络接口(FUNI)规范。其中,不少规范是 CCITT 标准制定的重要参考依据。

ATM 是为实现宽度综合数字业务网而推出的一种交换、传输和复用为一体的交换技术,是一种快速分组交换技术,采用固定长度的分组包,称为 Cell(信元),在预先建立的各种具有服务质量要求的虚通路上高速、高效地传递。CCITT I. 121 认为 ATM 因信元透明传送机制而带来高灵活的网络接入性;具有好粒度的动态带宽按需分配能力;由虚通路机制带来灵活的承载能力分配以及易于提供半固定连接;具有独立的物理层传送手段。ATM 交换机通过采用高速硬件电路实现了信息交换而使之实现高吞吐能力。

ATM 问世不久,很快就被应用到电话网络和数据通信网络的骨干传输中,提供高速、低时延的多路复用和交换网络以支持用户所需的各种类型的业务传输,如声音、图像、视频和数据等,同时又能提供服务质量保证 QoS。

## 5.5.2 ATM 的基本概念

### 1. ATM 信元

人们在设计 ATM 时考虑适应各种各样的网络,其交换传送的基本单元应足够小,如同建造万千不同建筑的砖瓦。每一个逻辑连接上的信息流都被组织成固定大小的信元(cell),每个信元包含 5 字节信息头和 48 字节信元净荷。ATM 的标准化工作以美国和欧洲为主导,针对净荷长度选择问题的研究结果显示,如果传输距离为1000km,信元传送经过8个ATM交换机,其中含2次ATM与非ATM之间的转换,那么32字节信元的端到端时延约为14ms,64字节长度信元的端到端时延为22ms。32字节的传输效率约为85%,64字节的传输效率到达90%。美国的地理面积大,长传输线路多,时延较大,若采用较长的信元,就可以减少或不使用回声抑制器,在保证电话语音质量的前提下能降低成本,因此美国建议信元净荷长度为64字节。欧洲国家的地理范围相对较小,线路通常较短,时延不大,回声不明显,故使用短信元越容易装满,能比长信元更快地把信元发送出去,更有利于保证服务质量,因此欧洲建议信元净荷长度为32字节。1989年6月,CCITT最终决定折中取其平均值即信元净荷长度为48字节,信元头长度为5字节。

固定长度的信元使联网和交换的排队延迟时间更容易预测,从而易于设计控制结构和简化对缓冲队列的管理。交换机厂家可以在网络设备中引进各种措施,以保证所有类型的数据传输服务,尤其是对实时要求严格的服务,如声音和视频传输,达到令人满意的水平。

信元长度短可以减小组装、拆卸信元的等待时延和时延抖动,远远超过采用总线结构的交换机处理速度,使得中继式ATM交换机可以并行地处理各个信元,从而使ATM能适合于语音和视频等时延要求严格的实时业务。

为了确保ATM网络能高速处理ATM信元,ATM信元信头功能相对于分组交换中分组头的功能进一步简化:取消逐段差错控制,只需端到端的差错控制,HEC仅负责信头的差错控制。用多组有序VPI/VCI标识一个虚连接,从而也省去源地址、目的地址和包序号。信元到达顺序由ATM网络保证,这也更有利于硬件电路进行高速处理。

ATM信元由承载用户数据的48字节净负荷(payload)和5字节信元头构成,后者存放与终点地址及其他与传输协议有关的信息。用户-网络接口(UNI)和网络节点接口(NNI)在传送信元时功能上有一定差异,因而其信元头格式也就略有不同,信元格式如图5-44所示,图中的传送方向指示信元各比特传送的先后顺序、信元头各字段的含义和用途如下所述。

(1)GFC(Generic Flow Control):一般流量控制字段有4比特,仅用于UNI信元。因BISDN的UNI接入的终端数量可以很多,须控制接纳流量以避免ATM网络短期过载,本字段用于流量控制或接入控制。

(2)VPI(Virtual Path Identifier):虚通路标识,NNI信元为12比特,UNI信元为8比特。

(3)VCI(Virtual Channel Identifier):虚通道标识,16比特,用于标识虚通路中的虚通道,VCI与VPI共同标识一个虚连接中的一段。

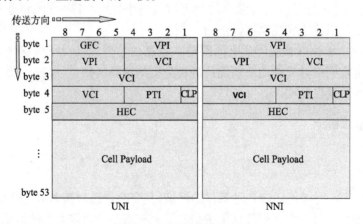

图5-44  ATM信元格式

## 2. VP 与 VC

一个物理传输信道(TP)被分成若干个虚通路(VP),而一个 VP 又包含若干个虚通道(VC),它们之间的关系如图 5-45 所示。VC 是两个相邻节点之间的逻辑连接,VP 是一束 VC 的集合。因此,在使用中 VP 就相当于一个大的管道,而 VC 相当于一个小的管道。

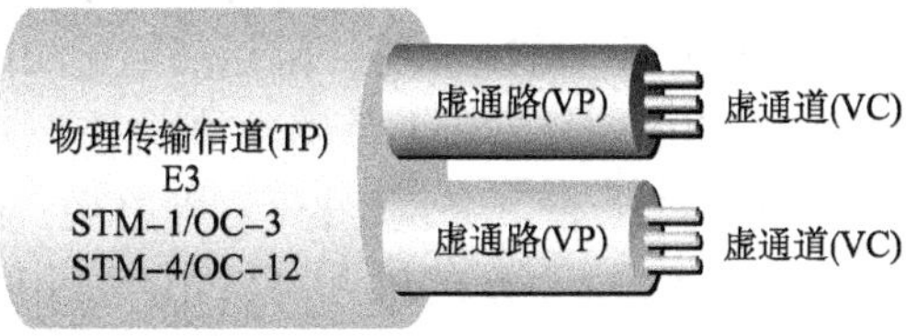

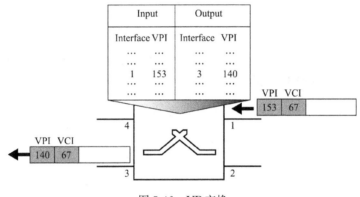

图 5-45　VP、VC 与 TP 的关系

## 3. VP 交换与 VC 交换

VP 交换如图 5-46 所示,从端口 1 输入的信元的 VPI 为 153,经查询 ATM 交换机中预置的 VPI/VCI 转发映射表知应从端口 3 输出,且信元新 VPI 值须更新为 140,因此,在修改 VPI 值并重新计算 HEC 后从端口 3 输出。注意,VCI 没有发生变化。

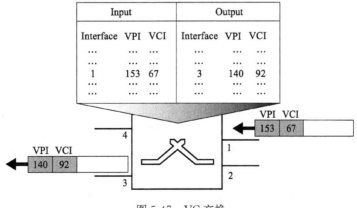

图 5-46　VP 交换

VC 交换如图 5-47 所示,从端口 1 输入的信元的 VPI/VCI 为 153/67,经查询 ATM 交换机中预置的 VPI/VCI 转发映射表知应从端口 3 输出,且信元新 VPI/VCI 值须更新为 140/92,因此,在修改 VPI/VCI 值并重新计算 HEC 后从端口 3 输出。

图 5-47　VC 交换

### 5.5.3　ATM 虚连接

　　ATM 网络传送信息的方式不像 IP 数据网那样让分组逐个选路,而是引入分组交换中的虚呼叫、虚连接概念,即在传送之前预先建立与本次呼叫相关的信元接续路由即虚连接(又称为虚电路),属于同一呼叫的所有信元都经过相同的通路传送,直至全部信元传送完毕。

　　ATM 虚连接实质上是网络中的信源和信宿之间在进行正式传送信息之前所建立的通过 ATM 网络节点的一条网络路径(虚路径),由信头中的 VPI/VCI 表征,如图 5-48 所示。

　　在以 ATM 交换机和 ATM 端设备构成的 ATM 网络中,标准格式的 ATM 信元如分组交换网中的数据分组一样,沿着预先确定的虚连接依次通过相应的 ATM 交换机,最终送到信元的接收端。当 ATM 信元进入每个 ATM 交换机时,ATM 交换机提取信元头部的 VPI 和 VCI 字段的值,查询预先确定的虚连接的对应关系,确定输出端口及新的 VPI 和 VCI 值,然后更新 ATM 信元中的 VPI 和 VCI 字段,并从输出端口输出至下一跳 ATM 交换机,下一跳 ATM 交换机按相同的步骤接力处理,最终实现 ATM 信息的传送任务。

　　ATM 是面向连接的交换,这个连接由若干组 VPI 和 VCI 级联而成,因此 VPI、VCI 的取值只有局部意义,即只在通过物理媒质直接相连的两个接口之间有效,相同的值在其他的接口上可以重复使用。从路由的角度看,VPI 和 VCI 可以看成是本信元在 ATM 网络中经过路由的路由地址,多个路由地址按顺序级联而构成一条虚连接。当交换网络接收到信元时根据信元头中的 VPI 和 VCI 查找映射表,确定输出的 VPI 和 VCI。

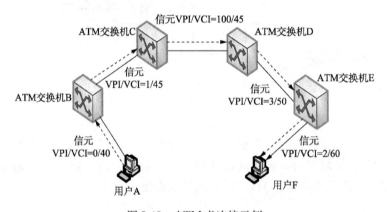

图 5-48　ATM 虚连接示例

　　在图 5-48 中,用户 A 发出 VPI/VCI＝0/40 的信元,经 ATM 交换机 B 后 VPI/VCI 被更新为 VPI/VCI＝1/45;经 ATM 交换机 C 后 VPI/VCI 又被更新为 100/45;再经 ATM 交换机 D 后 VPI/VCI 又被更新为 3/50;经 ATM 交换机 E 后 VPI/VCI 又被更新为 2/60,最后送达用户 B。

　　由此信元传送的过程可知,如果把本例中 5 段链路上的 VPI/VCI 值依次构成一个有序集合,即{(0,40),(1,45),(100,45),(3,50),(2,60)},则这个有序集恰好对应于用户 A 与用户 B 之间的这条虚连接,因此任意一条 ATM 网络中的虚连接均可以用这样一组由各段链路上的 VPI/VCI 值有序地表征。

　　一条虚连接被以独占方式使用,信元按序发送,并按序到达目的终端,同一信元流的发送信元之间可以不连续,且各虚电路拥有各自在建立期间就协商好的服务质量承诺。

　　每个物理接口或物理传输链路上可同时存在若干条虚连接,当某虚连接无信元传送时,该虚连接不占传输带宽。ATM 信息传递方式基于异步时分、统计复用方式,承载数据的 ATM 信元可以非连续传送,具体根据当时 ATM 网络运行状态而动态分配,相当于"见缝插针"。ATM 技术的这个动态分配带宽特点使其能有效地解决了共享网络方式带来的阻塞问题,也能适应各种有不同速率、不同时延、不同时延抖动要求的业务。

### 5.5.4　ATM 协议参考模型

制定 ATM 标准的组织主要是 ITU-T 和 ATM 论坛及 IETF。ATM 的协议参考模型大致分为 3 层,如表 5-8 所示。

**表 5-8　ATM 协议参考模型及其分层功能**

| AAL | CS | 汇聚 |
|---|---|---|
| | SAR | 分段与组装 |
| ATM 层 | | 一般流量控制<br>信元头产生与提取<br>信元 VPI/VCI 翻译<br>信元复用和解复用 |
| 物理层 | TC | 信元速率解耦<br>HEC 序列的产生/检验<br>信元定界<br>传输帧适配<br>传输帧产生与恢复 |
| | PMD | 比特时钟定时<br>线路编码功能<br>物理媒介接口 |

#### 1. 物理层

物理层位于 ATM 协议参考模型的最底层,提供 ATM 信元的底层传输通道。物理层细分为物理媒介相关子层(Physical Media Dependent,PMD)和传输会聚子层(Transmission Convergence,TC)。

PMD 子层提供比特层面的传输能力,包括所采用的物理介质(如光纤、同轴电缆、双绞线等)的特性定义;电气与光接口转换;产生和接收与介质相关的信号波形;插入和提取定时信息及线路编码。经物理媒介接口送来的信号在接收端的 PMD 子层通过同步比特恢复成连续比特流,然后送到 TC 子层。PDM 子层对来自 ATM 层的信元流进行必要的编码,然后以比特流的形式发送到传输媒介上。

TC 子层在接收方向上把比特流截取成传输帧格式,然后将其中的净荷提取出来,以实现传输帧的适配。由于信元没有边界标记,所以 TC 子层必须负责找出信元在何处开始,通过信元定界机制确定一个完整的信元,对识别出的正确信元进行速率解耦,即丢弃发送时插入的空闲信元以便将 ATM 层信元速率适配成传输线路的速率,最后将有效信元作扰码的解扰处理后送到 ATM 层。

TC 子层在发送方向上按照传输系统所使用的传送结构把信元封装成适当的帧,如 SDH/

SONET 帧、基于信元流方式的帧、基于 CCITT G.703 建议的帧。

CCITT 在 I.432 标准规范中定义了三类 ATM 物理层接口标准：PDH、SDH 成帧接口和非帧结构的接口，后者传送的是不需要成帧的连续信元流。表 5-9 列出了 UNI 的物理传输系统接口标准。

表 5-9　ATM 的部分物理接口标准

| 传输体系 | 接口标准 | 传输速率/(Mbit/s) | 信元吞吐量/(Mbit/s) | 传输媒介 |
|---|---|---|---|---|
| 成帧结构 PDH | DS-1/T-1 | 1.544 | 1.536 | 同轴电缆 |
| | E-1 | 2.048 | 1.92 | 同轴电缆 |
| | DS-3/T-3 | 44.736 | 40.704 | 同轴电缆 |
| | E-3 | 34.368 | 33.984 | 同轴电缆 |
| | E-4 | 139.264 | 136.24 | 同轴电缆 |
| 成帧结构 SDH | STM-1、SONET/STS-3c | 155.52 | 149.76 | 单模光纤 |
| | STM-4、SONET/STS-12c | 622.08 | 599.04 | 单模光纤 |
| SONET | 原始信元 | 51.84 | 49.536 | 三类 UTP |
| 块编码 | FDDI-PMD | 100 | 100 | 多模 UTP |
| | 光纤通道 | 155.52 | 149.76 | 多模光纤 |
| 纯通道 | 原始信元 | 155.52 | 155.52 | 单模光纤 |
| | 原始信元 | 622.080 | 622.080 | 单模光纤 |
| | 原始信元 | 25.6 | 25.6 | 单模光纤 |

无帧结构传输系统主要指目前组成各种 LAN 或 MAN 且用于计算机数据业务传送的系统。与 SDH 和 PDH 方式不同的是，这种接口不是将一组信元装入帧结构中进行传输，而是从起始信元开始逐个传输。用于 LAN 的物理层接口包括：25.6Mbit/s 接口、51Mbit/s 接口、100Mbit/s 接口、155.52Mbit/s 接口等。除此之外，还有 R 系列、V 系列和 X 系列等数据交换接口。

基于帧结构的传输系统指 ATM 信元按规范被封装到 SDH/SONET、PDH 传输系统的传输帧中，ATM 以连续字节方式传输，一行接一行地拼接，封装规范和开销结构等由 CCITT 的 I.432 和 G.707 规定。

传输汇聚子层必须实现三大功能：产生 HEC 序列、HEC 检测与信元定界（delineation）、信元速率解耦（decoupling）。

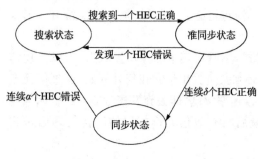

图 5-49　ATM 信元定界与同步

产生 HEC 序列即是对每个 ATM 信元的前 4 个头部字节作 CRC 校验，即把信元头的 4 个字节组成 32 位的多项式乘 8，除以特定多项式 $x^8+x^2+x+1$ 后，把所得的余数与 01010101 相加而形成 HEC。ATM 只校验信元头部，是因为头部错误造成的后果更严重，同时也可减小运算量，把有效载荷的校验任务留给高层去处理。HEC 可以纠正单比特错误，监测多比特错误，信元头错位的信元即被丢弃。

根据 CCITT I.432 的规定,信元定界功能使接收节点能正确识别出每个信元的边界。接收节点采用同样的 CRC 校验运算,结合 HEC 字段的值,可以判断出信头是否有错;若有错则从下一个比特开始重新计算,一直检查到无差错信元头后进入准同步状态,如图 5-49 所示。在准同步状态下,如果连续检查到 $\delta$ 个 HEC 正确的信元头,则进入同步状态。在同步工作状态中,若连续检查到 $\alpha$ 个信元头 HEC 错误,则退回搜索状态。为防止因编码比特巧合而错误识别信元,每个信息域在发送前先进行扰码,在接收侧完成解扰。

2. ATM 层

ATM 层利用物理层提供的功能与对端的对等层间进行以信元为信息单位的通信,为其上层 AAL 层提供服务。ATM 层完成信元复用/解复用、信元头的生成与拆卸操作、VPI/VCI 值的更新、一般流量控制、网络拥塞控制、流量整形与管理和连接分配与取消等七类功能,参见表 5-8。

信元复用/解复用在 ATM 层和物理层的 TC 子层接口处完成,发送端 ATM 层将具有不同 VPI/VCI 的信元复用在一起交给物理层;接收端 ATM 层识别物理层送来信元的 VPI/VCI,并将各信元送到不同的模块处理。例如,识别为信令信元就交给控制平面去处理,识别为 OAM 等管理信元则交给管理平面去处理。

信元头的生成与拆卸操作是指在 ATM 网络节点中执行 VPI/VCI 的映射翻译,映射翻译的依据是连接建立时对应分配的 VPI/VCI 值。

ATM 用户侧设备的 ATM 层的核心功能在于给 ATM 层适配所形成的信息帧加上信元头,从而形成能够在 ATM 网中传送的信元。同时,通过分配与识别信元头中的 VPI/VCI 值完成信元的复接与分接功能。

ATM 网络节点中的 ATM 层的核心功能在于信元头的变换,通过变换信元头部分字段的值,从实质上实现 VP 交换与 VC 交换的功能。

3. ATM 适配层

ATM 适配层(ATM Adaptation Layer, AAL)位于 ATM 层和高层之间,为 ATM 网络适应不同类型业务的特殊需要而设定,不仅支持用户平面的高层功能,还支持控制平面(信令)和管理平面的高层功能,又支持 ATM 网络与非 ATM 网络(PSTN、ISDN、CATV、LAN 等)互通。

通过 AAL 完成适配功能:使业务种类与信息转移方式、通信速率与通信网设备无关,保证网络传输的透明性和灵活性,将用户业务与 ATM 层隔离,将不同特性的业务转化为相同格式的信元。概括地说,AAL 的主要作用是将高层的用户信息分段装配成信元,吸收信元延时抖动和信元丢失,并进行流量控制和差错控制。

根据源和目的的定时、比特率、连接方式等三个基本参数,业务可分为 A、B、C、D 四类,并相应地定义了 AAL1、AAL2、AAL3/4 及 AAL5,参见表 5-10。

(1)A 类业务由 AAL1 负责匹配,固定比特率(CBR)业务是为了平滑接入使用恒定速率的同步数据传输的电话系统,无需差错校验、流量控制和其余的处理,支持比特率固定、面向连接的业务,如 64Kbit/s 话音业务、固定码率非压缩的视频通信业务、租用电路等。

(2)B 类业务由 AAL2 负责匹配具有可变速率数据流并且实时性要求严格的服务,如交互式的压缩视频电视会议。

(3)C 类业务由 AAL3 或 AAL5 负责适配允许适当的时延及时延抖动,带宽范围基本确定但有突发的信息传输业务,网络应向发送者提供速度反馈。当网络拥塞时,可要求发送者减小发送速率,若发送者遵守带宽使用承诺,通信信元丢失率就会很低,如电子邮件、文件传送和数据网业务。

(4)D 类业务由 AAL4 或 AAL5 负责适配,ABR 或 UBR 业务很适合于发送 IP 数据报。

表 5-10　ATM 支持的业务分类与 AAL 类型

| 业务<br>参数 | A 类 | B 类 | C 类 | D 类 |
|---|---|---|---|---|
| 信源信宿<br>定时关系 | 需要 | | 不需要 | |
| 比特率 | 固定 | 可变 | | |
| 连接方式 | 面向连接 | | | 无连接 |
| AAL 类型 | AAL1 | AAL2 | AAL3 | AAL4 |
| | | | AAL5 | |
| 业务举例 | 电路仿真 | 运动图像<br>音视频 | 面向连接的<br>数据传输 | 无连接数据传输 |

AAL 将上层传来的信息流(长度和速率各异)分割成 48 字节长的 ATM 业务数据单元,在相反的方向上将 ATM 层传来的 ATM 业务数据单元组装、恢复再传给上层。下面以使用较多的 AAL5 功能为例说明 AAL 的工作原理。

AAL5 支持收发端之间没有时间同步要求的可变比特率业务,即主要用来传输计算机数据、UNI 信令信息和 ATM 上的帧中继。AAL5 的帧结构如图 5-50 所示,CRC 字段保护除了 CRC 自身以外所有的 CPCS-PDU 字节。

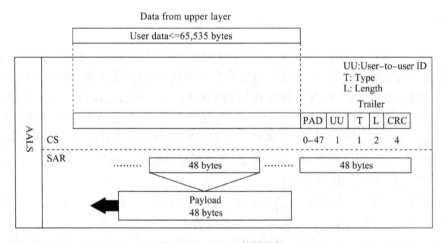

图 5-50　AAL5 的帧结构

### 5.5.5　ATM 交换机系统的功能结构

前已述及,ATM 网络由一系列通过点对点的 ATM 链路或接口相互连接的 ATM 交换机构成,经适配后进入 ATM 网络的信元流由 ATM 交换机提供交换和中继功能。ATM 交换机通过一个已知 VCI/VPI 的链路接收一个信元,根据输入信元的 VPI/VCI 值由外部控制机制在建立连接时产生的路由表确定出连接的输出端口及重新生成新的 HEC 值并替换原 HEC 值,之后,根据相应的连接标识符转发到输出链路上。

ATM 交换机是任何 ATM 网络都要用到的一种多端口网络设备。ATM 交换允许同一网络以不同的链路速率进行传输操作。ATM 的传输物理媒介可以是光纤、双绞线、电缆等。

如图 5-51 所示,ATM 交换机系统可简单分为交换模块、控制模块及入出线处理模块。

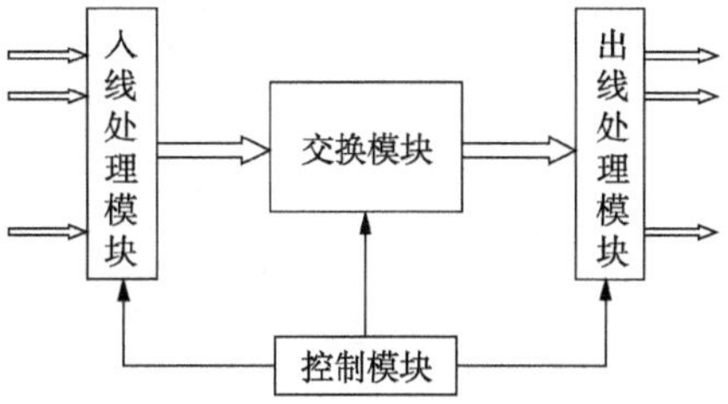

图 5-51 ATM 交换机系统结构框图

### 1. 入出线处理模块

入出线处理模块为 ATM 交换机提供输入输出的接口。入出线处理模块可分为两大类:一类是 ATM 接口模块,提供标准的 ATM 接口;另一类是业务接口模块,提供与具体业务相关的接口。ATM 入出线处理模块完成物理层和 ATM 层的功能:负责完成物理层的功能,如光-电转换、扰码/解扰、HEC 信元定界、传输帧的生成/恢复/适配、比特定时恢复及与传输媒介相关的功能。输入处理模块还有 VPI/VCI 识别与转换,按照连接建立时协商的网络参数对业务流进行监控,处理违约信元,包括修改信元的 CLP 值甚至丢弃信元等,从而达到流量和拥塞控制的目的。输出处理模块实现反向功能,如扰码生成与插入、并/串转换、电/光转换等。

交换网络主要通过硬件技术完成快速的信元交换,控制处理部分负责路由信息的产生与更新等。在 ATM 网内建立连接后,只需根据信元头部的连接标识(VPI/VCI)来交换信元,利用硬件实现交换,大大提高了交换机的吞吐量,减小了交换时延。

业务接口模块完成业务接口处理、AAL 和 ATM 层的功能。业务接口的处理包括物理层、数据链路层甚至更高层的功能,如业务数据帧结构的识别和分离或组装用户数据和信令。业务信令经过分析转换为 ATM 信令,由交换机的控制模块进行处理。业务数据则根据不同的业务类型进行不同类型的 ATM 适配。

### 2. 控制模块

控制模块是交换机的中央枢纽,实现 BISDN 协议参考模型中控制平面功能,包括呼叫/连接的建立与释放、VP/VC 的管理与分配、流量控制中的连接接纳控制、带宽资源的管理与分配等。在现实中,设备管理和网管多在外接的管理维护平台上完成。

### 3. ATM 交换机的功能分析

如前所述,ATM 交换机必须实现在流量控制、资源管理、业务质量等各个方面的控制,因此控制复杂,各基础功能模块参见图 5-52。

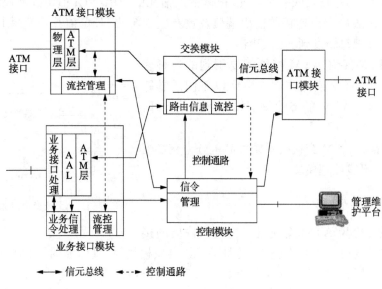

图 5-52   ATM 交换机功能结构图

ATM 交换设备可以为每个用户提供专用带宽并可以根据需要变化以达到最高效率。ATM 允许不同虚连接中的信元可以交替通过同一物理链路,这样就使得每个信元的延迟时间在一定程度上可以预先估计。因此,ATM 交换机能保证信元的时延变化不会太大,能支持像实时信息及声音传送这一类的多媒体应用的服务质量,这是传统的共享介质网络的交换方式难以完成的。

ATM 交换机根据业务类型、用户级别或业务中信息的重要程度设置优先级,一般划分为时延优先级和丢失优先级。ATM 交换机除了要支持点到点之间的通信,还支持点对多点的通信,即从某输入端口来的信元应同时输出到多个或所有的输出端口,如流媒体的多播或广播业务。

4. 缓存排队机制分析

ATM 交换机的主要功能是负责将来自输入端口的信元快速有效地路由到输出端口,故最主要的功能是路由功能。在实际工作过程中,很可能会出现若干输入端口的信元需要同时到某一个输出端口的情况,即输出端口竞争,因此容易导致阻塞。交换单元必须提供相应的缓存区,但当缓存区存满时必然会丢失信元;缓存机制的应用又必然会造成信元在交换结构内的时延,这个动态的时延与缓存区的位置、结构和大小有关。因此。缓存排队机制直接关系到交换单元的性能。缓存区可以设置在输入侧,也可以在输出侧,或者放置交换结构内部。

缓存区应用的基本排队机制包括输入排队、输出排队、中央排队,在实际应用中有一些改进方式,如带反向控制的输入输出排队方式、带环回机制的排队方式、共享输出排队方式等。

输入排队方式在每条输入线上设置队列,对信元进行排队,由一个仲裁机构根据各输出线的忙闲、输入队列的状态、交换传输媒体的状态来决定哪些队列中的信元可以进行交换。输入排队方式存在信头阻塞,如线 1 队列上的第一个信元要到出线 2 上,若出线忙,队列的第一个信元出不去,则它后面信元的出线即使空闲,这些信元也不能输出,这显然降低了交换传输媒体的利用效率。输入排队方式需要专门的仲裁机制。仲裁机制越复杂,交换传输媒体的利用率就越高,但系统的实现就越复杂。从队列本身的结构和实现方法来看,输入排队方式比较简单,可以用简单的 FIFO 来实现,对存储器速度的要求不高。

在输出排队方式中,交换传输媒体本身可保证输入的任一个信元都可以交换到输出端,但输出线的速率有限,所以要在输出端进行排队,解决输出线的竞争。输出队列的控制比较简单,只需判断信元的目的输出线,由交换传输媒体将信元放到相应的输出队列中即可。输出队列本身的管理比较简单,可以由 FIFO 实现,但对存储器的速率要求较高,极端的情况是当 N 个入线的信元都要求输出到同一条出线,为保证无信元丢失,要求存储器的写速率是入线速率的总和。输出排队方式的利用率较低,为达到同样的信元丢失率,输出队列要求更大的存储空间,因为一个输出队列只为一个输出线利用,每个队列都需要按照最坏的情况设计存储容量。

中央排队机制中,交换传输媒体分为两部分,队列设在两个交换传输媒体中间,所有入线和出线共用一个缓冲器,所有信元都经过这一个缓冲器进行缓存。中央排队机制的存储管理复杂,由于存储器不再由一个输入、输出线所用,所以队列不能用简单的 FIFO 实现,而必须用随机寻址的存储器来实现,还有一套复杂的管理机制。存储器利用率高,由于存储器有所有虚连接共享,相当于对每一个输入、输出线都有一个长度可变的队列。对存储器的速度要求是三种方式中最高的,输入、输出端的存储器读写速度都必须是所有的端口速率之和。除以上三种外,还可以采用组合式的排队机制。

### 5. ATM 交换模块

交换模块是整个交换机的核心模块,提供了信元交换的通路,通过交换模块的两个基本功能(排队和选路)将信元从一个端口交换到另一个端口,从一个 VP/VC 交换到另一个 VP/VC。ATM 交换模块应能够完成两方面的基本功能,一是空间交换,即将信元从一条传输线交换到另一条传输线,又称为路由选择;另一功能是时间交换,即将信元从一个时隙转移到另一时隙。交换模块还完成一定的流量控制功能,主要是优先级控制和 ABR 业务的流量控制。

ATM 交换结构(Switching Fabric)是 ATM 交换单元的核心。大型交换机的交换单元由多个交换结构互连而成,小的交换机有单个交换结构构成。ATM 交换结构分为时分交换结构和空分交换结构两类,下面分别介绍。

时分结构是指所有的输入和输出端口共享一条高速的信元流通路,这条共享的高速路可以是共享总线型,也可以是共享存储器型,还可以是共享环型的时分结构。通过一个共享机制,如内部电路或内存,所有被交换的信息从输入端口路由到输出端口。在时分交换结构中,各接口以时分复用的方式共享一条通信媒体。根据媒体不同,可分为共享总线和共享存储器两种。时分交换结构的交换能力受到共享媒体的限制,但是由于每个信元都沿着共享媒体传输,所以时分交换结构很容易实现点到多点传送。

共享总线结构一般如图 5-53 所示,由总线和总线仲裁模块构成,各个接口模块都挂在总线上,当一个接口模块有信元要交换时,由接口模块首先发出总线申请,由总线仲裁模块决定是否允许发送,如果允许,则接口模块把信元发送到总线上;总线的各个接口模块根据信元携带的路由信息判断是否接收该信元,如果信元的目的地址为本模块,则从总线上把该信元复制下来而完成了一个信元交换。共享总线交换结构的特点是结构简单,容易实现点到多点通信,容易实现优先级控制,但是它的吞吐量有限。共享总线结构易于实现广播和多播。总线仲裁模块的全控制方式便于最大程度利用交换资源及优先级控制。

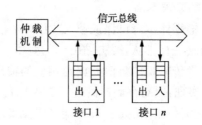

图 5-53 共享总线型交换结构

共享总线系统的主要优点是易于扩展交换端口,只要将扩展端口板插入系统即可。但由于所有端口必须共享公共资源,如总线或是内存,所以,随着必须访问共享设施的设备数目增加,这些设施被占用的机会也增加,而公用资源的竞争会引起时延,使网络性能受到影响。因此,为等待可用资源必须采用缓冲机制。

共享存储器结构图 5-54 所示,一般由选路控制、存储器控制、信元传送媒体和中央存储器构成。显然,交换容量由存储器的容量决定。一般采用共享输出队列的排队机制并采用地址链表管理存储器:地址链表存放空闲地址,分配给每个到达的信元而使该信元存入对应的存储区中;信头被选路控制器解析,识别出输出端口,将该信元所存放空间的地址排入该输出端口的队列中。

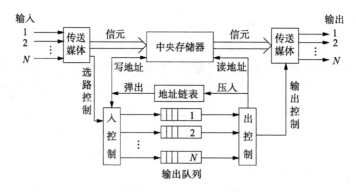

图 5-54 共享存储器型交换结构

为完成特定的信元功能,每个端口的处理必须在访问公共的存储器执行信元操作之前,而每个端口必须请求获准后方可访问存储器。输入端口必须将信元放入存储器,经端口处理器完成输出功能。当某个端口访问共享资源时,其他等待访问公用设施的端口必须缓冲到达此端口的信元。共享资源限制了交换器及时地对每个信元进行服务的能力,在实现点到多点通信中比较复杂(请读者思考实现方法)。另外,存储器为所有的输出共享,故存储器的利用率高,且信元丢失只发生在队列溢出时。

在空分交换结构中,输入和输出端口之间有一组通路,这些通路并行工作,使不同输入端口的信元可同时由交换单元传送。这样,交换单元的总容量就是每个通路的带宽与并行传送一个信元的通路平均数之积。因此,理论上采用空分交换结构的 ATM 交换机的总容量没有上限。

空分交换结构可分为全联接网和多级联接网。ATM 交换机利用多级互联网可将一些相同结构的小容量交换单元构成一个大容量的交换结构。交换单元是一个独立的交换单位,多为一个或一组交换芯片,可以完成 4×4、8×8、16×16 等容量的交换,实现方式多种多样。目前,比较流行的连接各个交换单元的多级互联网是 BANYAN 网,详见本书 2.4 节。

空分结构不依赖共享设施,提供通过交换机制的多条路径,允许不同的 ATM 信元流同时通过交换器进行传输。空分结构具有良好的硬件扩展性,可以增加端口而不影响交换器的吞吐量,端口不必竞争单一的共享资源。空分结构的交换性能可以随端口的增加而提高。典型的空分结构包括由总线按矩阵形式构成的全联接网、由纵横连接器构成的全联接网,以及各种多级级联网(如 CLOS 网、BANYAN 网、Delta 网、Batcher-BANYAN 网,2D-Torus Mesh 网,3D-Hypercube 网等)。

# 5.6 IP 交换技术

众所周知,现有的通信网是为传送某种具体业务而建设的专用网络,因而网络的技术也有多种。在向未来统一的通信网络演变过程中,既必须尽量保护现有的网络投资,又要不断创造和运用新技术。从本质上看,对未来通信网络的理想要求就是能满足不同种类、不同服务质量的业务要求。迅猛发展的互联网和不断增长的实时和多媒体业务对互联网路由技术在带宽、性能、扩展性和新的传输功能方面提出了更多的要求。新技术中值得注意的有 Ipsilon 的 IP 交换、Cisco 的标记交换、IBM 的 ARIS、Toshiba 的 CSR 和 MPLS。针对现有 IP 网络的缺点,许多改进方案和技术应运而生,IP 交换就是从提高传送效率、传送质量等方面来提高现有 IP 网络服务水平的典型技术。

## 5.6.1 IP 与 ATM 的融合

IP over ATM 的基本工作方式是将 IP 数据包在 ATM 层全部封装为 ATM 信元,以 ATM 信元的形式在信道中传输。当网络中的交换机接收到一个 IP 数据包时,它首先根据 IP 数据包的 IP 地址通过某种机制进行路由地址处理,按路由转发。随后,按已计算的路由在 ATM 网上建立虚电路,于是,之后的数据包将在此虚电路(VC)上以直通方式传输并再经过路由器,从而有效地解决了 IP 的路由器的瓶颈问题,并将 IP 包的转发速率提高到交换速率。IP 与 ATM 的融合技术可以划分为两个大类:重叠模型和集成模型。

### 1. 重叠模型

重叠模型的实现技术主要有 IETF 的 IPOA、Classic IP over ATM、由 ATM 论坛推荐的 LANE(LAN Emulation)和 MPOA(Multi-Protocol over ATM)等。其主要思想是:IP 的路由功能仍由 IP 路由器来实现,需要地址解析协议(ARP)实现 MAC 地址与 ATM 地址或 IP 地址与 ATM 地址的映射,其中的主机不需要传统的路由器,任何具有 MPOA 功能的主机或边缘设备都可以和另一设备通过 ATM 交换直接连接,并由边缘设备完成包的交换即第三层交换。

重叠模型的信令标准成熟,采用 ATM Forum/ITU-T 的信令标准,与标准的 ATM 网络及业务兼容。但是无法解决地址解析时出现的瓶颈,网络扩展性不好,不适用于广域网;对两个分立网络系统的统一管理很复杂。

### 2. 集成模型

随着为 Internet 核心网专门设计的高性能骨干网路由器的出现,以及 ISP 对 ATM 所提供性能的要求不断增加,人们已意识到不应该再采用两套分立设备来实现结构复杂的重叠模式。与之相对应的是,业界的研究方向转向"怎样有效集成传统的第 2 层与第 3 层的最优属性",并随后推出了集成模式的 IP 交换。

集成模式是将 IP 层的路由功能与第 2 层交换功能结合起来,使 IP 网络获得 ATM 的选路功能。ATM 端点只需使用 IP 地址进行标识,而不再需要地址解析协议,在 ATM 网络内使用现有的网络层路由协议来为 IP 数据包选择路由。与重叠模式相比,集成模式的 IP 交换网络中 ATM 使用的信令发生了重大改变,即网络中 UNI 与 NNI 之间的信令已不再是 ATM 论坛或 ITU-T 定义的传统信令,而是一套专有的控制信令,其目的在于能够快速建立连接,以满足对无连接 IP 业务快速切换的要求。

集成模式可分为流驱动和控制驱动两种类型。流定义为由选路功能执行同等处理的分组。采用流驱动时,第 2 层的交换通路由数据流触发,按需要临时建立,存在建立时延和失序。典型的流驱动方式的技术有 Ipsilon 公司的 IP Switch、Toshiba 公司的信元交换和 NEC 公司的 IP-SOFACTO 交换。

控制驱动类型是数据流传输前预先建立的直通连接,可分为拓扑驱动和请求驱动。拓扑驱动是将选路拓扑映射到直通连接。请求驱动也称为预留驱动,将资源预留请求(如 RSVP)映射到直通连接,支持多协议,选路方式灵活,同时又可运行于不同的数据链路层。典型的控制驱动技术有 IBM 公司的基于聚合路由的 IP 交换、Ascend/Lucent 公司的 IP 导航、Cisco 公司的标签交换和 IETF 的 MPLS 等。本节后面内容将对几种典型的 IP 交换技术作简要介绍。

## 5.6.2   CIPOA

IETF RFC2225 确定的 CIPOA(Classic IP Over ATM)工作原理如图 5-55 所示,引入逻辑IP 子网概念,一个 LIS 包含一组连接到单一 ATM 网络的 IP 节点(如主机或路由器),它们属于同一 IP 子网。LIS 的功能结构类似于传统的 IP 子网,为了在 LIS 内解析节点的地址,每个 LIS 提供一个 ATMARP 服务器,该 LIS 内所有的节点(LIS 客户)被配置以该 ATMARP 服务器的 ATM 地址。

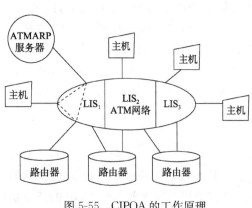

图 5-55   CIPOA 的工作原理

LIS 中一个节点在线后首先建立与 ATMARP 服务器的连接,后者检测到一个新的 LIS 客户连接时就向该客户发送一个反向 ARP 请求,询问该节点的 IP 地址和 ATM 地址,并保存在其 ATMARP 表中。随后,LIS 中的任意节点想解析目的 IP 地址的节点就向该服务器发送 ATMARP 请求,如果地址映射被找到,则服务器返回 ATMARP 回应。一旦 LIS 客户获取了与 IP 地址相对应的 ATM 地址,就可以与该地址建立连接。对应的分组封装和地址解析协议分别在 RFC2684 和 RFC2225 中定义。

CIPOA 可以具有多个 LIS,属于不同 LIS 的成员要通过路由器转发,跨越 LIS 的地址解析采用 IETF RFC2332 定义的下一跳解析协议(NHRP)。用 NHRP 服务器替换 ARP 服务器,每个 NHRP 服务器含有下一跳解析缓存表,存放与本服务器相关的所有节点的 IP 到 ATM 的地址映射。

当一个节点想通过多 LIS 网络发送分组,即需要解析特定的 ATM 地址时,生成并发送 NHRP 请求 IP 包,NHRP 服务器接收后可以反馈回应包,否则 NHRP 服务器查找其路由表以决定到达该目的节点的下一个 NHRP 服务器并转发该请求,直到找到目的 NHRP 服务器,然后由后者返回一个 NHRP 回应,以相反的顺序经过同样的一系列 NHRP 服务器,最后到达请求节点。这样,请求节点就可以建立一个直接数据连接,从而可以越过子网边界建立 ATM VCC,使得子网间可以不通过路由而进行通信。

### 5.6.3 Ipsilon 提出的 IP Switch

IP Switch 由 Ipsilon 网络公司开发,以提高 IP 的速度和提供服务质量支持为目标,抛弃了面向连接的 ATM 的软件功能,转而直接在 ATM 的硬件上实现无连接的 IP 路由。这种方法兼有无连接的 IP 所具有的健壮性和可伸缩性,又有 ATM 交换的速度、容量及扩展性。

IP 交换是标准的 ATM 交换加上连接于 ATM 交换机端口上智能的软件控制器,即 IP 交换控制器,如图 5-56 所示。

IP 交换的基本思想是:IP 交换机将数据流的初始分组交给标准的路由模块(IP 交换机的一部分)处理,如果 IP 交换机检测到一个流中有足够数量的分组,则认为属于长期数据流,于是协同相邻 IP 交换机或边缘设备建立流标记,后续的分组就可以高速地标记交换,也就相当于绕过了处理速度慢的第三层路由模块。IP 交换网关或边缘设备负责标记处理和标记转换。

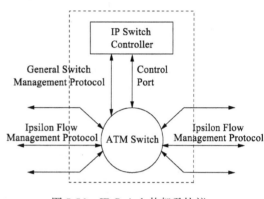

图 5-56 IP Switch 构架及协议

IP 交换控制器一方面执行传统的路由协议,如 RIP、OSPF 和 BGP,将分组以正常的方式通过默认转发信道转发给受控节点,即 IP 交换机或边缘设备。另一方面,IP 交换控制器负责数据流分类,当识别出长期数据流后,IP 交换控制器就要求源节点给该数据流打上标记并使用新的虚信道。如果源端设备同意请求,该数据流就通过新的虚信道流向下一节点,后续节点也继续执行这样的动作,于是源端设备到终端边缘设备之间建立直通连接。这样,IP 交换机将以仅受交换引擎限制的速率转发分组。

因为长期数据流不再通过 IP 路由器,所以原有 IP 路由器的负荷也明显降低。IP 交换技术中流的分类和交换在本地执行,而不是基于端到端的基础,从而保留了 IP 的无连接特点。此外,流的分类使 IP 交换同样有效地支持长期数据和短期突发数据。

### 5.6.4 Cisco 提出的 Tag Switching

Cisco 公司提出的 Tag 交换技术(RFC2105)是基于网络拓扑结构的 IP 交换。Tag 交换网络包含 3 个元素:标记边缘路由器、标记交换机和标记分发协议。

标记边缘路由器是位于 Tag 交换网络边缘且具有完整的下三层功能的路由设备,负责检查到来的分组并在转发给标记交换网络之前附加上适当的短标记,当分组离开标记交换网络时删去该标记。标记边缘路由器还支持增值的三层服务,如安全、计费和 QoS 分类等,这些功能不需要新增特别的硬件,仅通过软件升级就可以具有标记边缘路由器的功能。Tag 封装可以有多种方法,标记可以插入 ATM 信元的 VCI 域、IPv6 的 Flow Label 域或在第二层和第三层头信息之间,或作为第二层头或网络层头的一部分,因此可以支持 ATM 链路、HSSI 及 LAN 接口等不同物理媒体。

　　标记交换机是标记交换网络的核心,能基于快速硬件技术来实现简单而快速的标记查询,并快速转发分组。

　　标记分发协议提供了标记交换机和其他标记交换机或标记边缘路由器交换标记信息的方法。标记边缘路由器和标记交换机用标准的路由协议(如 BGP、OSPF)建立它们的路由数据库。相邻的标记交换机和标记边缘路由器通过标记分发协议彼此分发存储在标记信息库(TIB)中的标记值。

　　对于单播,Tag 交换通过在邻近双方建立 TCP 连接,然后向相邻节点分发 Tag 标记;对于 Tag 堆栈,由 BGP 的 piggy-back 进行高层次 Tag 分发。对于组播,没有普遍通用的支持。在 PIM 环境中,用 PIM 的控制消息携带 Tag 绑定信息。

　　Tag 交换也支持 RAVP,通过对 RSVP 进行扩展来携带有关 Tag 绑定信息。对于显式路由,通过在 RSVP 中加入一个新的源路由对象来支持。

　　Tag 交换的主要工作流程如下。

　　(1)标记边缘路由器和标记交换机用标准的路由协议来识别路由,可以与非标记交换的路由器互操作。标记分发协议给用标准路由协议生成的路由表赋予标记信息并分发,标记边缘路由器接收标记分发协议信息并建立转发数据库。

　　(2)当标记边缘路由器收到需要通过标记交换网络转发的分组时,先分析其网络层头信息,执行可用的网络层服务,从其路由表中给该分组选择路由,打上适当的标记后转发到下一节点的标记交换机。标记交换机收到带标记的分组,仅基于标记来进行交换,而不再分析网络层头信息。当分组到达标记交换网络出口处的标记边缘路由器,标记被去掉,继续正常向目的地转发。

　　(3)在标记交换网络中,标记分发协议和标准路由协议可以用目标前缀标记算法集合起来,此算法可以在数据流穿过网络前在 TIB 中建立标记信息。这有两点作用,一是流中的所有分组都可以被标记交换,即使是突发短数据也如此;二是因其基于拓扑,对应每对源/目的都能分配一个标签。相对而言,IP 交换中只有长期数据流并在一定数目的分组经过后才建立起捷径,因此,标记交换比基于流的机制更多地使用标签,对捷径的利用度更高。

## 5.6.5　拓扑捷径路由方式

　　拓扑捷径路由方式专门针对以相互拓扑关系为基础的 IP 流,即 IP 流中的所有 IP 分组路由在同一个 IP 子网中。这种捷径路由方式的实现基于 Tag Switching,由转发部分和控制部分组成。转发机制是一种简单的标记交换机制,核心内容是处于 Tag Switching 系统边缘的路由器将每个输入交换机帧的网络层地址映射为简单的标记,然后把帧转化成打了标记的 ATM 信元,打了标记的 ATM 信元被映射到 VC 上,在网络核心由支持 Tag Switching 的 ATM 交换机进行标记交换。控制机制以第三层协议为基础来维持正确的标记传输信息。当信息传到目的地后,目的地边缘路由器去掉信元中的标记,把信元转换为帧并将其送往接收者。

## 5.6.6　基于 IP 交换的集群路由

　　IBM 提出基于 IP 交换的集群路由(Aggregate Route Based IP Switching,ARIS),通过以介质的速率交换数据包来改善 IP 的集群吞吐量。在这种特定的群集路由网络中,用集成的交换式路由器(ISR)代替交换机/路由器,并从 OSPF 和 BGF 这样的路由协议所提供的信息之中提取出来常用的出口节点,并预先建立到这些节点的交换路径。ISR 通过交换 ARIS 消息来建立交换路径,并以树的形式存在出口节点上。当收到一个数据包,入口 ISR 在它的转发信息库(FIB)

里执行常规的最长前缀匹配,以获得连接目标的交换路径标记,并在该交换路径上传送数据包。如果没有发现匹配的记录,那么使用默认的跃进转发路径,数据包转发到下一站。

建立和管理交换路径的 ARIS 消息包括如下。

- 初始化:由 ISR 发给它的邻居的第一个消息,用来通报它存在,周期性重发,直到收到。
- 保持活动消息:由 ISR 发给它的邻居,用来通报它继续存在。仅在给定时间内没有其他 ARIS 消息发给邻居时,该消息才会发出。
- 建立消息:由 ISR 周期性地发出或作为对触发消息的回应,发给它上游的邻居来建立或刷新交换路径。ISR 接收一个要求出口节点的建立消息,就检查路径是否正确,回路是否空闲。如果还没有,撤销原先的路径,并使用建立消息建立一个新路径。
- 触发消息:在 ISR 拆卸掉原先到达出口标识的交换路径之后,由 ISR 发给它下游新的邻居请求一个建立消息。
- 拆卸消息:在 ISR 释放它同出口标识之间的连接时发出。
- 确认消息:回应 ARIS 消息,可能肯定也可能否定。

# 5.7  多协议标记交换

前一节内容介绍了在 MPLS 技术方案提出之前,已有多种集成模式解决方案所采取的加快数据分组传递速率的基本方法都从 IP 路由器获取控制信息,将其与 ATM 交换机的转发性能和标签交换方式相结合,从而构建成一个高速而经济的多层交换路由器。但是,各种方案不能互通,部分技术仅适用于 ATM 作为第二层的传输链路,不能工作在其他多种媒体(如帧中继、点对点协议、以太网)中,这与 Internet 基于分组的发展方向相矛盾。然而,所有的 IP 交换技术都意识到将选路和交换综合起来无疑具有极大的优势,选路当然是 Internet 的要求所在,而交换则提供便宜的、高容量的分组/信元硬件级转发能力。

为了解决上述问题,需要有一种可运行于任何链路层技术上的被多厂商共同遵循的标准。事实上,在 Cisco 宣布 Tag Switch 之后一直努力使之标准化,在提出了一系列有关标签交换的 Internet 草案后不久,关于 MPLS 的 BOF 会议就在 1996 年 10 月召开了。Cisco、IBM、Toshiba 均参加了这次会议。由于多个公司生产的非常相似的产品解决了当时网络中出现的新问题,因此这一技术标准化成为会议主要议题。尽管当时还有人在怀疑这些技术能否解决网络中的新问题(如有人认为快速路由器会使这个问题变得更为混乱),但毋庸置疑的是,如果没有一个标准化工作组,则会出现更多的互不兼容的标记交换产品。MPLS 工作组的第一次会议在 1997 年 4 月召开,MPLS 合并网络层选路和标签交换而形成一个单一的解决方案,改善了选路的性能,降低了成本,拓展了传统的叠加模式选路的功能,在引入和实施新业务时更加灵活。

## 5.7.1  MPLS 概述

多协议标记交换(Multi Protocol Label Switching,MPLS)是 IP 通信领域中的一项技术,改进了传统的 IPOA(IP over ATM)技术。它采用集成模式,将 IP 技术与 ATM 技术良好地结合在一起,改进了网络层的可扩展性和灵活性,可支持多种网络层协议及不同的路由协议。MPLS 吸收了一些 ATM 的 VPI/VCI 交换思想,无缝集成了 IP 路由技术的灵活性和二层交换的简捷性,在面向无连接的 IP 网络中增加了 MPLS 这种面向连接的属性。

MPLS 网络结构具备运行在任何数据链路上而不仅是 ATM 的能力,因此,一个网络供应商可能在一个包含 PPP、帧中继、ATM 和广播 LAN 数据链路的域上配置并运行 MPLS。MPLS 不受限于链路层技术,可工作于任何传送媒质,并具有链路层的高速交换和业务量管理能力,可以对要求不同服务质量的流分配不同的标记。借助 RSVP,并根据该标记提供相应的服务,从而兼具了 ATM 的高速性能、QOS 性能、流量控制性能与 IP 的灵活性、可扩充性,它不仅能够解决当前网络中存在的大量问题,而且能够支持许多崭新的功能,所以是一种较为理想的骨干 IP 网技术。

　　MPLS 热点应用逐步转向 MPLS 流量工程和 MPLS VPN 等。MPLS 流量工程技术成为在 IP 网中一种主要的管理网络流量并减少拥塞,且一定程度上保证 IP 网络 QoS 的重要工具。采用 MPLS 建立的 VCC 成为 IP 网络运营商解决企业互联、提供增值业务的重要手段。

### 5.7.2  MPLS 基础

#### 1. MPLS 基本原理

　　MPLS 网络的核心设备是标签边缘路由器(Label Edge Router,LER)和标签交换路由器 (Label Switching Router,LSR),如图 5-57 所示。LER 负责分析 IP 包头,决定相应的传输级别和标签交换路径。LSR 结合了 ATM 交换机与传统路由器,由控制单元和交换单元组成,实现标签分发并能够根据标签转发分组,交换路径可以是点到点、多点到一点、一点到多点和多点到多点的各种路径。LSR 相对简化了网络层的复杂度,兼容现有的主流网络技术,降低了网络升级的成本。在 LSR 内,MPLS 控制模块以 IP 功能为中心,转发模块基于标签交换算法,并通过标签分发协议(Label Distribution Protocol,LDP)在节点间完成标签信息及相关信令的发送。

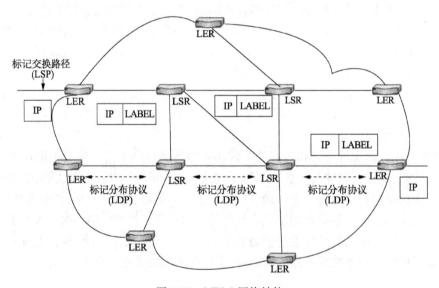

图 5-57    MPLS 网络结构

　　IP 数据包仅在 MPLS 网络边缘节点,通过路由表查询并分配相应的转发等价类(Forward-ing Equivalence Class,FEC),同时采用固定长度的标签对该 FEC 进行描述与编码,并将此标签附加到 IP 报头的前面,即意味着该报头信息不再用于网络中后续标签交换路由器的索引操作。对于相应的处于 LSP(Label Switching Path)中的标签交换路由器,利用数据包携带的标签信息库(LIB)进行索引,确定相应的下一跳,在 LSR 出端口用新的标签替换原有的标签。这样,携带新标签的数据包便沿着 LSP 向目的地转发。

Label 是一个短而具有固定长度且用于识别和区分转发等价类(FEC)的标志,仅在相邻的 LSR 之间有意义,其具体的编码与封装规则可参见 RFC3032。采用逐跳前传机制,包括选择数据包的下一跳,在 LSR 内完成标签的分配、转发与替换操作。

LDP 是 MPLS 的控制协议,用于在 LSR 之间交换信息,完成 LSP 的建立、维护和拆除等功能,LDP 信令及标签绑定信息只在 MPLS 相邻节点间传输。

转发等价类是在 MPLS 网络中经过相同的 LSP 且完成相同的转发处理的一些数据分组,这些数据分组具有某些相同的特性。FEC 的划分通常依据网络层的目的地址前缀或主机地址。

需要注意的是,LSP 的建立基于标准的 IP 路由协议。LSR 之间或 LSR 与 LER 之间依然需要运行标准的路由协议,并由此获得拓扑信息。通过这些信息,LSR 可以明确选取数据包的下一跳并可最终建立特定的 LSP。

MPLS 使用控制驱动模型,即基于拓扑驱动方式对用于建立 LSP 的标签绑定信息的分配及转发进行初始化。LSP 属于单向传输路径,因而全双工业务需要两条 LSP,每条 LSP 负责一个方向上的业务。LSP 是 MPLS 网络为具有一些共同特性的分组通过网络而选定的一条通路,由入口的边缘交换路由器、一系列核心路由器、出口的边缘交换路由器,以及它们之间由标记所标识的逻辑信道组成。

MPLS 标签交换工作可简单概括为 3 个主要步骤。

(1)由 LDP 和传统路由协议(OSPF、IS-IS 等)一起,在 LSR 中建立路由表和标签映射表。

(2)LER 接收 IP 包,完成第三层功能,并给 IP 包加上标签;在 MPLS 出口的 LER 上,将分组中的标签去掉后继续进行转发。

(3)LSR 对分组不再进行任何第三层处理,只是依据分组上的标签通过交换单元对其进行转发。

2. MPLS 的标签

MPLS 介于数据链路层与网络层之间,MPLS 可以承载 IP 包,也可以承载 AAL5 包,甚至 ATM 信元等,可以承载 MPLS 标签的帧或信元包括 PPP 帧、以太帧、ATM Cell 和帧中继帧等,具体插入的位置见图 5-58。

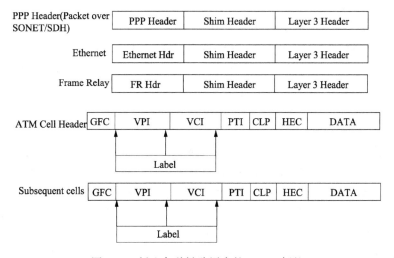

图 5-58　插入各种链路层中的 MPLS 标签

对于 ATM 或帧中继,MPLS 直接分别采用 VPI/VCI 或 DLCI 作为转发的标签。对于 PPP 或以太网 2 层封装,MPLS 包头结构包含 20 位的标签、3 位的 CoS、1 位的 S,用于标识这个 MPLS 标签是否是最低层的标签和 8 位的 TTL。

MPLS 可以看成是一种面向连接的技术。通过 MPLS 信令或手工配置的方法建立好 LSP 以后,在标签交换路径的入口把需要通过这个标记交换路径的数据包打上 MPLS 标签,中间路由器在收到 MPLS 数据包以后直接根据 MPLS 报头的标签进行转发,而不用再通过 IP 包头的 IP 地址查找。在 MPLS 标记交换路径的出口(或倒数第二跳)去除 MPLS 标签,还原出原来的 IP 包(在 VPN 时可能是以太网数据包或 ATM 数据包等)。

### 3. 标记栈的工作流程

标记是一个长度固定(20 位)且仅有本地意义的标识符。一个 3 位服务类型域、1 位标签栈指示域和 1 位的 TTL 域等共同构成 MPLS 头,也称为垫层。MPLS 标签位于 2 层和 3 层之间,服务数据单元一般是 IP 包,也可以通过改进直接承载 ATM 信元和 FR 帧。

MPLS 分组上承载一系列按照"后进先出"方式组织起来的标记,该结构称为标记栈,从栈顶开始处理标记。若一个分组的标记栈深度为 $m$,则位于栈底的标记为 1 级标记,位于栈顶的标记为 $m$ 级标记。未打标记的分组可看成是标记栈为空(即标记栈深度为零)的分组。标记分组到达 LSR,通常先执行标记栈顶的出栈操作,然后将一个或多个特定的新标记压入标记栈顶。如果分组的下一跳为某个 LSR,则该 LSR 将栈顶标记弹出并将由此得到的分组"转发"给己。此后,如果标记弹出后标记栈不空,则 LSR 根据标记栈保留信息决定后续转发;如果标记弹出后标记栈为空,则 LSR 根据 IP 分组头路由转发该分组。

### 4. 标记交换路径

MPLS 功能的本质是将分组业务划分为 FEC,相同 FEC 的业务流在 LSP 上交换。一般来说,下游节点向上游节点分发标记,连成一串的标记和路由器序列就构成了 LSP。

LSP 的建立可以使用两种方式:独立方式和有序方式。

(1)在独立方式中,任何 LSR 可以在任何时候为每个可识别的 FEC 流进行标记分发,并将该绑定分发给标记分发对等体。

(2)在有序方式中,一个流的标记分发从这个 FEC 流所属的出口节点开始,由下游向上游逐级绑定,这样可以保证整个网络内标记与流的映射完整一致。LSP 有序控制方式和独立控制方式应能够相互操作。在一条 LSP 中,如果并非所有的 LSR 均使用有序控制,则控制方式的整体效果为独立控制。

### 5. MPLS 路由选择

MPLS 使用两种路由方法:逐跳路由和显式路由。逐跳路由使用传统的动态路由算法来决定 LSP 的下一跳,每个节点独立地为 FEC 选择下一跳,下一跳的改变由本地决定,发生故障时路径的修复也由本地完成。显式路由则使用流量工程技术或者手工制定路由,不受动态路由影响,路由计算中可以考虑各种约束条件(如策略、CoS 等级),每个 LSR 不能独立地选择下一跳,而由 LSP 的入口/出口 LSR 规定位于 LSP 上的 LSR。

逐跳路由在实现上比较简单,可以利用传统路由协议(如 OSPF、IS-IS)及现有设备中的路由功能,但对于故障路径的恢复有赖于路由协议的汇聚时间,并且不具备流量工程能力。显式路由可以根据各种约束参数来计算路径,可以赋予不同 LSP 以不同的服务等级,可以为故障的 LSP 进行快速重路由,适用于实现流量工程与 QoS 业务,能够更好地满足 ISP 的特定要求。

### 5.7.3 MPLS 的关键技术

#### 1. MPLS 的信令方式

建立 MPLS 标记交换路径的信令主要有 LDP/CR-LDP(RFC3412)、RSVP-TE(RFC3477)、BGP 扩展等,其中 LDP/CR-LDP 和 RSVP-TE 用来建立标签连接通路。LDP 的标签分配模式有下游按请求分配标签模式(Downstream on Demand, DoD)和下游未被请求标签分配模式(Downstream Unsolicited, DU)两种方式,LDP 能够建立到某个目的路由或目的子网的 LSP,起到建立虚连接的作用。CR-LDP 和 RSVP-TE 则能够携带带宽、部分明确路由、着色等约束参数,CR-LDP 或 RSVP-TE 可以通过流量工程的约束路由计算建立满足这些约束条件的 LSP。其中,LDP/CR-LDP 是 ITU-T 认可的 MPLS 信令标准,也是中国国标中认定的 MPLS 信令标准。BGP 的各种扩展则可以为 MPLS VPN 建立跨 AS 域的外层承载隧道,或者是 VPN 应用分配 VPN 的内层标签。

CR-LDP 是 LDP 的扩展,使用与 LDP 相同的消息和机制,如对等发现、会话建立和保持、标签发布和错误处理。另外一类是 RSVP,基于传统的 IP 路由协议。RSVP 和 LDP/CR-LDP 是两种不同的协议,它们在协议特性上存在不同点,有不同的消息集和信令处理规程。从协议可靠性上来看,LDP/CR-LDP 基于 TCP,当发生传输丢包时,利用 TCP 提供简单的错误指示以实现快速响应和恢复。RSVP 只是传输 IP 包,由于缺乏可靠的传输机制,RSVP 无法保证快速的失败通知。从网络可扩展性上看,LDP 比 RSVP 更有优势,一般电信级网络中尤其是 ATM 网络中应采用 MPLS/LDP。ITU-T 倾向于在骨干网中采用 CR-LDP。目前,所有支持 MPLS 功能的路由设置都同时支持 CR-LDP 和 RSVP 两种 MPLS 的信令协议。

#### 2. MPLS 的主要元素

MPLS 通过简单的核心机制来提供丰富的标签分配及相关处理功能。构成 MPLS 协议框架的主要元素有 LDP、标签映射表(LIB)和标签转发信息库(LFIB),其中 LIB 和 LFIB 分别为存储标签绑定信息和相应标签转发信息的数据库。

为了能够在 MPLS 域内明确定义且分配标签,同时使用网络内各元素充分理解其标签含义,LDP(RFC3036)提供一套标准的信令机制用于有效地实现标签的分配与转发功能。LDP 基于原有的网络层路由协议构建标签信息库,并根据网络拓扑结构在 MPLS 域边缘节点(即入节点与出节点)之间建立 LSP。

LDP 信令位于 TCP/UDP 之上,通过 TCP 层保证信令消息可靠传输,同时基于 UDP 传输发现消息。LDP 信令传输使用的 TCP 和 UDP 端口号均为 646。相邻的 LSR 之间必须建立一条非 MPLS 连接链路作为信令通道,用于传输 LDP 信令数据包。对于 ATM 链路,默认的信令通道是 VPI=0,VCI=32;对于帧中继链路,默认的信令通道是 DLCI=15。

#### 3. LSR 功能实现

LSR 是 MPLS 网络的基本单元,软件框架结构如图 5-59 所示。LSR 主要由控制单元与转发单元两部分构成,这种功能上的分离有利于控制算法的升级。其中,控制单元负责路由的选择、MPLS 控制协议的执行、标记的分配与发布，以及标记信息库（LIB）的形成。转发单元则只负责依据标记信息库建立 LFIB，对标记分组进行简单的转发操作。其中，LFIB 是 MPLS 转发的关键，LFIB 使用标记来进行索引，相当于 IP 网络中的路由表。LFIB 表项的内容包括入标记、转发等价类、出标记、出接口、出封装方式等。

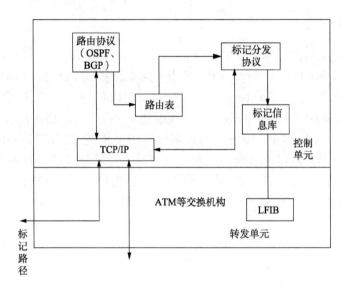

图 5-59　MPLS 交换节点的功能框图

## 5.7.4　MPLS 的技术特点

### 1. 与 ATM 比较

根据前面描述的内容，MPLS 实质上是当 IP 包进入 MPLS 网络时被分配一个短小且长度固定的标记供 MPLS 头封装这个 IP 包，该标记具有本地意义，又能区别其他的信息流。MPLS 网络中所有的转发机制都依据这个标签，该标签告诉路径上的交换节点如何处理和转发数据。在离开 MPLS 网络时解封装 MPLS 头。

从 ATM 的观点来看，MPLS 应该被看成是另一个控制平面，是 IP 选路的一部分，一种建立 ATM 的 VC 的方法。当运行在 ATM 硬件上时，MPLS 和 ATM 论坛协议都采用了相同的分组格式（53 字节的信元）、相同的标签（VPI/VCI）、相同的标签交换和转发机制及相同的入口和出口功能，又都需要连接建立协议（如 MPLS 的 LDP 和 ATM 的 UNI/PNNI），根本的差别在于 MPLS 没有采用 ATM 寻址、选路和协议。MPLS 采用 IP 寻址、动态 IP 选路和控制协议 LDP，LDP 把 FEC 映射成标签，而后形成 LSP。

在一般情况下，MPLS 只涉及创建和分发 FEC/标签映射，这样就可以通过一个网络的默认或非默认路径更好更有效地转发 IP 业务量。MPLS 主要通过 IP 选路协议驱动并唯一为选路的 IP 业务量而设计。

### 2. 路径优先级及碰撞

在网络资源匮乏时，保证优先级高的业务优先使用网络资源。MPLS 通过设置 LSP 的建立优先级和保持优先级来实现。每条 LSP 有 $n$ 个建立优先级和 $m$ 个保持优先级。优先级高的

LSP 先建立,并且如果某条 LSP 建立时,网络资源匮乏,而它的建立优先级又高于另外一条已经建立 LSP 的保持优先级,那么它可以将已经建立的那条 LSP 断开,让出网络资源供它使用。

3. 负载均衡

MPLS 可以使用两条和多条 LSP 来承载同一个用户的 IP 业务流,合理地将用户业务流分摊到这些 LSP 之间。

4. MPLS 的 QoS 控制

有两种方法用于 MPLS 流中指示服务类别。一种是利用 IP Precedence 值(TOS 的前三位),它被复制到 MPLS 头中的 CoS 字段,典型的应用是核心路由器。在另一种方式中,MPLS 可用不同组的标签指定服务类别,交换机可自动获知流量,需要按优先级排队。目前,MPLS 支持最多 8 种服务类别,编码与 IP Precedence 相同。这一数量会增加,原因是标签的数量多于 IP 前导的服务类别。采用标签分类后实际的服务类别数量无限多。

5. 路径备份和故障恢复

可以配置两条 LSP,一条处于激活状态,另外一条处于备份状态,一旦主 LSP 出现故障,业务立刻导向备份的 LSP,直到主 LSP 从故障中恢复,业务再从备份的 LSP 切换到主 LSP。当一条已经建立的 LSP 在某一点出现故障时,故障点的 MPLS 会向上游发送注意消息,通知上游 LER 重新建立一条 LSP 来替代这条出现故障的 LSP。上游 LER 就会重新发出请求消息,建立另外一条 LSP 来保证用户业务的连续性。

### 5.7.5　MPLS 的典型应用

MPLS 网络的应用主要在三个方面:支持 IP 网络的 QoS,支持 IP 网络的流量工程,支持 IP 网络的服务功能,如 VPN。事实上,MPLS 最重要的优势及设计初衷在于它能够为 ISP 提供传统 IP 路由技术所不能支持的要求保证 QoS 的业务。通过 MPLS 技术,ISP 可以提供各种新兴的增值业务,有效实施流量工程和计费管理措施,扩展和完善更高级的基础服务。

1. MPLS 在 VPN 中的应用

为给客户提供一个可行的 VPN 服务,ISP 要解决数据保密及 VPN 内专用 IP 地址重复使用问题。由于 MPLS 的转发基于标签的值,并不依赖分组报头内所包含的目的地址,因此它有效地解决了这两个问题。

MPLS 的标签堆栈机制使其具有灵活的隧道功能,用于构建 VPN,通常采用两级标签结构:高一级标签指明数据流的路径,低一级标签作为 VPN 的专网标识指明数据流所属的 VPN。分配一组 LSP 为 VPN 内各站点之间提供链接,利用带有标签的路由协议更新消息或标签分配协议 LDP 分发路由信息。

MPLS 的 VPN 识别器机制支持具有重叠专用地址空间的多个 VPN。

因此,在 MPLS 网络中,每个入口 LSR 同时根据包的目的地址和 VPN 关系信息将业务分配到相应的 LSP 中。

MPLS VPN 根据不同的扩展方式可以划分为基于 BGP MPLS 的 VPN 和 LDP 扩展 VPN。根据 PE(Provider Edge)设备是否参与 VPN 路由,可以划分为二层 VPN 和三层 VPN。

BGP MPLS 的 VPN 主要包含骨干网边缘路由器(PE)、用户网边缘路由器(CE)和骨干网核心路由器(P)。PE 上存储 VPN 的虚拟路由转发表(VRF),用来处理 VPN-IPv4 路由,是三层 MPLS VPN 的主要实现者;CE 上分布用户网络路由,通过一个单独的物理/逻辑端口连接到 PE;P 是骨干网设备,负责转发 MPLS。

多协议扩展 BGP(MP-BGP)承载携带标记的 IPv4/VPN 路由,有 MP-IBGP 和 MP-EBGP 之分。根据 PE 设备是否参与 VPN 路由又细分为二层 VPN 和三层 VPN。从整体来说,MPLS VPN 还处于发展阶段。其中,三层 MPLS BGP VPN 相对来说比较成熟,其组网方案如图 5-60 所示,三层 MPLS BGP VPN 组网方案包含下列组件。

- PE:骨干网边缘路由器,用于存储 VRF,处理 VPN-IPv4 路由。
- CE:用户网边缘路由器,分布用户网络路由。
- P:骨干网核心路由器,负责转发 MPLS。

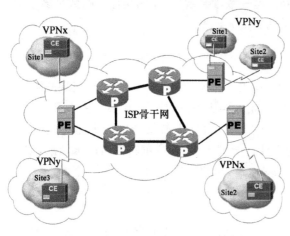

图 5-60　三层 MPLS BGP VPN 组网方案

- VPN 用户站点:是 VPN 中的一个孤立的 IP 网络,一般来说,不通过骨干网不具有连通性,公司总部、分支机构都是 VPN 用户站点的具体例子。

- 三层 MPLS BGP VPN 适用于固定的 Intranet/Extranet 用户,每个 VPN 用户站点代表 Intranet/Extranet 中的总部、分支机构等。MPLS BGP 三层 VPN 还可以为跨不同地域但是没有各自骨干网的运营商提供 VPN 互连,即提供"运营商的运营商"模式的 VPN 网络互连业务。

MPLS BGP VPN 扩展了 BGP NLRI 中的 IPv4 地址,在其前增加了一个 8 字节的 RD (Route Distinguisher)来标识 VPN 的成员。每个 VRF 配置策略规定一个 VPN 可以接收哪些成员的路由信息,可以向外发布哪些成员的路由信息。每个 PE 根据 BGP 扩展发布的信息进行路由计算,生成相关 VPN 的路由表。

PE-CE 之间交换路由信息可以通过静态路由、RIP、OSPF、IS-IS,以及 BGP 等路由协议。通常采用静态路由,这可以减少因 CE 设备管理不善等原因造成对骨干网 BGP 路由产生振荡的影响,保障了骨干网的稳定性。

目前,运营商网络规划的现状决定现有的城域网或广域网可能自成一个自治域,这时就需要解决跨域互通问题。三层 MPLS BGP VPN 引入了自治系统边界路由器(ASBR),在实现跨自治系统的 VPN 互通时,ASBR 同其他自治系统交换 VPN 路由。现有的跨域解决方案有 VRF-to-VRF、MP-EBGP 和 Multi-Hop MP-EBGP 三种方式。

对于二层 MPLS VPN,运营商只负责提供给 VPN 用户二层的连通性,不需要参与 VPN 用户的路由计算。在提供全连接的二层 VPN 时,与传统的二层 VPN 一样,存在多方面的问题,即每个 VPN 的 CE 到其他 CE 都需要在 CE 与 PE 之间分配一条物理/逻辑连接,这种 VPN 的扩展性存在严重的问题。

用 LDP 扩展实现的二层 VPN 也可以承载 ATM、帧中继、以太网/VLAN 及 PPP 等二层业务,在实现上只需增加一个新的能够标识 ATM、帧中继、以太网/VLAN 或 PPP 的 FEC 类型即可。相对于 MPLS BGP VPN,LDP 扩展在于只能建立点到点的 VPN,二层连接没有 VPN 的自动发现机制;优点是可以在城域网范围内建立透明的 LAN 服务(TLS),通过 LDP 建立的 LSP进行 MAC 地址学习。

2. MPLS 流量工程

虽然传统的 IP 路由协议具有协议简单、面向无连接、在出现链路故障时路由重新收敛速率快的优点。一旦为一个 IP 数据包选择了一条路径,则不管这条链路是否拥塞,IP 包都会沿着这条路径传输,这样就会造成整个网络在某处资源过度利用,而另外一些地方网络资源闲置不用。IP 网络原本考虑的只是网络的互连,对网络的 QoS 基本没有考虑。

一个成功的流量工程解决方案能够平衡网络中的各种链接、路由器和交换机上的网络汇集业务负载,使这些特定的单元不会被过度使用,也不会未被充分利用,这样可以使网络的运行更为有效,并能提供更多的可预测的业务。流量工程是 ISP 能够将业务流从 IGP 计算得到的最短路径转移到网络中潜在的且具有较少阻塞的物理路径上。

MPLS 流量工程技术可以实现流量的均衡调度及 QoS 保障。MPLS 可以控制 IP 包在网络中所走过的路径,这样可以避免 IP 包在网络中的盲目行为,避免业务流向已经拥塞的节点,实现网络资源的合理利用。

MPLS 流量工程通过在网络中建立一条、数条、甚至全连接的 LSP 及对网络流量进行调度的方法实现网络流量的均衡。通常在网络中,一些链接可能负荷饱满甚至超负荷,另外一些链接的流量却较少,在建立进行流量旁路的 LSP 时,就需要绕开负荷较大的链路,选择负荷较小的链路。这样就可以有目的地把流量从负荷大的链路转移到负荷较小的链路,从而达到平衡网络流量的目的,如图 5-61 所示。所有的分组都通过入口 LSR 进入 MPLS 网络,并通过出口 LSR 离开 MPLS 网络。对于特定的 FEC,带标签的分组到达出口 LSR 之前,必须经过指定的 LSP。LSP 是单向的,即返回特定 FEC 中的数据流时,将使用不同的 LSP。

LSP 的建立可以是控制驱动(也就是由控制流量触发),也可以是数据驱动(也就是特殊流触发)。IP 包和 LSP 之间的映射必须在 LSR 的入口通过为一个标签指定一个 FEC 发生。LSR的入口使用一个 FEC 到 NHLFE(Next Hop Label Forwarding Entry)的映射,在转发的数据包没有标签及在转发前将被标记时使用。

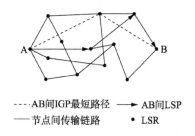

····· AB间IGP最短路径　　──▶ AB间LSP
──── 节点间传输链路　　•  LSR

图 5-61　通过服务提供商网络的流量工程 LSP 与 IGP 最短路径比较

为了建立 LSP,LSR 使用信令信息来协调和分发标签。这些信令信息既可以用 LDP 来承载,也可以用扩展的 RSVP 来承载。在建立 LSP 及支持流量工程的约束路由上两种协议可以提供相类似的功能。

MPLS 流量工程可以支持 LSP 的抢占,对于带宽较大的 LSP,或比较重要的用户,可能希望它有较高的抢占优先级,可以去抢占其他 LSP 的资源。对于一些不是非常重要的 LSP 则可以被抢占。同样,一些 LSP 在建立好了以后可能就不希望被抢占。现在的 MPLS 流量工程支持 8 个抢占优先级和 8 个保持优先级。

MPLS 流量工程支持着色,每个链路可以含有一个或多个颜色,它可以用来标识这个链路是否支持 VoIP 业务,或者只支持尽力的传输业务,也可以用来标识链路的地理位置,在建立 LSP 时保证在一个区域里的 LSP 不会绕出本区域。

在 MPLS 网络中传输 VoIP 流时,一般采用扩展的 RSVP 分发标签绑定信息。因此,在 IP 网络上能够执行流量工程有很多的好处,主要体现在两个方面:基于流量和基于资源。前者属于优化关键的流量执行特征,如时延、包丢失及吞吐效率;后者指的是使用最有效的方式,使用可用的网络资源避免阻塞和低利用率。使用流量工程技术的直接好处是在转发流量时能避开阻塞点,失败时能快速地重新选择路由,能有效使用可利用的带宽及 QoS。

MPLS 非常适合为大型 ISP 网络中的流量工程提供基础,原因如下。

• 对于明确路径的支持使网络管理员能够为服务提供商网络的 LSP 定义一条精确的物理路径。

• 每条 LSP 的统计参数可用于网络计划和分析工具的输入,用于确定瓶颈和中继线的使用情况并对将来的扩展进行计划。

• 基于约束的路由提供增强的性能,使 LSP 能在建立之前便满足特定的性能需求。

• 基于 MPLS 的解决方案能够运行在基于分组的网络之上,并不局限在 ATM 结构之上。

MPLS 为 ISP 在处理不同类型业务时提供了极大的灵活性,使它们能够为不同的客户提供不同的业务。优先级只用于将分组分配到几种服务等级中。每个服务等级所支持的服务类型由 ISP 来决定,即区分服务。区分服务模型定义了一系列将业务分配到较少数的服务等级上的机制。用户逐渐将 Internet 作为公共传输工具,包括从传统的文件传输到语音及视频等对时延敏感的业务的不同应用。为满足客户需求,ISP 不仅需要流量工程技术,同时也需要业务分级技术。

### 5.7.6　MPLS 的发展趋势

#### 1. 从骨干网走向边缘网

MPLS 从骨干网走向边缘网已是一种越来越明显的趋势,这一进程将给边缘网带来更大的带宽、更高的智能和更多的服务。在接入网中,利用 MPLS 技术承载的以太网使网络更易于升级和富有弹性。在每个骨干网中,普通以太网只能处理 4 000 个 VLAN,而 MPLS 能使每个路由器最多支持 100 万个标签。

#### 2. 接替 ATM 的主导地位

当初,人们在 ATM 网上提供 IP 服务。目前,从发展趋势看,人们只希望在 IP 网上提供类似 ATM 的服务。因为目前完全替代 ATM 还不可能,所以 MPLS 将在 IP 网上发展。未来,人们将逐渐把 ATM 限制在一小部分有特殊需求的地方,如专网用户租用特定的带宽,并在该线路上实现电话和电视会议。

#### 3. 结合底层光设备

从整个网络发展方向来看,在未来的核心网上,所有新运营商在第一时间内建立的骨干网都采用光节点。MPLS 不再单一存在,它将与底层的光设备相辅相成。以前的 IP 是第一层、第二层和第三层在一起,现在利用 MPLS 的基础,IP 与底层和光设备结合起来,让光来识别 IP 路由,即基于 IP 和驱动光,将来的网络核心是波长路由。

### 4. 第三层路由功能的必要性

由于多方面的原因,如网络边缘节点需要进行 FEC/标签映射,传输节点需要动态路由拓扑信息及在 LDP 对等体之间互通 Hello 消息,防火墙和 ISP 边缘处需要过滤数据包操作和网络中主机的通信方式等,LSR 均无法脱离网络层路由协议,因而 MPLS 工作组认为 Internet 始终需要传统的第三层路由。

### 5. MPLS 的扩展支持能力

MPLS 最重要的优势在于它允许 ISP 提供传统 IP 路由技术所不能支持的新型业务。MPLS 通过支持包括基于目的转发技术在内的多种技术实现增强的路由能力。通过 MPLS 实现的新型节约及增值业务包括流量工程、基于 CoS 转发及 VPN。通过将控制部分和转发部分分离,MPLS 扩展更灵活的控制功能而无须改变转发机制,因此,MPLS 通过支持增强的转发能力来满足 Internet 爆发式增长的需求。因此,直到 2007 年 1 月,都一直有对 MPLS 进行完善和扩展的相关 RFC 标准发布。

## 思考题

1. 逻辑信道与虚电路有何区别?
2. 可采用哪些措施来减少分组交换的时延?
3. 既然传送帧最终是按照硬件地址找到目的主机,那么为什么不直接使用硬件地址进行通信?
4. "共享介质连接组网方式看成是异步时分的交换结构",你对此如何理解? 这种交换结构的交换控制者是谁?
5. "局域网交换机拥有类似电路交换中的空分交换机制",你对此如何理解? 局域网交换机是否还有类似时分交换的功能? 为什么?
6. IP 包首部哪些字段的值在通过一个路由器后可能变化,为什么?
7. 画出路由器转发数据报的流程图。
8. 网络互连有何实际意义? 网络互连需要解决哪些共性问题?
9. RIP 使用 UDP,OSPF 使用 IP,BGP 使用 TCP,这样设计有何优点? 为什么 RIP 能按周期和邻居交换路由信息而 BGP 却不是这样设计的?
10. IP 交换机针对的数据流为什么是长期数据流?
11. 讨论 LER 和 LSR 所完成功能的差异。
12. 试考虑 MPLS 有哪些不足,如何改进。
13. 试归纳总结本章内容中哪些具体技术(包括协议、机制、硬件等)实质上完成了信息或信号的交换。

# 第6章 软交换技术

## 6.1 NGN概述

电信的发展有赖于业务需求和技术的进步。业务需求正朝着语音、数据、视频、图像等多种内容的融合及个性化的方向发展;技术则朝着低成本和高效率利用资源的方向发展来满足业务的需求。基于电路交换技术的传统电信网络由于其资源利用率太低导致建网及维护成本太高而没有竞争优势,特别是对增值业务的支持显得力不从心。

因此,建设一个可持续发展的网络成为当务之急。该网络要求既有分组交换的优势,又具有与电信网相同的服务质量;既保证运营商目前获取语音收益,又能在未来的数据业务和多媒体业务中分得应有的市场份额。于是,一个能够提供融合业务且具有开放接口的层次型网络架构即下一代网络(NGN)应运而生。

### 6.1.1 下一代网络的概念

2004年年初,国际电联给出了NGN(Next Generation Network)的定义:NGN是一种分组网络,它提供包括电信业务在内的多种业务,能够利用多种宽带和具有QoS能力的传送技术,实现业务功能与底层传送技术的分离;它使得用户能自由接入由不同业务提供商提供的网络中,并支持通用移动性,实现用户对业务使用的一致性和统一性。

#### 1. 下一代网络的体系结构

分层开放且分组化的网络架构体系是下一代网络的显著特征。业界基本上按接入层、传送层、控制层、业务层等四层对NGN进行划分,各层之间通过标准的开放接口互连,如图6-1所示。

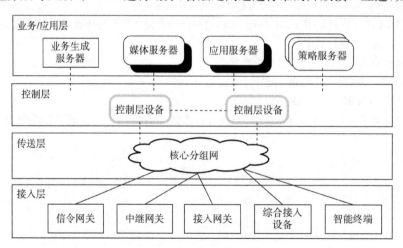

图6-1 下一代网络的体系架构

NGN 按功能规划网络分层结构,在逗号后插入"有垂直体系架构和水平体系架构两种划分网络的方式"。在垂直方向从下往上依次分为接入层、传送层、控制层和业务/应用层;在水平方向上则划分为接入网(包含接入层和传送层)及核心网(包含控制层和业务/应用层)。

(1)接入层负责将用户连至网络,汇集业务量,在控制层的控制下,将业务通过传送层传送至目的地。接入设备一侧支持多种业务的接口,包括各种宽带、窄带和移动、固定用户的接入;另一侧连接高速传输线路,利用分组承载网络,将业务送入传送网络。接入层主要包括各种网关设备和智能终端设备等。

(2)传送层包括承载层和传输层,该层把接入层、控制层和应用层连接在一起。将接入层送入的信息转换成能够在分组网上传递的格式,并选路送至目的地。该层设备主要包含各种交换机和路由器等。

(3)控制层主要负责对各种接入和呼叫进行控制,并配合应用层完成相应业务的控制。基于不同的核心网技术,控制层设备的具体名称、功能、通信协议等均有所不同。

(4)业务/应用层负责在基本呼叫控制的基础上提供和管理各种增值业务。该层还通过开放业务接口,引入新的业务逻辑,更方便快捷地向接入层用户提供新业务。该层的设备有注册鉴权设备、网管和智能网等。

由此可见,下一代网络涉及的技术十分广泛,包括接入层技术、传送层技术、控制层技术和业务/应用层技术等。如果涉及控制层层面,则下一代网络指软交换系统、IMS;对于承载/传输网,则下一代网络指下一代互联网及下一代智能光传送网;对于移动网,则下一代网络指 3G 网或WIFI 网络等;如果涉及接入网层面,则下一代网络指各种宽带接入网。总之,广义的下一代网络实际上是一种包容了几乎所有新型技术的网络。

2. 下一代网络的特征

与传统网络基于电路交换技术不同,NGN 是基于分组交换技术的网络。但与一些传统的分组技术相比,下一代网络更注重带宽利用和业务的 QoS 保证。在继承传统的业务基础上,能够提供丰富的电信业务,其业务实现与传送技术相独立。NGN 是采用开放接口、统一标准的下一代电信网络,其基本特征包括:

- NGN 是业务驱动的网络,业务与呼叫控制分离,呼叫与承载分离。
- NGN 是开放且标准的网络。
- NGN 支持多种接入形式及各种媒体形式。
- NGN 是基于统一协议的分组交换网络。
- NGN 提供开放且丰富多彩的个性化服务。
- NGN 是安全可靠且具有 QoS 保证的通信网络。

## 6.1.2 下一代网络的演进

NGN 取代传统网络是逐步实现的。基于传统电路交换技术的各种业务核心网络在向 NGN的演进过程中各有各的演进路线和步骤。NGN 各层面的演进相对独立,不会互相影响。

- 基于 GSM/GPRS 技术的移动通信网核心网的演进路线是:Phase 0→Phase 1→LMSD→…
- 基于 CDMA 技术的移动通信网的演进路线是:CDMA→CDMA 2000 1x→CDMA 2000(All IP)→…
- 固网 PSTN 的演进路线是:PSTN→(中间阶段)→固定 NGN→…

基于传统交换技术的各核心网络按照各自的步骤分阶段进行演进。PSTN 演进到固定软交换网,GSM/CDMA 网络演进到移动软交换网(R7/LMSD)。FMC(Fixed-Mobile Convergence)是 NGN 发展的大趋势,各核心网都为进一步向 FMC 发展作准备。软交换和 IMS 是 NGN 发展的不同阶段,软交换网建设后会逐步向 IMS 演进,最终实现 FMC。

## 6.2　软交换网络体系

### 6.2.1　软交换概述

#### 1. 软交换的引入

由于在承载技术、业务提供和业务开发方式方面的缺陷,基于电路交换的电信网已经不适应未来的发展,但基于 IP 的 NGN 不会在短期内替代电路交换网,现有的网络将逐步且分层次向 NGN 演进。软交换技术是一种针对传统电话交换网络所存在的缺陷,从技术角度进行了改进而提出的方案。

传统的电路交换网络把业务接入、呼叫处理、业务控制及承载建立(交换矩阵)等四种功能都集中在程控交换机上,这给交换机及时引入新业务和选择灵活的承载网络等方面带来很大的局限性。由于呼叫处理、业务控制、基于 TDM 的承载建立都捆绑在交换机上,因此业务提供、开发、选择适当的承载方式等方面都有相当的局限性。

在对传统网络改造的过程中,在业务提供和开发方面,虽然在引入智能网以后,业务控制由智能网来完成,这在一定程度上使得业务更及时和灵活,但由于智能网本身固有的封闭缺陷,因此,新业务的开发与提供仍非常受限,如图 6-2 所示。在改造承载方面,引入 H. 323 网关,建立 VOIP 分组交换网络,如图 6-3 所示。在该方案中,由于网关设备功能复杂,包括媒体变换、信令转换、呼叫控制等,既要进行呼叫控制,又要进行媒体流的建立及转换,分组处理的时延较长,因此用户规模不可能很大,对网络节点的要求也比较高,这在很大程度上制约了 IP 电话系统的大规模部署。因此,无论是采用智能网的电路交换或采用 H. 323 的混合网络,这种把所有功能都集中在同一种设备上的组网方式已经不能适应未来的发展。

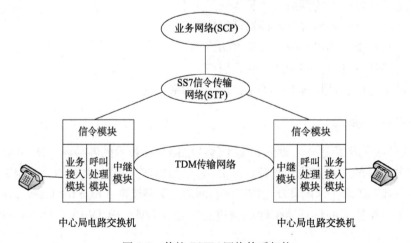

图 6-2　传统 PSTN 网络体系架构

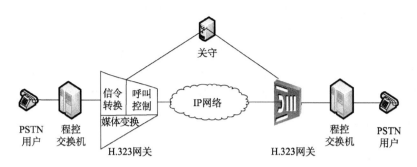

图 6-3 引入 H.323 网关的网络体系

因此,将交换机或网关上的业务接入、呼叫处理、业务控制、承载建立的四个功能分离出来,不同的功能分别由不同的实体完成,各实体之间通过开放的接口和标准的协议进行连接和通信,这种把功能集中变成功能分散的体系结构在提供业务和选择承载网络等方面具有很好的灵活性。分离后的业务逻辑功能由业务层的设备完成,呼叫控制功能由控制层的设备完成,承载建立的功能在控制层设备的控制下由传送层的设备完成,业务接入功能由接入层设备完成,如图 6-4 所示。

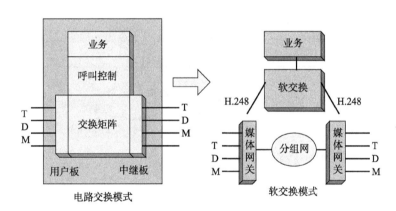

图 6-4 软交换网络的形成

这种软交换技术的网络解决方案既能够继承传统的电话业务,又能提供新型的多媒体业务。在软交换网络中完成呼叫控制功能的实体就是软交换设备,它实际上是一种基于软件的分布式交换/控制平台。简言之,软交换所完成的功能相当于原有交换机所提供呼叫处理的功能,但传统的呼叫控制处理和业务控制捆绑在一起,而软交换则与业务控制无关。这就要求软交换提供的呼叫处理功能是基本呼叫处理,能够与任何业务控制相结合,而对应于不同业务的控制功能则尽可能地转移至外部的业务层完成(如智能网)。

2. 软交换的定义

我国原信息产业部电信传输研究所对软交换的定义是:"软交换是网络演进以及下一代分组网络的核心设备之一,它独立于传送网络,主要完成呼叫控制、资源分配、协议处理、路由、认证、计费等主要功能,同时可以向用户提供现有电路交换机所能提供的所有业务,并向第三方提供可编程能力。"

在下一代网络中,软交换位于控制层,是下一代网络呼叫与控制的核心,是电路交换网与 IP 网的协调中心,其核心思想就是把呼叫控制功能从传统交换机或网关中分离出来,通过服务器上的软件实现对各种媒体网关的控制,从而完成基本呼叫控制功能,包含呼叫选路、管理控制(建立会话、拆除会话)、信令互通(如从 SS7 到 IP)等,以达到 TDM 网络与 IP 网络之间的业务层融合。同时软交换采用 API 方式提供业务开放接口,方便快捷的引入新业务。

### 6.2.2  软交换体系架构

#### 1. 软交换体系架构

将原有程控交换机中业务接入、呼叫处理、连接控制(交换)和业务控制等功能模块独立出来,分别由不同的物理实体实现,进行一定的功能扩展,并通过统一的 IP 网络将各物理实体连接起来,从而构成了软交换网络,如图 6-5 所示。

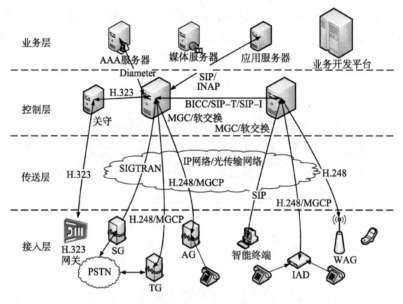

图 6-5  基于软交换的下一代网络体系结构

软交换网络的接入层由各种网关组成,提供各种不同的接入方式;IP 网络、光传输网络构成了软交换网的承载/传输层;呼叫处理(交换)功能模块对应于软交换网络的控制层;业务控制模块对应于软交换网络的业务层。

#### 2. 软交换实体及功能

1)接入层实体

接入层通过媒体网关设备(Media Gateway,MG)为各种用户接入软交换网络提供多种接入手段,并在软交换的控制下将信息转换成为能够在 IP 网络上传递的信息格式;根据接入的用户及业务不同,接入层内的主要网元设备有接入网关、中继网关、信令网关、综合接入设备、边界网关、智能软终端等。

(1)接入网关(Access Gateway,AG):提供模拟用户线接口,可直接将普通电话用户接入到软交换网中,为用户提供 PSTN 中所有的业务,如电话业务、拨号上网业务等,它直接将用户数据及用户线信令封装在 IP 包中。

(2)中继媒体网关(Trunk Gateway,TG):用于完成软交换网络与 PSTN/PLMN 电话交换机的中继连接,将电话交换机 PCM 中继的 64Kbit/s 的语音信号转换为 IP 包。

(3)信令网关(Signal Gateway,SG):用于完成软交换网络与 PSTN/PLMN 电话交换机的信令连接,将电话交换机采用的基于 TDM 电路的 No.7 信令信息转换为 IP 包。TG 和 SG 一起配合,共同完成软交换网络与 PSTN/PLMN 电话网的在业务上的互通。

(4)综合接入设备(Integrated Access Device,IAD):一类 IAD 同时提供模拟用户线和以太网接口,分别用于普通电话机的接入和计算机设备的接入,适用于分别利用电话机使用电话业务、利用计算机使用数据业务的用户;另一类 IAD 仅提供以太网接口,用于计算机设备的接入,适用于利用计算机同时使用电话业务和数据业务的用户,此时需在用户计算机设备中安装专用的软电话软件。

(5)多媒体业务网关(Media Servers Access Gateway,MSAG):用于完成各种多媒体数据源的信息,将视频与音频混合的多媒体流适配为 IP 包。

(6)无线接入媒体网关(Wireless Access Gateway,WAG):用于将无线接入用户连至软交换网。

(7)H.323 网关:将基于 H.323 协议的 IP 电话用户连至软交换网。

由此可知,AG、TG 和 SG 共同完成了传统的电话网络业务接入功能模块的功能,实现了普通 PSTN/PLMN 电话用户语音业务的接入,并将语音信息适配为适合在软交换网内传送的 IP 包。同时,软交换技术还对业务接入功能进行了扩展,体现在 IAD、MSAG、H.323、WAG 等几类媒体网关。通过各种媒体网关,软交换网实现了 PSTN/PLMN 用户、H.323 IP 电话网用户、普通有线电话用户、无线接入用户的语音、数据、多媒体业务的综合接入。

2)传送层实体

传送层(承载/传输层)的作用和功能就是将接入层中的各种媒体网关、控制层中的软交换设备、业务应用层中的各种服务器平台等各个软交换网络的网元连接起来。

鉴于 IP 网能够同时承载语音、数据、视频等多种媒体信息,同时具有协议简单、终端设备对协议的支持性好且价格低廉的优势,因此软交换体系选择了 IP 网作为承载网络。

软交换网中各网元之间均将各种控制信息和业务数据信息封装在 IP 数据包中,通过核心传送层的 IP 网进行通信。

3)控制层实体

控制层提供呼叫控制和承载控制功能,控制层的网元设备主要包括软交换设备和路由服务器两类。软交换的主要功能是控制接入层中所有的媒体网关的业务及媒体网关之间通信,具体功能如下所述。

(1)接入控制功能:对接入层的各种媒体网关的资源进行控制,控制各个媒体网关资源的使用情况,并掌握各个媒体网关的资源占用情况,以确定是否有足够的网络通信资源来满足用户所申请的业务要求。

(2)媒体网关控制功能:对媒体网关之间的通信连接状态进行监视和控制,在用户业务使用完成后,指示相应的媒体网关之间断开通信连接关系。

(3)呼叫处理功能:完成呼叫的路由选择功能,根据用户发起业务请求的相关信息,确定哪些媒体网关之间应建立通信连接关系,并通知这些媒体网关之间建立通信连接关系并监视该通信过程;同时,控制在通信过程中采用的信息压缩编码方式、回声抑制是否启用等。

(4)业务控制功能:根据业务应用层相关服务器中登记的用户属性确定用户的业务使用权限,以确定是否接受用户发起的业务请求。

(5)计费:由于软交换机只是控制业务的接续,而用户之间的数据流不经过软交换机,因此软交换机只能实现按接续时长计费,而无法实现按信息量计费。若要求软交换机具备按信息量计费的功能,则要求媒体网关具备针对每用户的每次使用业务的信息量进行统计的功能,并能够将统计结果传送给软交换机。

4)业务应用层实体

业务应用层利用底层的各种网络资源为软交换网络提供各类业务所需的业务逻辑、数据资源,以及媒体资源,业务应用层的网元设备主要包括应用服务器(Application Server,AS)、策略/管理服务器(Policy Server,PS)、AAA 服务器(Authority Authentication and Accounting Server)等。其中,最主要的功能实体是应用服务器,它是软交换网络体系中业务的执行环境。

(1)应用服务器(AS)。

软交换技术将电话交换机的业务控制模块独立成为一个物理实体,称为应用服务器(AS),AS 的主要功能是实现各种业务,具体如下所述。

• 存储用户的签约信息,确定用户对业务的使用权限,一般采用专用的用户数据库服务器和 AAA 服务器或智能网 SCP 来实现。

• 采用专用的应用服务器和智能网 SCP(要求软交换机具备 SSP 功能)基本电话业务及其补充服务功能,以及智能网能够提供的电话卡、被叫付费等智能网业务。

• 采用专用的单个应用服务器或多个应用服务器实现融合语音、数据及多媒体业务,灵活地为用户提供各种增值业务和特色业务。

(2)媒体服务器。

媒体服务器是下一代网络的重要设备。该设备在控制设备(软交换设备、应用服务器)的控制下,提供在 IP 网络上实现各种业务所需的媒体资源功能,包括业务音提供、混音、交互式应答(Interactive Voice Response,IVR)、通知、统一消息、高级语音业务等。媒体服务器具有很好的可裁剪性,可灵活实现一种或多种功能。其主要功能包括如下 8 种。

• DTMF 信号的采集与解码:按照控制设备发来的相关操作参数的规定,从 DTMF 话机上接收 DTMF 信号,封装在信令中传给控制设备;

• 录音通知的发送:按照控制设备的要求,用规定的语音向用户播放规定的录音通知;

• 混音:支持多个 RTP 流的音频混合功能,支持不同编码格式的混音;

• 不同编解码算法间的转换:支持 G.711、G.723、G.729 等多种语音编解码算法,并可实现编解码算法之间的转换;

• 自动语音合成:将若干个语音元素或字段级连起来,构成一条完整的语音提示通知(固定的或可变);

• 动态语音播放/录制:如音乐保持和 Follow-me 语音服务等;

• 音信号的产生与发送:可以提供拨号音、忙音、回铃音、等待音和空号音等基本信号音;

• 资源的维护与管理:以本地和远程两种方式,提供对媒体资源及设备本身的维护、管理,如数据配置和故障管理。

(3)AAA 服务器。

AAA 服务器是 IP 网络中实现鉴权(Authentication)、授权(Authorization)和计费(Accounting)功能的网络实体,支持 Radius 协议、Diameter 协议及 COPS 协议,对通过各种途径接入网络的用户完成认证、授权的功能;支持多种用户类型和业务属性,提供灵活的计费方式,AAA 服务器可以与网络接入服务器、软交换设备和 SCP 等进行互通,实现增值数据业务、基于软交换的基本业务、增值语音业务和多媒体业务等。

(4)策略服务器(Policy Server)。

策略服务器通过 COPS 协议与软交换系统的各个组件进行通信实施策略管理,根据业务需求及特性分配标签、控制接纳等,能够为不同业务流保证 QoS,满足用户日益个性化的业务需求。

(5)路由服务器。

与其他 IP 网络交换路由信息的功能,以实现软交换网与其他 IP 网络的互通。

### 6.2.3 软交换网络接口协议

软交换网络中众多设备之间的互联需要标准的协议才能达成,由于网络分层结构、协议成熟程度、对协议本身的认识、协议竞争关系及历史的原因,软交换网络的协议非常多。协议汇总见表 6-1。

表 6-1 软交换网络的协议汇总

| 协议类型 | 标 准 |
|---|---|
| 软交换与媒体网关之间的控制协议 | MGGP、H. 248/MEGACO |
| 软交换呼叫控制协议 | SIP-T、SIP-I、BICC |
| 软交换与信令网关之间的协议 | SCTP、M3UA、M2PA、M2UA |
| 软交换和 IAD 之间的控制协议 | MGGP、H. 323、H248/MEGACO |
| 软交换和终端之间的控制协议 | H. 323、SIP |
| 软交换和智能网之间的协议 | INAP、CAP |
| 开放业务平台协议 | Parlay、SIO、JAIN |

#### 1. 媒体网关控制协议

媒体网关控制协议用在软交换设备与各种媒体接入设备之间,提供软交换设备对媒体接入设备的控制,是一种主/从控制协议体系,主要有 IETF(Internet 工程任务组)制定的 MGCP、MEGACO 和 ITU-T 制定的 H. 248 等。

MGCP(Media Gateway Control Protocol)是早期的媒体网关控制协议。MGCP 应用于软交换机和媒体网关或软交换和 MGCP 终端之间,用于完成软交换对各种 MG 的控制,处理软交换与媒体网关的交互,控制媒体网关或 MGCP 终端上的媒体/控制流的连接、建立、释放。

H. 248 和 MEGACO 由 ITU-T 和 IETF 共同制定,功能与 MGCP 类似。H. 248 和 MECACO 在协议文本上相同,只是在协议消息传输语法上有所区别,H. 248 采用 ASN. 1 语法格式(ITU-T X. 680 1997),MEGACO 采用 ABNF 语法格式(RFC2234)。

MGCP 主要从功能的角度定义媒体网关控制器和媒体网关之间的行为。在 MGCP 中,事件交互由一个操作和一个响应组成,交互的机制比较简单,对属性参数没有过多的定义。H. 248 协议继承了 MGCP 所有的优点,并在业务提供、高可靠性、QOS、维护等方面进行很多改进。

因此,MGCP 实现简单,但由于没有 H. 248 那样对包和属性的详细定义,其互通性和支持业务的能力受到限制。H. 248/MEGACO 因其功能灵活、支持业务能力强而受到重视,而且不断有新的附件补充其能力,是目前媒体网关和软交换之间的主流协议,目前国内通信标准推荐软交换和媒体网关之间应用 H. 248 协议。

### 2. 呼叫控制协议

呼叫控制协议用于建立呼叫,是一种对等方式的通信协议,与媒体网关控制协议的主从方式完全不同,主要有 BICC、SIP-T、SIP-I 等协议。

BICC(Bearer Independent Call Control Protocol)是为在软交换网络中实施传统电路交换网络电话业务、直接面向电话业务应用的协议。BICC 在 ISUP 基础上发展起来,属于应用层控制协议,可用于建立、修改、终接呼叫,在语音业务支持方面比较成熟,能够支持窄带 ISDN 所有的语音业务、补充业务和数据业务等。BICC 协议采用呼叫信令和承载信令功能分离的思路,提供了支持独立于承载技术和信令传送技术的窄带 ISDN 业务。BICC 沿用 ISUP 中的相关消息,并利用 APM(Application Transport Mechanism)传送 BICC 特定的承载控制信息,因此可以承载全方位的 PSTN/ISDN 业务。由于呼叫与承载分离,因此异种承载网络之间的业务互通变得十分简单,只需要完成承载级的互通,业务不用进行任何修改。采用 BICC 体系架构时,可以使所有现在的功能保持不变,如号码和路由分析等。这就意味着网络的管理方式和现有的电路交换网极为相似,但 BICC 协议复杂,可扩展性差。

SIP(Session Initiation Protocol)是 IETF 制定的多媒体通信协议。它是一种基于文本的应用层控制协议,独立于底层传输协议,用于建立、修改和终止 IP 网上双方或多方的多媒体会话。SIP 支持代理、重定向、登记定位用户等功能,支持用户移动,与 RTP/RTCP、SDP、RTSP、DNS 等协议配合,可支持和应用于语音、视频、数据等多媒体业务,同时可以应用于 presence(呈现)、instant message(即时消息,类似 QQ)等特色业务。

相对而言,SIP 在语音业务方面没有 BICC 成熟,SIP 的体系架构没有 BICC 定义得那样完善,但它能支持较强的多媒体业务,可以根据不同的应用对其进行相应的扩展。在基于 IP 网络的多业务应用方面,SIP 具有更加灵活方便的特性,但直接采用 SIP 在某种程度上会丢失一些现有电话网络中的功能,要引入这些功能,则需要对 SIP 协议进行扩展。

SIP-T/SIP-I 是 SIP 的扩展,它补充定义了如何利用 SIP 传送电话网络信令、特别是 ISUP 信令的机制。因此,SIP-T/SIP-I 的用途是支持并促进 PSTN/ISDN 与 IP 网络的互通,在软交换设备之间的网络接口中使用。

SIP-T 由 IETF 定义,SIP-I 协议则由 ITU-T 定义。SIP-T 只关注基本呼叫的互通,对补充业务则基本没有涉及。SIP-I 协议族重用了许多 IETF 的标准和草案,内容不仅涵盖了基本呼叫的互通,还包括了 BICC/ISUP 补充业务的互通。

总之,BICC 的思想和 SIP-T/SIP-I 相同,都是将窄带 ISUP 信令信息透明地从软交换入口网关传送到出口网关,但是两者的做法不同。BICC 直接用 ISUP 作为 IP 网络中的呼叫控制消息,在其中透明传送承载控制信息;SIP-T/SIP-I 用 SIP 作为呼叫和承载控制协议,在其中透明传送 ISUP 消息。目前,固网中应用较多的是 SIP-T 协议,移动网络则应用的是 BICC 协议。

### 3. 信令传输适配协议

信令传输适配协议简称 SIGTRAN(Signalling Transport)协议,是将在传统的电路交换网中传送的信令消息转换成在 IP 网络上传送的信令消息时所用的适配协议的总称。它支持标准的原语接口,不需要对现有的电路交换网络中信令的应用部分进行任何修改,从而保证已有的电路交换网络的信令应用可以不必修改而直接使用。主要的 SIGTRAN 协议包括 No.7 信令的传输层协议(SCTP)及适配协议:M2PA、M2UA、M3UA、SUA/IUA/V5UA 等。

#### 4. 业务提供协议

业务提供协议用于进行业务控制,如 SIP、PARLAY、INAP。

- SIP 由于其灵活性目前越来越被用于软交换设备与应用服务器之间,提供各种增值业务。
- INAP 是传统智能网的协议,可以用来为软交换网络提供传统智能网的业务。
- PARLAY 协议是 PARLAY 组织制定的一套第三方业务 API 接口规范,通过该协议,运营商可以引入第三方开发的业务。

值得一提的是,软交换接入网关与连接的非软交换网设备之间则需采用相应的协议通信。例如,为使软交换网与 H.323 网互通,软交换机需与 H.323 网的关守之间采用 H.323 协议通信。

在以上协议中,MGCP、H.248/MEGACO、SIGTRAN、BICC、STP-T、Parlay 协议传送的均是控制类信息,不包含任何用户之间的通信信息。媒体网关与媒体网关之间采用 RTP/IP 通信,RTP/IP 传送的则是用户之间的通信信息。

# 6.3 媒体网关控制协议(H.248/MEGACO)

H.248/MEGACO 协议(Media Gateway Control Protocol)是 ITU-T 与 IETF 在 MGCP 的基础上共同制定的媒体网关控制协议,ITU-T 称之为 H.248 协议,而 IETF 称为 MEGACO 协议。H.248/MEGACO 协议是一个非对等协议,用在媒体网关控制器(MGC)和媒体网关(MG)之间,如图所示 6-6。在固定软交换网络中,由软交换机充当 MGC;在 WCDMA(R4)核心网中,由 MSC SERVER 完成 MGC 的功能;在 CDMA 2000 的核心网里面,MSC 即是 MSCe。在软交换网络中,软交换机处于控制和支配地位,具有很高的智能;MG 处于被控制和被支配地位,其智能非常有限。软交换机的主要功能是呼叫控制,根据 MG 上传过来的消息控制呼叫的建立连接或释放连接等。软交换的其他功能有业务提供功能、

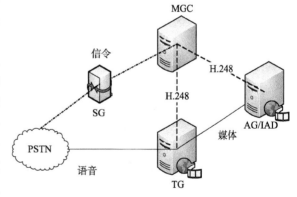

图 6-6 H.248 协议在软交换网络中的位置

业务交换功能、协议功能、互通功能、资源管理功能、计费功能、认证与授权功能、地址解析功能、语音处理控制功能、各种终端的控制和管理功能及 No.7 信令功能等。

### 6.3.1 连接模型

H.248 协议是软交换与媒体网关之间的协议,用于传递软交换对媒体网关的各种行为,如

业务接入、媒体转换、会话连接等进行控制和监视的消息。为了更好地描述软交换对 MG 的控制，H.248 引入了网关连接模型。连接模型用于描述媒体网关中的逻辑实体，这些逻辑实体由软交换控制。网关连接模型包括"终端"（Terminal）和"关联"（Context）两个重要的概念，则软交换通过 H.248 消息，实现对媒体网关的控制，具体为对终端和关联的控制，包括对终端和关联的创建（Add）、修改（Modify）、删除（Substract）等。

终端表示发起或接收一个或多个媒体流的逻辑实体，终端可分为半永久终端和临时终端，其中半永久终端表示物理实体的终端，如 TDM 通路，它在网关中永远存在；临时终端表示临时存在的终端，如 RTP 流，它通常只能存在一段时间。在一个网关中，终端标识符（Termination ID）可唯一标识一个终端。终端的属性通过描述符来描述，如相关媒体流参数、对应承载参数、可能包含的 Modem 等。ITU-T H.248.1 建议书定义了一类特殊的终端标识符，即根终结点（Root），它表示整个网关。

关联描述的是一组终端之间的关系。当一个关联涉及多个终端时，关联将描述这些终端所组成的拓扑结构、彼此之间要交换媒体的参数等。在同一网关中，关联标识符（Context ID）可唯一标识一个关联。空关联（NULL Context）是一类特殊的关联，用于包含所有未被包含于任何关联之内，且未与任何其他终端发生联系的终端的集合，如图 6-7 所示。

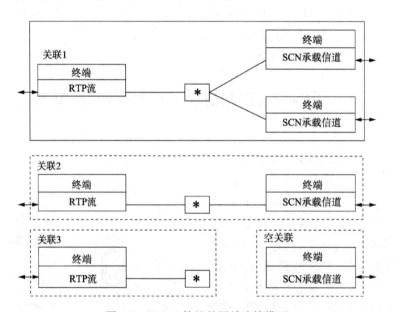

图 6-7　H.248 协议的网关连接模型

图 6-7 为 H.248 协议连接模型的一些基本关联示例，其中包含以下 4 种关联。

（1）关联 1 包含有三个终端，一个是承载 RTP 流的 IP 承载终端，另两个是承载媒体净荷的电路交换网（SCN）终端。图 6-7 描述了 IP 网络与电路网络的三方通信的拓扑关系。

（2）关联 2 包含两个终端，一个是承载 RTP 流的 IP 承载终端，一个是承载媒体净荷的电路交换网（SCN）终端。图 6-7 描述 IP 网络与电路网络的两方通信中的拓扑关系。

（3）关联 3 只包含有一个终端，此终端表示承载 RTP 流的 IP 承载终端，并处于呼叫等待状态中。

（4）空关联，在此关联下的所有终端都是没有被包含于任何关联之中，且未与任何其他终端发生联系的终端。

### 1. 终端及其重要参数

终端是能够发送或接收一种或多种媒体流的逻辑实体。终端由许多特性描述,这些特性由组合在命令中的一些描述符组成。终端有唯一的终端标识(Termination ID),它在创建时由媒体网关唯一创建。一个终端在任一时刻属于且只能属于一个关联。

1)终端类型

终端是一种逻辑实体,用来发送/接收媒体流和控制流,终端可以分为如下几类。

(1)半永久终端。代表物理实体的终端,称为物理终端。例如,对于一个 TDM 信道,只要 MG 存在这个物理实体,这个终端就存在。

(2)临时终端。这类终端只有在网关设备使用它时才存在,一旦网关设备不使用它,立刻就被释放掉。例如,对于 MG 中的 RTP 资源,只有当 MG 使用这些资源时,这个终端才存在。临时终端可以使用 Add 命令来创建和 Substract 命令来删除,当向一个空关联中加入一个终端时,默认添加一个关联;若从一个关联中使用 Substract 命令删除最后一个终端时,关联将变为空关联。

(3)根终端(Root)。根终端是一种特殊的终端,代表整个 MG,即当 Root 作为命令的输入参数时,命令作用于整个网关,而不是网关中的一个终端。在根终端上可以定义包,也可以属性、事件和统计特性(信号不适用于根终端)。

2)终端标识

终端用终端标识 Termination ID 进行标识,Termination ID 的分配方式由 MG 自主决定。物理终端的 Termination ID 在 MG 中预先规定好。这些 Termination ID 可以具有某种结构。IAD 有两种终端连接用户的终端和连接 IP 网络的终端。终端上的 Termination ID 固定不变,如中兴 IAD(型号为 I508)上这两种终端的 Termination ID 分别为 AG58900 和 RTP/00000。

Termination ID 可以使用一种通配机制。该通配机制使用两种通配符:ALL 和 CHOOSE。通配符 ALL 用来表示多个终端,在文本格式的 H.248 信令中以"＊"表示。CHOOSE 则用来指示 MG 必须自行选择符合条件的终端,在文本格式的 H.248 信令中以"＄"表示。

3)终端属性

不同类型的网关可以支持不同类型的终端,H.248 协议允许终端具有可选的性质(Property)、事件(Event)、信号(Signals)和统计(Statics)来实现不同类型的终端。这四类针对于终端的描述特性分别描述如下。

(1)性质(Property):服务状态、媒体信道属性等;

(2)事件(Event):摘机、挂机等;

(3)信号(Signals):拨号音、DTMF 信号等;

(4)统计(Statics):采集并上报给 MGC 的统计数据。

H.248 协议用描述符(descriptor)这一数据结构来描述终端的特性,并针对终端的公共特性分门别类地定义了 19 个描述符,一般每个描述符只包含上述某一类终端特性。

### 2. 关联域及其重要参数

关联(Context)是一些终端具有相互联系而形成的结合体。当这个结合体中包含两个以上终端时,关联可以描述拓扑结构、媒体混合和(或)交换的参数。

一种特殊的关联称为空关联(Null),它包含所有那些与其他终端没有联系的终端。空关联中的终端的参数也可以被检查或修改,并且也可以检测事件。

通常使用 Add 命令(Command)向关联添加终端。如果 MGC 没有指明向一个已有的关联添加终端,MG 就创建一个新的关联。使用 Subtract 命令可以将一个终端从一个关联中删除。使用 Move 命令可以将一个终端从一个关联转移到另一个关联。一个终端在某一时刻只能存在于一个关联之中。一个关联最多可以有多少个终端由 MG 属性来决定。在只提供点到点连接的 MG,每个关联最多只支持两个终端,支持多点会议的 MG 中的每个关联可以支持三个或三个以上的终端。

1)关联属性

H.248 协议规定关联具有以下特性。

(1)Context ID(关联标识符)。

一个由媒体网关 MG 选择的 32 位整数在 MG 范围内独一无二。特殊关联编码的对应关系如表 6-2 所示。

表 6-2  特殊关联编码对照表

| 关联 | 文本编码 | 二进制编码 | 含 义 |
|---|---|---|---|
| 空关联 | 0 | — | 表示在网关中所有与其他任何终端都没有联系的终端集合 |
| CHOOSE 关联 | 0xFFFFFFFE | $ | 表示请求 MG 创建一个新的关联 |
| ALL 关联 | 0xFFFFFFFE | * | 表示 MG 所有的关联 |

(2)拓扑(Topology)。

用于描述在一个关联内部终端之间的媒体流方向。相比而言,终端的模式(SendOnly 或 ReceiveOnly 等)描述的是媒体流在 MG 的入口和出口处的流向。

(3)关联优先级(Priority)。

用于指示 MG 处理关联时的先后次序。在某些情况下,当有大量关联需要同时处理时,MGC 可以使用关联优先级控制 MG 上处理工作的先后次序。H.248 协议规定"0"为最低优先级,"15"为最高优先级。

(4)紧急呼叫的标识符(Indicator for Emergency Call)。

MG 优先处理带有紧急呼叫标识符的呼叫。

2)关联的修改、创建与删除

H.248/MEGACO 协议可以隐含地创建关联,修改已经存在的关联的参数。协议定义了相关命令如 Add、Substract、Move 将终端加入关联、从关联中删除终端及在关联之间移动终端。当使用 Add 命令向一个空关联中加入终端时,会默认生成一个关联。当使用 Substract 命令删除或者移出关联中的最后一个终端时,将隐含地删除该关联。

3. 描述符

描述符(Descriptor)用于描述终端的相关属性。描述符由描述符名称(name)和一些参数项(item)组成,参数可以取值。H.248 协议定义了 19 种描述符,协议定义的描述符可以参见表 6-3。

**表 6-3　H.248 协议的描述符**

| 描述符名称 | 简　写 | 功能描述 |
|---|---|---|
| Modem | MD | 标识 modem 类型及其他参数的信息 |
| Mux | MX | 在多媒体呼叫中,将媒体和对应的承载通道联系起来 |
| Media | M | 描述媒体流属性的列表 |
| TerminationState | TS | 与特定媒体流无关的终结点属性 |
| Stream | ST | 指定一个媒体流的 remote/local/localControl 描述符的参数列表 |
| Local | L | 对 MG 接收到的媒体流进行的描述 |
| Remote | R | 对 MG 发送到远端实体的媒体流进行的描述 |
| LocalControl | O | 对 MG 和 MGC 之间的一些控制参数的描述 |
| Events | E | 描述需要 MG 检测的事件,以及当某事件被检测到时的反应 |
| EventBuffer | EB | 当 EventBuffer 处于激活状态时,MG 要检测的事件 |
| Signals | SG | MG 请求应用于终结点的信号集合 |
| Audit | AT | 定义什么信息需要被审计,只用于 Auditcapabilities 和 Auditvalue 命令 |
| Packages | PG | 用于 AuditValue 命令的参数,返回终结点实现的包列表 |
| DigitMap | DM | 为 MG 定义的号码采集规则,检测和报告终结点的拨号事件 |
| ServiceChange | SC | 描述 ServiceChange 命令发生的原因 |
| ObservedEvents | OE | 报告 MG 检测到的事件,可用于 Notify 或 AuditValue 命令 |
| Statistics | SA | 报告与终结点有关的统计数据,可用于 Auditvalue、Auditcapabilities 和 Subtract 命令 |
| Topology | TP | 描述关联中终结点之间媒体流的流向 |
| Error | ER | 定义错误码和错误注释字符串,可用于响应或 Notify 命令中 |

H.248 定义的这 19 个描述符,按照终端或关联的属性,可以分为以下 7 类。

- 终端状态和配备:TerminationState、Modem;
- 媒体流相关属性:Media、Stream、Local、Remote、LocalControl、Mux;
- 事件相关特性:Events、DigitMap、EventBuffer、ObservedEvents;
- 信号特性:Signals;
- 特性监视和管理:Audit、Statistics、Packages、ServiceChange;
- 关联域特性:Topology;
- 出错指示:Error

**4. 包**

包是一种终端属性描述的扩展机制,凡是未在基础协议的描述符中定义的终端特性可以根据需要增补配置相应的包。网关类型不同,需要配置的包不尽相同。常见的包有以下几种:

- 模拟线监控包 AL(Analog Line Supervision Package)。
- 呼叫进程音生成包 CG(Call Progress Tones Generator Package)。
- DTMF 检测包 DD(DTMF Detection Package)。
- 网络包 NT(Network Package)。

其中,AL 包描述了以下各种事件。

- al/fl:模拟线监控包拍叉(flashhook)事件。

- al/of:模拟线监控包摘机(offhook)事件。
- al/on:模拟线监控包挂机(onhook)事件。
- al/ri:模拟线监控包振铃音(ring)信号。

CG 包描述了以下各种信号。

- cg/dt:呼叫进程音生成包拨号音(Dial Tone)信号。
- cg/rt:呼叫进程音生成包回铃音(Ringing Tone)信号。
- cg/bt:呼叫进程音生成包忙音(Busy Tone)信号。
- cg/ct:呼叫进程音生成包拥塞音(Congestion Tone)信号。
- cg/wt:呼叫进程音生成包告警音(Warning Tone)信号。
- cg/cw:呼叫进程音生成包呼叫等待音(Call Waiting Tone)信号。

DD 包描述了以下事件。

- dd/ce:DTMF 检测包收号(DigitMap Completion)事件。

NT 包描述了以下特性。

- nt/jit:网络包最大抖动缓存(Maximum Jitter Buffer)特性。

## 6.3.2   H.248 协议消息

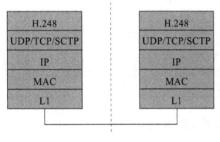

图 6-8   H.248 协议栈结构图

### 1. 协议栈结构

H.248 协议应用于 MGC 与 MG 之间的接口,工作于网络中的应用层。它可以基于 IP,也可基于 ATM 传递,但是目前的组网结构一般采用基于 IP 的方式。H.248 定义的端口号固定为 2944(文本方式编码)和 2945(二进制方式编码)。图 6-8 给出了基于 IP 的协议栈结构。

### 2. 命令

H.248 定义了 8 个命令,用于对网关连接模型中的逻辑实体(关联和终端)进行操作和管理,命令实现了软交换对关联和终端进行完全控制的机制。

由于 H.248 规定的命令大部分用于 MGC 实现对 MG 的控制,因此 MGC 通常为命令起始者,MG 为命令响应者接收,但 Notify 和 ServiceChange 命令除外。Notify 命令由 MG 发送给 MGC,而 ServiceChange 是个双向的命令,既可以由 MG 发起,也可以由 MGC 发起,如图 6-9 所示。H.248 命令含义参见表 6-4。

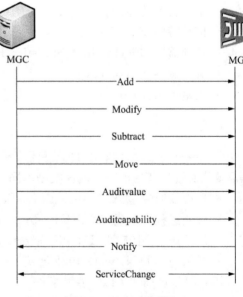

图 6-9   H.248 的命令

表6-4　H.248协议的命令

| 命令名称 | 命令代码 | 描　述 |
| --- | --- | --- |
| Add | ADD | MGC→MG,把终端添加到关联中。如果添加终端时不指明 Context ID,则生成一个关联,然后再将终端添加到该关联中 |
| Modify | MOD | MGC→MG,修改终端的属性、事件和信号等参数 |
| Subtract | SUB | MGC→MG,从关联中删除终端,同时返回终端的统计状态。如果此终端是关联中最后一个终端,则删除关联 |
| Move | MOV | MGC→MG,将终端从一个关联中移到另一个关联 |
| AuditValue | AUD_VAL | MGC→MG,获取有关终端的当前特性、事件、信号和统计等信息 |
| AuditCapabilities | AUD_CAP | MGC→MG,获取 MG 所允许终端的特性、事件和信号等所有可能值的相关信息 |
| Notify | NTFY | MG→MGC,MG 检测到的事件向 MGC 发送通知 |
| ServiceChange | SVC_CHG | MG→MGC 或 MGC→MG,MG 使用 ServiceChange 命令向 MGC 报告一个或多个终端将要退出服务、进入服务或注册等。同时,MGC 也可以使用 ServiceChange 命令请求 MG 将一个或多个终端进入服务或者退出服务 |

### 3. H.248基于事务的消息传递机制

#### 1)事务

MG 和 MGC 之间的一组命令组成了事务(Transaction)。每个 Transaction 由一个 Transaction ID 来标识。Transaction 由一个或者多个动作(Action)组成。一个 Action 又由一系列命令及对关联、终端属性进行修改和审计的指令组成,这些命令、修改和审计操作都局限在一个关联之内,因而每个动作通常指定一个关联标识。但是,两种情况动作可以不指定关联标识符,一是当请求对关联之外的终端进行修改或审计操作时,另一种情况是当 MGC 要求 MG 创建一个新关联时。事务、动作和命令之间的关系示意图如图6-10所示。

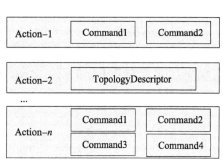

图6-10　事务结构

事务保证对命令有序处理,即一个事务中的命令按顺序执行。如果一个事务有一个命令执行失败,那么这个事务中所有的剩余命令都停止执行。如果命令中包含通配形式的 Termination ID,则对每一个与通配值匹配的 Termination ID 执行此命令。

#### 2)事务的三次握手响应机制

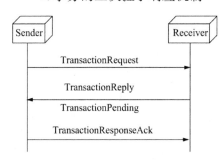

图6-11　事务的传递机制

H.248 协议的传递大部分都承载在 UDP/IP 上,由于 UDP/IP 不可靠,因此各种事务的状态及可靠性都由协议本身来实现,即通过事务的三次握手来实现,如图6-11所示。

事务请求(TransactionRequest)表示请求另一个终端(MGC 或 MG)执行相应的操作;事务响应(TransactionReply)则是接收到请求后返回给请求终端的消息。事务响应又包含 Reply 和 Pending 两种,其中,Reply 表示已经完成了命令的执行,返回成功或失败的信息;Pending 指示命令正在处理,但仍然没有完成。事务响应确认 TransactionResponseACK 为发送双方的第三次握手,通过这种三次握手机制可以保障消息安全送达对方。

(1)事务请求(TransactionRequest)。

TransactionRequest 由事务发起方发送,一个事务请求包含一个或者多个动作,其中每个动作都指定了它的目标关联及对目标关联作用的一个或者多个命令。每发起一个请求后就有一个事务响应与之对应。

(2)事务挂起(TransactionPending)。

TransactionPending 由接收方发送,用来周期地通知接收者一个事务尚未结束,一个 Transaction 正在被处理,但是处理尚未完成。当对一个 Transaction 的处理还需要一些时间来完成时,发送这个消息用来防止发送方认为相关的 TransactionRequest 已丢失。

(3)事务响应(TransactionReply)。

TransactionReply 包含对应每个与通配值匹配的 Termination ID 返回的一个响应,即包含相应的 TransactionRequest 中所有命令的执行结果,其中包括成功执行的命令返回值,以及所有执行失败的命令的命令名和 Error 描述符。对 TransactionRequest 接收者必须响应一个 TransactionReply,在此之前可能由许多 TransactionPending 响应。

4. H.248 消息

1)H.248 消息结构

H.248 协议发送或接收的信息单元称为消息。一个 H.248 消息由多个 Transaction 组成,Transaction 里封装了一个或多个命令。消息的结构组成如图 6-12 所示。

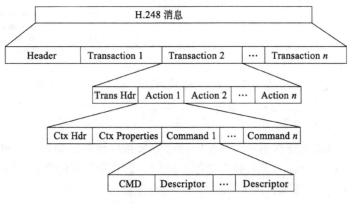

图 6-12　H248 消息的结构

每个 H.248 消息都有一个消息头,其中包含标识消息发送者的标识符,可以将消息发送者的名称(如域地址/域名/设备名)作为消息标识符(Message Identifier,MID)。H.248 协议建议使用域名作为默认的消息标识符。在 MGC 和 MG 具有控制关系期间,一个 H.248 实体(MG 或 MGC)当它作为发起方发送的消息时,必须始终如一地使用同一个消息标识符 MID。消息包括一个版本字段为 1 位或 2 位数,用于标识消息所遵从的协议版本,目前所采用的协议版本为版本 1。

消息所包含的 Transaction 各自独立处理。消息不规定任何顺序,对消息的应答也没有顺序要求。例如,消息 X 包括 TransactionRequest A,B 和 C,对它的响应可以是:由消息 Y 包含对

TransactionRequest A 和 C 的应答,由消息 Z 包含对 TransactionRequest B 的应答。同样,消息 L 包括 TransactionRequest D,消息 M 包括 TransactionRequest E,可以由消息 N 同时包含对 TransactionRequest D 和 E 的应答。

每一个事务由事务头(Trans Hdr)和若干动作(Action)组成。事务头中包含的事务标识符 (Transaction ID)由事务的发送者指定,在发送者范围内唯一。事务头后面是该事务的若干动作,这些动作必须按顺序执行。若某动作中的一个命令执行失败,则该事务中以后的命令终止执行。

动作由一系列局限于一个关联的命令组成。动作与关联密切相关,动作由 Context ID 进行标识,它包含在关联头(Ctx Hdr)中,由媒体网关唯一确定。在同一个动作中,命令必须按顺序执行。在以后与此关联相关的事务操作中,媒体网关控制器(MGC)必须使用相同的 Context ID,并且在此关联后面的命令,都与此 Context ID 标识的关联相关。

关联中命令的参数为描述符或包。描述符由名称(Name)和参数(Item)组成,而且某些参数允许设置数值(Value)。一些命令可以共享一个或几个描述符,描述符也可以作为一个命令的输出返回值。在大多数情况下,描述符作为返回值时,只有描述符的名称而没有参数。描述符的文本格式如下所示:

    DescriptorName=<someID>{parm=value, parm=value…}

由此,H.248 消息构成机制如图 6-13 所示。

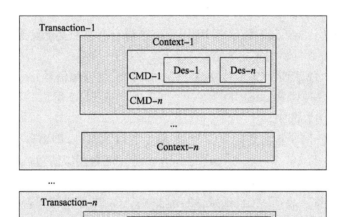

图 6-13　H.248 消息构成机制

(1)事务请求(TransactionRequest)的结构如下:

    TransactionRequest(TransactionID{

    ContextID {Command…Command},

    …

    ContextID {Command…Command}})

(2)事务响应(TransactionReply)结构如下:

    TransactionReply(TransactionID{

    ContextID{Response…Response},

    …

ContextID{Response…Response}})

（3）事务挂起（TransactionPending）结构如下：

TransactionPending(TransactionID{})

（4）事务响应确认（TransactionReponse ACK）的结构如下：

TransactionResponseAck{TransactionID}

2）H. 248 消息示例

下面是 H. 248 消息的文本描述示例，示例 1 为事务请求消息，示例 2 为事务响应消息。

示例 1：

MEGACO/1 [ 202. 101. 4. 1]:2944

T=12588559{

C= - {

MF= AG58900{

E=2003{

dd/ce{DigitMap= DM720473167054},,al/on,al/fl},

SG{cg/dt},

DM=DM720473167054{

([2-9]xxxxxx|13xxxxxxxxx|0xxxxxxxxx|9xxxx|1[0124-9]x|E|x. F|[0-9EF]. L)}}}}

第一行：MEGACO 协议的版本为 1。消息发送者标识（MID），此时为 MGC 的 IP 地址和端口号：[202. 101. 4. 1]:2944。

第二行：事务 ID 为 12588559，该事务 ID 用于将该请求事务和其触发的响应事务相关联。

第三行：此时，该事务封装的关联为空。

第四行：Modify 命令，用来修改终端 AG58900 的特性、事件和信号。

第五行：事件描述符，其 RequestID 为 2003。通过 RequestID 可以将事件请求命令和事件发生通知 Notify 命令关联起来。

第六行：MGC 请求 MG 监视终端 AG58900 发生的以下事件，即事件一，根据 DigitMap 规定的拨号计划（DM720473167054）收号；事件二，请求网关检测模拟线包（al）中的挂机和拍叉事件。

第七行：信号描述符。表示 MGC 请求 MG 给终端 AG58900 送拨号音。

第八行：DigitMap 描述符。MGC 给终端 AG58900 下发数字图表 DM720473167054。

第九行：数字图表 DM720473167054。其中，“[2-9]xxxxxx”表示用户可以拨 2~9 中任意一位数字开头的任意 7 位号码；“13xxxxxxxxx”表示 13 开头的任意 11 号码；“0xxxxxxxxx”表示 0 开头的任意 10 位号码；“9xxxx”表示 9 开头的任意 5 位号码；“1[0124-9]x”表示 1 开头，3 以外的十进制数为第二位的任意 3 位号码；“E”表示字母 E；“x”为通配值，表示 0~9 之间的任意数字；“.”表示其前面的数字或字符可以出现任意多个，包括 0 个；“x. F”表示在拨任意位（可为 0 位）0~9 数字之后再拨字母 F；“[0-9EF]. L”表示拨以数字 0~9，字母 E 和 F 开头的任意位，等长定时器超时之后就会上报。实际上，此处的 E 和 F 对应 DTMF 码的 *、#。

示例 2：

MEGACO/1 [202. 202. 202. 2]:2944

P=12588559{

C= - {

MF= AG58900}}

第一行:MEGACO 协议的版本为 1。消息发送者标识(MID),此时为 MG 的 IP 地址和端口号:[202.202.202.2]:2944。

第二行:事务 ID。该响应的事务 ID 为 12588559,与上面命令示例 1 中的事务 ID 相同,将响应和命令关联起来。

第三行:此时关联为空。

第四行:确认终端 AG58900 收到 MGC 发过来的事务请求,表示 MG 正在执行中。

### 6.3.3　基本控制流程

#### 1. 注册流程及初始化流程

使用 H.248 协议的媒体网关(MG)要开通业务,必须首先注册到媒体网关控制器(MGC)上。当 MG 注册成功后,MGC 对 MG 进行初始化工作,即对 MG 中空关联所有的半永久终结点的属性进行修改,指示 MG 检测所有可能发生的事件,如用户摘机事件等。通过注册和初始化工作,MG 已经具备接收或者发起呼叫的能力,H.248 用户的注册和初始化流程可以参见图 6-14。

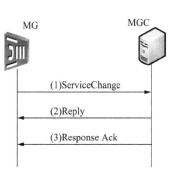

图 6-14　注册及初始化流程图

流程说明:

(1)使用 H.248 协议的 MG,向 MGC 发送 ServiceChange 消息进行注册。

```
MEGACO/1 [129.4.2.101]:2944
Transaction=23809
{Context=- {ServiceChange=ROOT {Services {Version=1}}}}
```

(2)MGC 收到 MG 的注册消息后回送响应(Reply)消息给 MG,表示注册成功。

```
! /1 [20.66.2.1]:2944
P=23809{C=-{SC=ROOT{SV{V=1}}}}
```

(3)MG 发送 ResponseAck 消息给 MGC,完成三次握手。

```
MEGACO/1 [129.4.2.101]:2944 TransactionResponseAck{23809}
```

#### 2. 呼叫控制流程

呼叫流程是指 MGC 通过使用 H.248 协议来控制建立相同的或不同的 MG 下不同用户之间的通信连接,并且能够正常地释放为建立通信连接而占用的各种系统资源。在不同的 MG(IAD)下,两个用户之间建立和释放的典型流程如图 6-15 所示,描述由 IAD1 下的用户 UserA 呼叫 IAD2 下的用户 UserB 的过程,而且由被叫 UserB 先挂机。由图 6-15 可知,第(1)到第(20)步是建立一个呼叫的正常流程,第(21)到最后的第(34)步是释放及初始化的正常流程。下面分建立和释放两部分来对流程进行详细说明。注:在以下流程中,为节省篇幅,忽略事务响应确认。

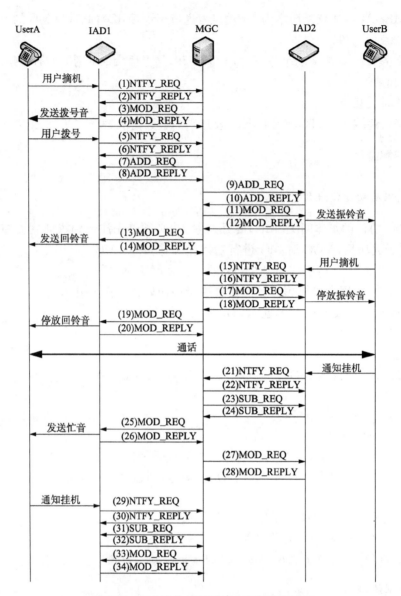

图 6-15　H.248 协议呼叫建立和释放流程图

1)UserA 和 UserB 之间的呼叫建立流程

(1)当网关 IAD1 检测到用户 UserA 的摘机事件后,将此摘机事件通过 Notify 命令上报给 MGC。

    MEGACO/1[202.202.202.2]:2944
    Transaction=32752
        {Context= -
            {Notify=AG58900
                {ObservedEvents=2000 {20020001T00244500：al/of}}}}

(2)MGC 接收到 IAD1 的报告后,向 IAD1 返回 Reply。

    MEGACO/1[202.101.4.1]:2944
    P=32752 {C= - {N=AG58900}}

（3）MGC 向 IAD1 发送 Modify 消息,以便修改 IAD1 中摘机对应的终端的属性,指示向 UserA 发送拨号音,并要求 IAD1 按数字图表(Digitmap)接收用户所拨的号码,同时检测用户的挂机等事件。

> MEGACO/1［202.101.4.1］:2944
> T=12588559
> 　　{C= -
> 　　　　{MF=AG58900
> 　　　　　{DM=DM720473167054 {(FF|2345XXXX|6789XXXX|8111XXXX)},E=2003{dd/ce{DM= DM720473167054},al/on,al/fl},SG{cg/dt}}}}

（4）IAD1 向 MGC 返回 Reply,指示接收到并处理完消息。

> MEGACO/1［202.202.202.2］:2944
> Reply=12588559 {Context=-{Modify=AG58900}}

（5）IAD1 上的用户 UserA 拨号,IAD1 根据数字图表(Digitmap)的规则接收号码,并将收到的号码及匹配结果使用 Notify 消息上报给 MGC。

> MEGACO/1［202.202.202.2］:2944
> Transaction=32753
> 　　{Context=-
> 　　　{Notify=AG58900
> 　　　　{ObservedEvents=2003 {20020001T00244700 : dd/ce {ds="23450001", Meth=UM}}}}}

（6）MGC 向 IAD1 返回 Reply。

> MEGACO/1［202.101.4.1］:2944
> P=32753 {C= - {N=AG58900}}

（7）通过第(5)步接收的号码检测到用户存在,即用户 UserB。MGC 向 IAD1 发送 Add 消息,在 MG 中创建一个新关联(context),并在关联中添加用户 UserA 的半永久终端和 RTP 流的临时终端(此终端设为 RTP_A)等。

> MEGACO/1［202.101.4.1］:2944
> T=12588560 {C= $ {Add=AG58900, Add= $ {Media{Stream=1 {LocalControl{Mode=ReceiveOnly, nt/jit=40},Local{v=0 c=IN IP4 $ m=audio $ RTP/AVP 0 8 a=ptime:20}}}}}}

（8）IAD1 返回 Reply 给 MGC,并在响应中包含新的 RTP_A 终端的各种参数,如 IP 的地址、采用的语音压缩算法和 RTP 的端口号等。

> MEGACO/1［202.202.202.2］:2944
> Reply=12588560 {Context=32755 {Add=AG58900 , Add=RTP/00000 {Media {Stream=1 {Local {v =0 c=IN IP4 202.202.202.2 m=audio 4000 RTP/AVP 0 8 a=ptime:20}}}}}}

（9）MGC 向 IAD2 发送 Add 消息,创建一个新 context,并在关联中添加用户 UserB 的半永久终端和 RTP 流的临时终端(此终结点设为 RTP_B)等。并设置远端的 RTP 的地址、端口号、语音压缩算法等。

> MEGACO/1［202.101.4.1］:2944
> T=12588561 {C= $ {A=AG58901,A= $ {M{ST=1{O{MO=SR,nt/jit=0}, L{v=0 c=IN IP4 $ m =audio $ RTP/AVP 0 8 a=ptime:20}, R{v=0 c=IN IP4 202.202.202.2 m=audio 4000 RTP/AVP 0 8 a=ptime:20}}}}}}

（10）IAD2 向 MGC 返回 Reply 消息,并向 MGC 发送响应消息,其中包括该 RTP_B 的 IP 地址、采用的语音压缩算法和 RTP 端口号等。

MEGACO/1[202. 202. 202. 3]:2944

Reply=12588561 {Context=32756 {Add=AG58901，Add=RTP/00001 {Media {Stream=1 {Local {v =0 c=IN IP4 202. 202. 202. 3 m=audio 4004 RTP/AVP 0 a=ptime:20}，Remote {v=0 c=IN IP4 202. 202. 202. 2 m=audio 4000 RTP/AVP 0 8 a=ptime:20}}}}}}

（11）MGC 向 IAD2 发送 Modify 消息，请求 IAD2 向用户 UserB 发送振铃音。

MEGACO/1[202. 101. 4. 1]:2944

T=12588562{C=32756 {MF=AG58901{SG{al/ri}}}}

（12）IAD2 向 MGC 返回 Reply。

MEGACO/1[202. 202. 202. 3]:2944

Reply=12588562 {Context=32756 {Modify=AG58901}}

（13）MGC 向 IAD1 发送 Modify 消息，请求 UserA 放回铃音，并设置 RTP_A 的远端 RTP 地址及端口号、语音压缩算法等。

MEGACO/1[202. 101. 4. 1]:2944

T=12588563{C=32755 MF=AG58900{E=2004{al/on,al/fl},SG{cg/rt}}}}

（14）IAD1 向 MGC 返回响应消息。

MEGACO/1 [202. 202. 202. 2]:2944

Reply=12588563 {Context=32755 {Modify=AG58900}}

（15）当 IAD2 检测到用户 UserB 的摘机事件时，IAD2 通过 Notify 消息给 MGC 上报摘机事件。

MEGACO/1 [202. 202. 202. 3]:2944

Transaction=32756 {Context=32756 {Notify=AG58901 {ObservedEvents=2000 {20020001T00244800 ：al/of}}}}

（16）MGC 向 IAD2 返回 Reply 消息。

MEGACO/1[202. 101. 4. 1]:2944

P=32756 {C=32756{N=AG58901}}

（17）MGC 向 IAD2 发送 Modify 消息，以便让 IAD2 检测 UserB 的挂机、拍叉等各种事件，同时请求 IAD2 向用户停止发送铃音，及修改 RTP_B 的属性等，以便终结点能正常接收和发送媒体流。

MEGACO/1[202. 101. 4. 1]:2944

T=12588564 {C=32756{MF=AG58901{E=2001{al/on,al/fl},SG{}}}}

（18）IAD2 向 MGC 返回 Reply 消息。

MEGACO/1[202. 202. 202. 3]:2944

Reply=12588564 {Context=32756 {Modify=AG58901}}

（19）MGC 向 IAD1 发送 Modify 消息，让 UserA 停回铃音，并设置 RTP_A 的属性，以便终端正常接收和发送媒体流。

MEGACO/1 [202. 101. 4. 1]:2944

T=12588565 {C=32755{MF=RTP/00000{M{ST=1{R{v=0 c=IN IP4 202. 202. 202. 3 m=audio 4004 RTP/AVP 0 a=ptime:20}}}}}}

（20）IAD1 向 MGC 返回 Reply 消息。

MEGACO/1[202. 202. 202. 2]:2944

Reply=12588565 {Context=32755 {Modify=RTP/00000 {Media {Stream=1 {Local {v=0 c=IN IP4

202.202.202.2 m=audio 4000 RTP/AVP 0 a=ptime:20}，Remote {v=0 c=IN IP4 202.202.202.3 m
=audio 4004 RTP/AVP 0 a=ptime:20}}}}}}

流程到这里,UserA 和 UserB 已经建立连接,能够进行正常的通话。

2)UserA 和 UserB 之间的呼叫释放流程

(21)MG2 检测到被叫用户 UserB 挂机,IAD2 将此挂机事件通过 Notify 消息上报给 MGC。

    MEGACO/1[202.202.202.3]:2944

    Transaction=32757

    {Context=32756 {Notify=AG58901 {ObservedEvents=2001 {20020001T00245000 : al/on}}}}

(22)MGC 向 IAD2 返回 Reply 消息。

    MEGACO/1 [202.101.4.1]:2944

    P=32757 {C=32756{N=AG58901}}

(23)MGC 向 IAD2 发送 Subtract 消息,释放 UserB 在 IAD2 呼叫过程中所占用的资源。

    MEGACO/1[202.101.4.1]:2944

    T=12588567 {C=32756 {Subtract=RTP/00001{Audit{Statistics}}}}

    T=12588568 {C=32756{S=AG58901}}

(24)IAD2 向 MGC 返回 Reply 消息,并向 MGC 上报呼叫媒体流的统计信息。

    MEGACO/1[202.202.202.3]:2944

    Reply=12588567 {Context=32756

    {Subtract=RTP/00001 {Statistics {rtp/ps=129, rtp/pr=51, rtp/pl=0, rtp/jit=0, rtp/delay=0, nt/

    os=20640, nt/or=8160, nt/dur=3000}}}}

    Reply=12588568 {Context=32756

    {Subtract=AG58901 {Statistics}}}

(25)MGC 向 IAD1 发送 Modify 消息,以便让 IAD1 向 UserA 发放忙音。

    MEGACO/1 [202.101.4.1]:2944

    T=12588569 {C=32755{MF=AG58900{SG{cg/bt}}}}

(26)IAD1 向 MGC 返回 Reply 消息。

    MEGACO/1[202.202.202.2]:2944

    Reply=12588569 {Context=32755 {Modify=AG58900}}

(27)MGC 向 IAD2 发送 Modify 消息,以便让 IAD2 检测 UserB 的摘机等各种事件。

    MEGACO/1[202.101.4.1]:2944

    T=12588570{C= -{MF=AG58901{E=2000{al/of}}}}

(28)MG2 向 MGC 返回 Reply 消息。

    MEGACO/1[202.202.202.3]:2944

    Reply=12588570 {Context= - {Modify=AG58901}}

(29)当 IAD1 检测到用户 UserA 的挂机事件时,将此挂机事件通过 Notify 消息上报给
MGC。

    MEGACO/1[202.202.202.2]:2944

    Transaction=32758 {Context=32755 {Notify=AG58900 {ObservedEvents=2004 {20020001T00245100 : al/

    on}}}}

(30)IAD1 向 MGC 返回 Reply 消息。

    MEGACO/1[202.101.4.1]:2944 P=32758{C=32755 {N=AG58900}}

(31)MGC 向 IAD1 发送 Subtract 消息,释放 UserA 在 IAD1 呼叫过程中所占用的资源。

MEGACO/1[202.101.4.1]:2944

T=12588571 {C=32755{S=RTP/00000{AT{SA}}}}

T=12588572 {C=32755{S=AG58900}}

（32）IAD1 向 MGC 返回 Reply 消息。

MEGACO/1［202.202.202.2］:2944

Reply=12588571 {Context=32755 {Subtract=RTP/00000 {Statistics {rtp/ps=103, rtp/pr=52, rtp/pl=0, rtp/jit=0, rtp/delay=0, nt/os=16480, nt/or=8320, nt/dur=4000}}}}

Reply=12588572 {Context=32755 {Subtract=AG58900 {Statistics}}}

（33）MGC 向 IAD1 发送 Modify 消息，以便让 IAD1 检测 UserA 的摘机等事件，实现对 UserA 对应终端的初始化工作。

MEGACO/1[202.101.4.1]:2944

T=12588573{C= -{MF=AG58900{E=2000{al/of}}}}

（34）IAD1 向 MGC 返回 Reply 消息。

MEGACO/1[202.202.202.2]:2944

Reply=12588573 {Context= - {Modify=AG58900}}

通过对因呼叫而占用的 IAD 资源进行释放工作，让 IAD 下的 UserA 用户和 UserB 用户恢复到空闲状态。

# 6.4  SIGTRAN 协议

软交换网络基于分组技术承载，PSTN 基于电路交换技术承载，解决软交换与 PSTN 信令承载方式互通的协议栈是 SIGTRAN(Signalling Transport)协议栈。SIGTRAN 是 IETF 制定的标准，其根本功能在于将 PSTN 中基于 TDM 的 No.7 信令通过 SG 转换成以 IP 网为承载的信令透传至软交换机。SIGTRAN 协议栈支持 SS7 协议分层模型中定义的层间标准原语接口，原有的 SS7 信令应用可以不作修改地在 IP 网络上传送；为了使 No.7 信令能够实时、安全、无差错地利用标准的 IP 传输协议作为传输底层，SIGTRAN 协议栈增加自身的功能来满足 No.7 信令的传输要求。因此，No.7 信令的上层应用不会感觉到 SIGTRAN 的存在就可以在 MTP 网络和 IP 网络中传递，即所谓"无缝连接"，如图 6-16 所示。

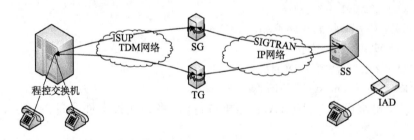

图 6-16  SIGTRAN 的位置

SIGTRAN 协议簇由两层组成：信令传送层和信令适配层，如图 6-17 所示。

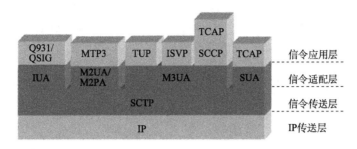

图 6-17 SIGTRAN 协议栈

### 6.4.1 流控制传输协议(SCTP)

1. SCTP 的引入

目前,IP 网中信令消息的传输通常使用 TCP 或 UDP 完成,但是这两个协议都不能满足电信运营网中信令承载的要求。为适应 IP 网成为电信运营核心网的发展趋势,IETF 的信令传输工作组一直在研究和制定 IP 网新一代的传输协议,并在 IETF RFC 2960 中定义了流控制传输协议(SCTP)。

流控制传输协议(Stream Control Transmission Protocol,SCTP)是为在 IP 网上传输 PSTN 信令消息而设计的一种面向连接的可靠传输协议,SCTP 对 TCP 的缺陷进行了一些完善,SCTP 的设计包括适当的拥塞控制、防止洪泛和伪装攻击、更优的实时性能和多归属性支持。SCTP 处于传输层,与 TCP、UDP 处于同层位置。

2. SCTP 的功能

SCTP 主要用来在无连接的网络上传送 PSTN 信令消息,该协议可以用来在 IP 网上提供可靠的数据传送协议。SCTP 功能如下:
- 在确认方式下,无差错、无重复地传送用户数据;
- 根据通路的 MTU 的限制,进行用户数据的分段;
- 在多个流上保证用户消息按顺序递交;
- 将多个用户的消息复用到一个 SCTP 的数据块中;
- 利用 SCTP 偶联的机制(在偶联的一端或两端提供多归属的机制)来提供网络级的保证;
- 避免拥塞和避免遭受泛播和匿名的攻击。

3. SCTP 偶联

SCTP 位于 SCTP 用户应用和无连接网络业务层之间,两个 SCTP 端点间为两个 SCTP 用户提供可靠的消息传送通道就是偶联。SCTP 偶联提供了在两个 SCTP 端点间的一组传送地址之间建立对立关系方法,即一个 SCTP 偶联可以包含用多个可能的起/源目的地地址的组合,这些组合包含在每个端点的传送地址列表中。通过建立好的偶联,SCTP 端点就可以发送 SCTP 分组。图 6-18 给出了 SCTP 偶联的示意图。

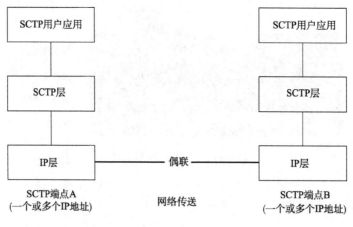

图 6-18　SCTP 偶联示意图

4．SCTP 消息

1）SCTP 分组

SCTP 分组由公共的分组头和若干数据块组成，每个数据块既可以包含控制信息，也可以包含用户数据。除了 INIT、INIT ACK 和 SHUTDOWN COMPLETE 数据块外，其他类型的多个数据块可以捆绑在一个 SCTP 分组中（须满足偶联对 MTU 的要求），也可以单独放置在一个分组中。如果一个用户消息不能放在一个 SCTP 分组中，则这个消息被分成若干个数据块传送。

SCTP 数据块（Chunk）包含上层发来的用户数据或 SCTP 连接的控制信息。SCTP 数据块共有 13 种类型：DATA、INIT、INITACK、SACK、HEARTBEAT、HEARTBEAT ACK、ABORT、SHUTDOWN、SHUTDOWN ACK、ERROR、COOKIE ECHO、COOKIE ACK、SHUTDOWN、COMPLETE，其中 DATA 数据块包含了有效的用户消息，其他用于控制。

2）几种常用数据块的功能

• 启动数据块。INIT 用来启动两个 SCTP 端点间的一个偶联。INIT Chunk 是建立 SCTP 连接时发出的第一个 Chunk，该 Chunk 不能与任何其他 Chunk 共存于一个 Packet 中。INIT Chunk 中向对方通告建立连接时需要对方知道己方所有的情况。

• 启动证实数据块。启动证实数据块（INIT ACK）是对 INIT 的响应，用来确认 SCTP 偶联的启动。

• 净荷数据数据块（DATA）。

• 选择证实（SACK）数据块。SACK 是对 DATA Chunk 的应答，该 Chunk 指示目前接收对方发来 Chunk 的情况。

• HEARTBEAT 证实（HEARTBEAT ACK）数据块。HEARTBEAT ACK Chunk 是对 HEARTBEAT 的应答，其格式和 HEARTBEAT 完全一致。其中 HEARTBEAT Information 必须包含发来的 HEARTBEAT 中的信息（即把 HEARTBEAT Information 字段原样发回）。

• ABORT。ABORT Chunk 的作用是立即关闭当前连接。接收端收到合法的 ABORT 时，需要将该连接关闭，同时释放所有连接资源。ABORT 可以携带错误原因，ABORTChunk 是在连接发生严重错误时采取的保护手段。

• SHUTDOWN。用于正常关闭一个连接。

SCTP 提供了两种关闭连接的方式：ABORT 方式和 SHUTDOWN 方式。SHUTDOWN 方式是优雅关闭，ABORT 方式是立即关闭。当用户数据发送完成，准备关闭 SCTP 连接时必须首先向对端发送 SHUTDOWN Chunk，然后开始关闭工作。

• SHUTDOWN ACK。在收到 SHUTDOWN 时，停止从上层接收用户消息数据，等待所有 OUTSTANDING TSN 得到应答，然后发送 SHUTDOWN ACK Chunk。SHUTDOWN Chunk 没有参数。

• ERROR。当发现错误时发送此 Chunk，用于通知对方发生的错误及详细情况。它可以与 ABORT 一起报告严重错误。

• COOKIE ECHO。COOKIE ECHO Chunk 只在连接建立时使用，作为对 INIT ACK 的应答，在该连接上所有的 DATA Chunk 发送之前发出，若 COOKIE ECHO Chunk 和 DATA Chunk 捆绑在一个报文中，则 COOKIE EHCO Chunk 必须放在所有 DATA Chunk 的前面。

• COOKIE ACK。这个 Chunk 只用在连接的初始化期间用于应答一个接收到的 COOKIE ECHO 块。在这个连接中，这个块必须领先任何 DATA 或 SACK 块发送。若 COOKIE ACK Chunk 和 DATA 或 SACK 捆绑在一个 SCTP 报文中，则 COOKIE ACK 必须放在所有 DATA 或 SACK 的前面。

• SHUTDOWN COMPLETE。SHUTDOWN COMPLETE Chunk 是对收到 SHUTDOWN ACK Chunk 的应答。表示完成关闭连接。

5. SCTP 基本信令流程

SCTP 基本信令流程包括：偶联的建立流程、数据块发送流程、偶联关闭流程。

1）偶联的建立流程

偶联的建立流程见图 6-19。通过四次握手机制，在两个 SCTP 端点之间建立了可靠的逻辑连接。

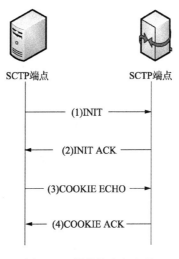

图 6-19　偶联的建立流程

2）数据块发送流程

偶联建好之后，就可以在两个 SCTP 端点之间发送数据块。数据块的发送流程见图 6-20。

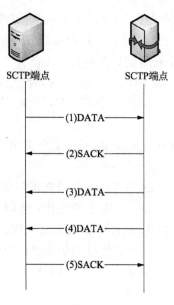

图 6-20   数据块发送流程

3) 偶联关闭流程

一个端点退出服务时,需要停止它的偶联。偶联的停止使用两种流程:中止程序和关闭程序。

• 偶联的中止。偶联可以在有未证实的数据时就中止,这时,偶联的两端都舍弃数据并且不提交到对端。此种方法不考虑数据的安全。

• 偶联的关闭。任何一个端点执行正常关闭程序时,偶联的两端将停止接收从其 SCTP 用户发来的新数据,并且在发送或接收到 SHUTDOWN 数据块时把分组中的数据递交给 SCTP 用户。

偶联的关闭可以保证两端所有未发送和发送未证实的数据发送和证实后再终止偶联,如图 6-21 所示。

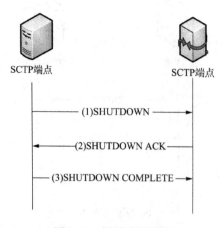

图 6-21   偶联关闭流程

## 6.4.2   信令适配层协议

SIGTRAN 是用于支持特定的原语和通用的信令传输协议,目前共定义六个适配层协议:

M2UA、M2PA、M3UA、SUA、IUA 和 V5UA,这些适配层协议的名称按照它们所替换的业务命名,这些适配层协议分别如下所述。

1. MTP2 用户适配层(MTP Level 2 User Adaptation Layer,M2UA)

支持传送 MTP2/MTP3 接口原语,在 SG 到 SS 之间以客户-服务器模式提供 MTP2 业务,它的用户是 MTP3。

2. MTP2 对等适配层(MTP Level 2 Peer-to-Peer Adaptation Layer,M2PA)

支持传送 MTP3 消息,在 SG 到 SG 之间以对等实体模式提供 MTP2 业务,它的用户是 MTP3;M2PA 对等层适配协议从 No.7 信令的第二级消息进行适配,完成窄带 No.7 信令网与基于 IP 的 No.7 信令网的互通,提供的 No.7 节点通过 IP 网完成 MTP3 消息处理和信令网管理功能。M2PA 协议层提供的服务和 MTP2 向 MTP3 提供的服务相同,代替了 MTP3 之下的 MTP2 链路;应用 M2PA 时,SG 具有 MTP3 功能,因此有 No.7 点编码、具备转接 MTP 消息或中继高层消息的能力。使用 M2PA 的 SG 完成一个 STP 的功能,它可以被看做是一个 IPSP 和具有传统 No.7 链路 SP/STP 的组合。采用 M2PA 的 SG 比采用 M2UA 的 SG 具有更强大的功能和灵活性。

3. MTP3 用户适配层(MTP Level 3 User Adaptation Layer,M3UA)

支持传送 MTP2/MTP3 接口原语,在 SG 到 SS 之间以客户-服务器模式提供 MTP3 业务,它的用户是 SCCP 和/或 ISUP;M3UA 对 No.7 信令的 MTP3 消息进行适配,完成 No.7 信令与 IP 信令的互通,SG 终结窄带 No.7 信令网或 IP 网的信令消息,然后由 SG 把 MTP 消息转换为 IP 网中的 M3UA 消息格式或把 M3UA 消息转换为 MTP 消息,高层信令消息不变。M3UA 属于网络层协议,需要寻址功能,这通过 M3UA 中的网络地址翻译和映射功能来实现,而不像 M2UA/M2PA 那样仅仅进行简单的链路或接口之间的映射。这种方式下的 SG 可以采用代理方式(一个 SG 带一个软交换设备)或 STP 方式(一个 SG 可带多个软交换设备)完成信令互通。

4. SCCP 用户适配层协议(SUA)

SUA 协议对 No.7 信令的 SCCP 消息进行适配,完成 No.7 信令与 IP 网在应用层的互通。SUA 定义了如何在两个信令端点之间通过 IP 来传送 SCCP 用户的消息,这个协议不仅可以通过 SG 实现 No.7 信令与 IP 的互通,还可以实现 IP 网络中两个 IPSP 之间的互通。SUA 完全基于 IP,组网灵活,与网络 IP 化的发展趋势一致。也正是这一点,使得采用 SUA 的网络在维护管理上与传统的电路交换网络有较大的区别。同时,SUA 支持 SCCP 用户消息(如 TCAP、RANAP),不支持 TUP、ISUP 等信令的传送,目前应用较少。

5. ISDN 用户适配层协议(IUA)

IUA 协议对 ISDN 中的 Q.921 信令进行适配,其作用是将 ISDN 用户的 Q.931 协议透明传送到软交换设备。使用 IUA 协议的信令传送机制允许 ISDN 设备与 IP 网中软交换设备间传送 Q.921 的高层 Q.931 消息。内置 IUA 信令网关功能的媒体网关像一个交叉连接设备,通过信令网关功能只改变了链路第二级的传送手段,而没有其他的变化。

6. V5 用户适配层协议(V5UA)

V5UA 对 V5 接口中链路接入协议的信令消息进行适配,作用是将 V5.2 协议透明地传送到软交换设备。使用 V5UA 协议的信令传送机制允许接入网与 IP 网中软交换设备间传送 LAPV5(Link Access Procedure for V5)的高层 V5.2 消息。内置 V5UA 信令网关功能的媒体网关就像一个交叉连接设备,通过 SG 功能只改变了链路第二级的传送手段,而没有其他变化。

用于 PSTN 与软交换网络信令承载互通的主要有 M3UA、M2PA、M2UA。这三个协议的比较如下:

• 三种适配协议在 OSI 模型中分别对应于网络层、数据链路层、数据链路层的功能,适配信令后消息的底层传输承载协议均为 SCTP/IP;

• M3UA 和 M2PA 具备 MTP3 的功能且支持 STP 功能;

• 对于 IP 侧的节点,M2PA 和 M2UA 必须具备 MTP3 的功能并必须配置 SS7 信令点编码;

• M3UA 和 M2PA 支持 SCCP 功能,但 M2UA 不支持 SCCP 的功能;

• M3UA 的消息传递机制为网络层地址翻译和映射功能,M2PA 和 M2UA 则是链路接口间的映射;

综上所述,对 M3UA 而言,IP 节点不需要具备 SS7 信令点编码及 MTP3 协议栈的功能即可接收 SS7 消息。SCN 与 IP 域相对独立,方便运营和管理。M3UA 支持代理/信令转接点等方式,组网灵活,是目前得到厂家普遍支持的技术。

### 6.4.3 M3UA

M3UA(MTP3-User Adaptation Layer)是 MTP 第三级的适配层协议,No.7 信令网通过 M3UA 和 MTP3 无缝配合,平滑地从 SCN 网延伸到 IP 网络。IP 网络中的设备不需有 No.7 信令的物理层、数据链路层、完整的网络层的功能,就可以给 No.7 信令的用户部分提供服务。

1. M3UA 的位置

M3UA 是 SS7 MTP3 用户适配层,为处于 IP 网中的 MTP3 用户和处于 TDM 网络边缘的 MTP3 提供原语通信服务,实现 SS7 在 TDM 和 IP 之间互通。No.7 信令网通过 M3UA 和 MTP3 无缝配合,平滑地从 SCN 网延伸到 IP 网络。IP 网络中软交换机等设备不需要有 No.7 信令的物理层、数据链路层、完整的网络层的功能,就可以给 No.7 信令的用户部分提供服务。

如图 6-22 所示,M3UA 应用在信令网关与软交换之间,分 SG 侧和 MGC 侧,工作于客户机/服务器模式,软交换为客户机端,信令网关为服务器端。M3UA 链路建立时,总是由软交换侧先发起连接请求消息,SG 侧作为服务器回答响应消息。

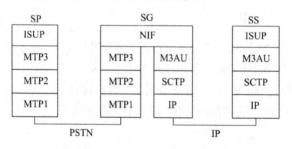

图 6-22   M3UA 位置示意图

2. M3UA 的相关术语

为更好地理解 M3UA 链路的建立、维护和管理等功能,需要了解一些基本术语。

1)应用服务器(Application Server, AS)

应用服务器逻辑上的概念,为软交换设备或信令网关设备中完成某种业务功能的逻辑实体,该逻辑实体用于处理由路由关键字识别到的所有 PSTN 中继的呼叫信令。AS 通过选路上下文来唯一标识。

2)应用服务进程(Application Server Process, ASP)

应用服务器(AS)上的应用进程实例,这里指 SS 或 SG 上的 M3UA 进程。ASP 是物理实体,软交换或 SG 中 SS7 的适配具体由 AS 中的 ASP 处理。

3)选路上下文

用来唯一标识 AS 的一组编码。

4)路由关键字

M3UA 协议中使用的路由关键字包括 DPC、SIO+DPC、SIO+DPC+OPC、SIO+DPC+OPC+CIC 等。满足该路由特征的 SS7 信令消息被某个特定的 AS 处理。

5)偶联

偶联是 SCTP 偶联,它为 MTP3 用户协议数据单元和 M3UA 适配层对等消息提供传递。

6)流

流指 SCTP 流,是从一个 SCTP 端点到另一相关 SCTP 端点建立的单向逻辑通路。

一个 AS 必须包括至少一个 ASP,一个 ASP 可以属于一个或多个 AS。ASP 的状态有 DOWN、INACTIVE、ACTIVE。AS 的状态有 DOWN、INACTIVE、ACTIVE、PENDING。SG 侧保存 AS 和 ASP 的状态。ASP 的状态由自身控制。AS 的状态除了 DOWN,其他状态由 SG 控制。当 SS7 经过软交换设备或信令网关设备时,MGC 或者 SG 会根据 ISUP 消息中的 OPC、DPC、CIC 来确定采用哪个 AS,然后再选择采用 AS 中的哪个 ASP 来具体处理传输信令。软交换设备的 ASP 和信令网关设备的 ASP 可以一一对应,也可以一对多。ASP 通过 SCTP 的偶联中的流来传送消息。

3. M3UA 功能

M3UA 为上层 SS7 信令的各个模块提供与原有 SS7 的 MTP3 与高层之间相同的层间原语接口,并将上层信令协议封装在 SCTP 上传输。这样就可以实现 SS7 在 TDM 和 IP 之间或 SS7 在两个基于 IP 网络的信令点 SP 之间的互通。M3UA 的功能有如下 5 种。

1)支持传送 MTP3 用户消息

通过 SG 和 SS 间建立的 SCTP 偶联,M3UA 层传递 MTP-TRANSFER 原语,即经过 ASP 传递原语消息。若 ASP 需要经多个 SG 才可到达目的地,ASP 必须选择消息选路经哪个 SG 或经过哪些 SG 间的负荷分担,以保证信令不发生顺序错误。

M3UA 没有限制信令信息字段(SIF)的长度为 272 个八位位组,M3UA/SCTP 能直接适应大的信息块,而不需要高层的分段/重装程序。然而,SG 与 No.7 信令网互通时必须遵循 272 个八位位组的规定,如果 No.7 信令网支持宽带 MTP,信息块可以超过 272 个八位位组。

2)本地管理功能

M3UA 提供功能,指出与接收 M3UA 消息有关的差错并通告给本地管理/或对等的

M3UA。

3）与 MTP3 网络管理功能的互通

SGP 的 M3UA 提供与 MTP3 管理功能的互通，而支持对 No. 7 信令和 IP 域的信令应用的无缝操作。

4）支持 SGP 和 ASP 间 SCTP 偶联的管理

为了管理对等 M3UA 间的 SCTP 偶联和业务，SGP 的 M3UA 层维护所有配置的远端 ASP 的可用状态、激活/去活拥塞状态。M3UA 层也可以通知本地管理关于 ASP 或 AS 的状态变化。

5）支持到多个 SGP 连接的管理

ASP 可以连接到多个 SG，这样一个 No. 7 信令的目的地可以通过多个 SG 和/或 SG 到达，即经过多个路由。由于 MTP3 用户只维护目的地的状态，而不管理路由，因此 M3UA 必须维护个别路由的状态（到目的地路由的可用状态、拥塞），从个别路由的状态推出目的地的整个可用状态或拥塞状态，并通知 MTP3 用户得出的状态变化。

4. M3UA 消息及消息类型

M3UA 消息格式中包含一个公共消息头，之后是零个或多个由消息类型定义的参数，考虑到前向兼容，因此所有消息类型都带有兼容参数。

M3UA 有以下几种消息类型。

（1）Management（MGMT）Message，见表 6-5。

（2）Transfer Messages，见表 6-6。

（3）SS7 Signalling Network Management（SSNM）Message，见表 6-7。

（4）ASP State Maintenance（ASPSM）Messages，见表 6-8。

（5）ASP Traffic Maintenance（ASPTM）Messages，见表 6-9。

**表 6-5　M3UA 管理（MGMT）消息类型**

| 消 息 类 型 | 消息类型编码（十六进制） |
| --- | --- |
| 差错（ERR） | 00 |
| 通知（NTFY） | 01 |
| IETF 备用 | 02-7F |
| 为 IETF 定义的 MGMT 扩展备用 | 80-FF |

**表 6-6　M3UA 传送消息类型**

| 消 息 类 型 | 消息类型编码（十六进制） |
| --- | --- |
| 备用 | 00 |
| 数据（DATA） | 01 |
| IETF 备用 | 02-7F |
| 为 IETF 定义的传送扩展备用 | 80-FF |

表 6-7　M3UA 信令网管理(SSNM)消息类型

| 消 息 类 型 | 消息类型编码(十六进制) |
|---|---|
| 目的地不可用(DUNA) | 01 |
| 目的地可用(DAVA) | 02 |
| 目的状态查询(DAUD) | 03 |
| SS7 信令网拥塞状态(SCON) | 04 |
| 目的地用户部分不可用(DUPU) | 05 |
| 目的地受限(DRST)(暂不使用) | 06 |
| IETF 备用 | 7-7F |
| 为 IETF 定义的 SSNM 扩展备用 | 80-FF |

表 6-8　M3UA 状态维护(ASPSM)消息类型

| 消 息 类 型 | 消息类型编码(十六进制) |
|---|---|
| 备用 | 00 |
| ASP Up(ASPUP) | 01 |
| ASP Down(ASPDN) | 02 |
| Heartbeat(BEAT) | 03 |
| ASP Up Ack(ASPUP ACK) | 04 |
| ASP Down Ack(ASPDN ACK) | 05 |
| Heartbeat Ack(BEAT ACK) | 06 |
| IETF 备用 | 7-7F |
| 为 IETF 定义的 ASPSM 扩展备用 | 80-FF |

表 6-9　M3UA 业务维护(ASPTM)

| 消 息 类 型 | 消息类型编码(十六进制) |
|---|---|
| 备用 | 00 |
| ASP 激活(ASPAC) | 01 |
| ASP 去活(ASPIA) | 02 |
| ASP 激活 Ack(ASPAC ACK) | 03 |
| ASP 去活 Ack(ASPIA ACK) | 04 |
| IETF 备用 | 5-7F |
| 为 IETF 定义的 ASPTM 扩展备用 | 80-FF |

下面以 M3UA 传送消息里面的 DATA 消息为例,简单说明 M3UA 的消息结构。

DATA 消息包含 SS7 信令的 MTP3 用户协议数据(MTP_TRANSFER 原语),包含完整的 MTP3 路由标记。

DATA 消息格式包含如下变长参数:网络外貌(任选)、选路上下文(任选)、协议数据(必选)、Correlation Id(任选),如表 6-10 所示。

表 6-10 DATA 消息格式

| Tag＝0x0200 | Length＝8 |
|---|---|
| Network Appearance | |
| Tag＝0x0006 | Length＝8 |
| Routing Context | |
| Tag＝0x0210 | Length＝8 |
| Protocol Data | |
| Tag＝0x0013 | Length＝8 |
| Correlation Id | |

其中,必选的协议数据域 Protocol Data 包含源 SS7 信令 MTP3 消息,里面包含有业务信息八位位组和路由标记。协议数据域的结构如表 6-11 所示。

表 6-11 协议数据域的结构

| Originating Point Code | | | |
|---|---|---|---|
| Destination Point Code | | | |
| SI | NI | MP | SLS |
| User Protocol Data | | | |

5. M3UA 的基本信令流程

M3UA 的基本信令流程有:业务环境创建流程、数据传输流程和业务环境释放流程。设所有的这些流程在 SG 和 SS 已经建立 SCTP 偶联。

1)业务环境创建流程

如图 6-23 所示为在 SG 和 SS 间创建 M3UA 链路的消息流程。

软交换作为客户端,它首先发起创建 M3UA 链路的请求。链路一旦创建,所有的消息类型即可在两端点之间传递。

2)数据传输流程

(1)若 SS 的 M3UA 层有一条 M3UA 用户消息需要发送到 SG,它将进行如下操作,如图 6-24 所示。

• 确定正确的目的实体。

• 若目的实体可达,则获取到该目的实体的可用路由。

• 获取属于该路由的活动链路集 AS。

• 确定给定链路集内的活动链路 ASP。

• 确定是否填充了 DATA 消息的任选域。

• 将 MTP_TRANSFER 请求原语映射到 DATA 消息的协议数据域。

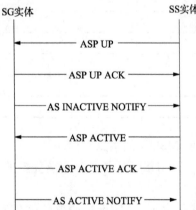

图 6-23 创建 M3UA 链路流程

• 通过选定的 M3UA 链路发送 DATA 消息到 SGP 的 M3UA 对等端。

（2）若 SG 上的 M3UA 层有一条 M3UA 用户消息需要发送到 ASP，它将进行如下操作，如图 6-25 所示。

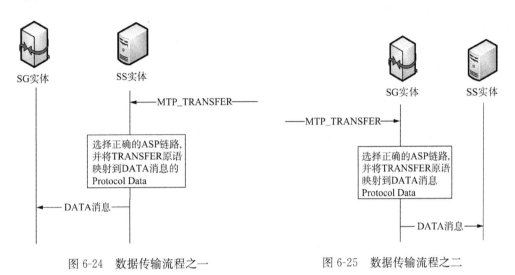

图 6-24 数据传输流程之一　　　　　　　图 6-25 数据传输流程之二

• 确定正确的目的实体。

• 若目的实体可达，则获取到该目的实体的可用路由。

• 获取属于该路由的活动链路集 AS。

• 确定给定链路集内的活动链路 ASP。

• 将 MTP_TRANSFER 请求原语映射到 DATA 消息的协议数据域。

• 通过选定的 M3UA 链路发送 DATA 消息到 ASP 的 M3UA 对等端。

3）业务环境释放流程

当 M3UA 链路需要退出时，ASP 启动释放流程以关闭 ASP 链路，如图 6-26 所示。

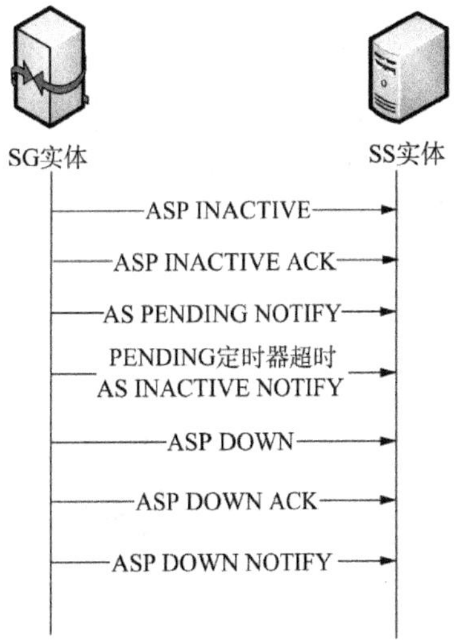

图 6-26 M3UA 链路释放流程

## 6.5　软交换与 PSTN 互通技术

基于 IP 的软交换网络和基于电路交换的 PSTN 网络存在几个基本不同之处：第一，承载方式不同；第二，网络地址方案不同；第三，信令协议不同；第四，话音编码方式不同。因此，软交换网络和 PSTN 的互通包括信令网互通和话路网互通两个方面。

在两个网络的话路互通之前双方需要协商彼此的媒体格式、承载方式等特性，这些协商通过信令完成。包含有 PSTN 控制信息的 ISUP 通过 MTP 的承载在基于 TDM 的 E1/T1 物理/时隙上传输，而软交换的控制信息则包含在 MGCP 或 H.248 等消息中，并通过 SCTP 在 IP 网络上实现端到端的可靠连接。所以，首先要完成信令的互通，然后才能完成话路的互通。用来完成不同承载方式之间、不同控制信令之间互通转换的设备是 SG 和软交换设备，其中 SG 完成信令承载的转换,软交换机则完成软交换/MGC 和 MG 之间控制信息的转换,即完成 ISUP 信令与 H.248 协议之间的转换。软交换设备通过分析对端网络协议消息,将其转换成为本端网络的相应消息,并根据具体情况对原有协议作适当补充。

基于 IP 的软交换网络和 PSTN 话路网的互通需要解决以下问题。

(1)编码格式的转换。

在 PSTN 网络中,语音业务一般采用 G.711 的编码方案,而在软交换网络中,通常采用 G.7231、G.729 等编码格式以节省网络带宽,因此媒体格式的转换是互通首先要解决的问题。

(2)承载和传输的转换。

PSTN 的话音编码以净荷的形式承载在 TDM 的时隙上传送,而 IP 网络则是将语音封装在实时传输协议(RTP)的净荷中,因此需要解决 PSTN 侧 64Kbit/s 链路和 IP 侧 RTP 流的转换。

(3)其他要解决的问题。

由于语音在 IP 网络中的编码格式不同,传送机制不同,且 PSTN 端局存在局间双向四线到用户端双向二线的转换问题,因此时延增加、产生抖动、回声泄露的等通信质量问题需要通过其他技术手段来解决。

用来解决软交换网络和 PSTN 话路网互通问题的逻辑实体是媒体网关。媒体网关通过 H.248 信令与软交换/MGC 交互并接收其命令来提供软交换网络与 PSTN 之间的音频、数据、传真和视频媒体流的转换,并通过数字信号处理来完成诸如 A/D 转化、分组、压缩、回声消除、静音检测和抑制、信号音产生、DTMF 信号的传输等功能。

下面举两例描述 PSTN 与软交换网络之间信令互通的呼叫流程,包括承载互通和控制信息互通。

示例一:PSTN 侧的用户呼叫 AG 侧的用户,设被叫先挂机,如图 6-27 所示。

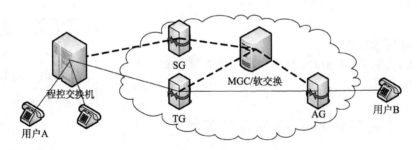

图 6-27  PSTN 侧的用户呼叫 AG 侧的用户

由前面的叙述可知,尽管在 PSTN 和 SG 及 SG 和软交换之间传送的控制信息相同,但承载已经发生了变化,前者的承载是 MTP/TDM,而后者的承载是 SIGTRAN/IP。LS 发送到软交换的 ISUP 信令,经由软交换分析后,通过承载在 SCTP 的 H.248 信令,与 TG 及 AG 完成交互。具体的信令流程图如图 6-28 所示。

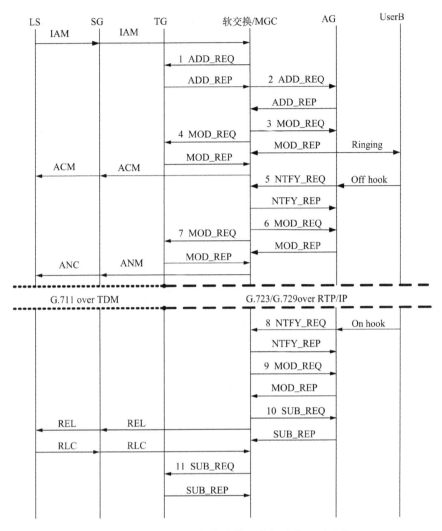

图 6-28 PSTN 用户与软交换网络用户的互通流程

PSTN 的 LS 发送 IAM 消息给软交换的过程如下所述。

（1）软交换收到 IAM 消息,通过 ADD 命令让 TG 将主叫侧的某个物理终端和临时的逻辑终端创建一个 CONTEXT;

（2）软交换进行被叫号码分析后,找出被叫的物理终端,并发送 ADD 命令到 AG 将被叫侧的某个物理终端和临时的逻辑终端创建一个 CONTEXT;

（3）软交换通过 MODIFY 命令更改被叫终端的属性（如媒体格式）,请求检测被叫用户的摘机事件,并向被叫用户送振铃音;

（4）软交换通过 MODIFY 命令更改主叫终端的属性（如媒体格式）,请求检测主叫用户的挂机事件,并向主叫用户送回铃音;

软交换给通过 SIGTRAN/IP 给 SG 发送 ACM 消息,SG 将此消息的承载改变成 MTP 转发给 PSTN 交换机,请求该交换机给 PSTN 用户送回铃音;

（5）被叫用户摘机,AG 发送 NOTIFY 通知软交换;

（6）软交换通过 MODIFY 命令把关于主叫终端的特性描述发送给被叫终端,并修改被叫终端的属性；

(7)软交换通过 MODIFY 命令把关于被叫终端的特性描述发送给主叫终端,并修改主叫终端的属性；

此时,主叫终端和被叫终端彼此都知道本端和对端的连接信息;软交换发送 ANC 消息给 PSTN 交换机,请求停送回铃音并建立通话。

(8)被叫用户挂机,AG 发送 NOTIFY 通知软交换；

(9)软交换通过 MODIFY 命令更改被叫终端的属性、模式等,并请求继续检测被叫用户的摘机事件；

(10)软交换通过 SUBTRACT 命令断开被叫侧 CONTEXT 中的 Termination 连接,从而删除 CONTEXT；

软交换收到 AG 的 SUBTRACT 响应信息后向 PSTN 交换机发送 REL 消息,请求给 PSTN 用户发送忙音并释放语音电路；

PSTN 交换机收到 REL 消息后发送 RLC 消息至软交换进行确认；

(11)软交换收到 RLC 消息后通过 SUBTRACT 命令断开主叫侧 CONTEXT 中的 Termination 连接,从而删除 CONTEXT,拆除呼叫。

示例二:两个程控交换局之间通过软交换进行汇接,用户 A 和用户 B 分别是这两个程控交换机的用户,设用户 A 呼叫用户 B,且 B 先挂机,如图 6-29 所示。

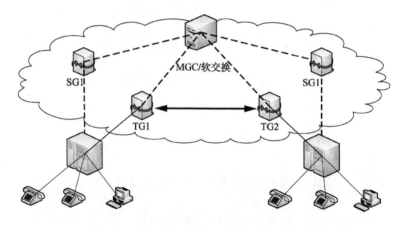

图 6-29　两个程控交换局之间通过软交换汇接

用户呼叫流程如下。

(1)主叫用户摘机拨号后,LS1 通过号码分析,发现是一个出局呼叫,占用 TG1 的中继,生成 IAM 消息发给 SG1。

(2)SG1 将 IAM 消息转发给 SS。

(3)SS 根据收到的 IAM 消息进行号码分析和路由选择,判断是一个通过 TG2 出局到 LS2 的呼叫。

(4)SS 向 TG1 发 Add 消息,指示 TG1 创建一个关联域,在此关联域中加入指定的中继类型终端,并让 TG1 选择一个 RTP 类型终端。

(5)TG1 向 SS 发 Reply 消息,内容包括选定 RTP 终端、TG1 的 IP 地址、端口号和语音压缩算法等。

(6)SS 向 TG2 发 Add 消息,指示 TG2 创建一个关联域,在此关联域中加入指定的中继类型终端,并让 TG2 选择一个 RTP 类型终端,同时将 TG1 的 SDP 属性下发给 TG2。

(7)TG2 向 SS 发 Reply 消息,内容包括选定 RTP 终端、TG2 的 IP 地址、端口号和语音压缩算法等。

(8)SS 在确认 TG1 和 TG2 都准备好后向 SG2 发送 IAM 消息。

(9)SG2 将 IAM 消息转发给 LS2。

(10)LS2 收到 IAM 后根据号码分析,给被叫用户振铃,同时回 ACM 消息给 SG2。

(11)SG2 将 ACM 消息转发给 SS。

(12)SS 向 TG1 发 Modify 消息,将 TG2 的 SDP 属性下发给 TG1。

(13)TG1 向 SS 发 Reply 消息。

(14)SS 向 SG1 发 ACM 消息。

(15)SG1 将 ACM 消息转发给 LS1,LS1 给主叫用户放回铃音。

(16)被叫用户摘机,LS2 回 ANM 消息给 SG2。

(17)SG2 将 ANM 消息转发给 SS。

(18)SS 向 TG1 发 Modify 消息,修改 RTP 端口模式为 SendReceive。

(19)TG1 向 SS 发 Reply 消息,准备好与 TG2 的媒体流通道。

(20)SS 向 SG1 发 ANM 消息。

(21)SG1 将 ANM 消息转发给 LS1,LS1 接通主叫用户,通话开始。

(22)被叫挂机,LS2 发 REL 消息给 SG2。

(23)SG2 将 REL 消息转发给 SS。

(24)SS 向 SG1 发 REL 消息。

(25)SG1 将 REL 消息转发给 LS1,LS1 给主叫用户放忙音。

(26)SS 向 TG2 发 Subtract 消息,删除终端和关联域,释放资源。

(27)SS 向 TG1 发 Subtract 消息,删除终端和关联域,释放资源。

(28)TG1、TG2 向 SS 发 Reply 消息,通话结束。

综上所述,经过软交换网络和 PSTN 信令的互通,确定了双方的媒体格式之后就可以按照已经协商好的协议进行通信,完成话路的互通。

## 思考题

1. 下一代网络为什么要引入软交换技术,目的何在?

2. 软交换网络与电路交换网有哪些主要区别?

3. 在图 6-15 中,UserB 何时知道 UserA 的 IP 地址? UserA 又何时知道 UserB 的 IP 地址?

4. 软交换网络如何实现与 PSTN 互通?

# 第 7 章　IMS 技术

## 7.1　IMS 概述

互联网最大的成功就在于能方便灵活地提供丰富而广泛的业务应用,能根据客户的需求快捷地创建新业务,互联网的成功进一步促进了 IP 技术的发展,通信成本不断降低。移动系统的最大优势是用户不受接入线路的限制,可以在任何地点、任何状态下自由通信,便携式小型化的终端更是给用户带来了极大的便利。

PLMN 通过移动软交换技术,将移动通信网技术和 Internet 技术有机结合起来,解决了语音在 IP 网络上的承载问题,但仍然存在移动与固定业务如何融合、端到端的 QoS 如何控制、灵活的计费模式如何实现、第三方的业务开发接口如何开放等问题。IMS 是传统运营商各方都期许的一种方案,已成为业界公认下一代网络的主体架构及 FMC 的理想平台。基于不同接入技术的网络最终都通过 IMS 达到网络架构的一致,形成一个具有电信级 QoS 保证,能够对业务进行有效而灵活的计费且提供融合各类网络能力的综合业务的网络。

### 7.1.1　IMS 的概念

IMS 即是 IP 多媒体子系统(IP Multimedia Subsystem),由第三代移动通信合作伙伴项目(3GPP)提出,对 IP 多媒体业务进行控制的子系统。IMS 将移动通信网技术和互联网技术有机结合起来,形成一个具有电信级 QoS 保证,能够对业务进行有效而灵活的计费且提供各类融合网络业务的 IP 多媒体子系统。IMS 的第一个版本是基于 GPRS/UMTS 网络,随后发布的版本与接入无关,可基于 WLAN 或以 xDSL、Cable Modem 等方式接入。

### 7.1.2　IMS 的特点

IMS 体系架构与软交换技术相似,采用业务控制与呼叫控制相分离、呼叫控制与媒体传输相分离的分层体系架构。IMS 是一种对接入层、传送层、应用层提供相应控制但独立于各种接入技术的多媒体业务的体系架构。IMS 的体系架构如图 7-1 所示。

IMS 的主要技术特点是采用水平体系架构组网,控制功能与业务功能相分离,控制功能与承载能力相分离,采用会话初始协议(SIP),通信与接入方式无关,提供丰富一致的多媒体业务等。

1. 水平体系架构

对于运营商而言,IMS 通过水平体系结构进一步推动了分层体系结构概念的发展。在水平体系结构中,业务使能(Enable)和公共功能都可以重新用于其他多种应用。IMS 水平体系结构还特别对互操作和漫游做了规定,并提出 QoS 控制、计费和安全管理等功能。采用 IMS 水平体系结构,运营商无须再使用垂直的"烟囱"方式来部署新业务(即为特定应用建设单独的网络),从而消除昂贵复杂的传统网络结构在计费管理、状态属性管理、组群和列表管理、路由和监控管理

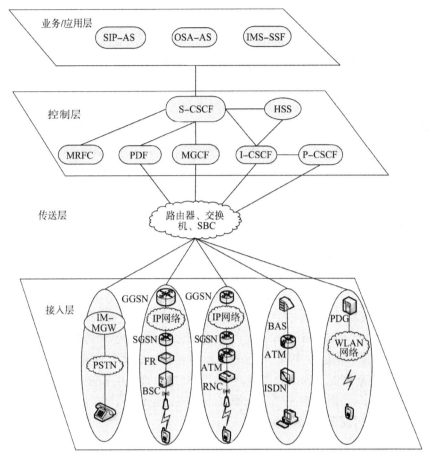

图 7-1　IMS 网络架构

方面的重叠功能。

### 2. 业务与控制、控制与承载分离

IMS 将保留的业务放在业务层的应用服务器中,使呼叫控制和业务彻底分离。IMS 也实现了会话呼叫控制与媒体网关控制的分离。IMS 中基于 SIP 的会话呼叫控制由 CSCF 提供,完成整个网络的信令路由和呼叫控制;基于 H. 248/MEGACO/MGCP 的媒体网关控制由 MGCF 提供,存在于 IMS 网络与传统网络互通的边界点上。

### 3. 基于 SIP 的会话控制

IMS 的核心功能实体是呼叫会话控制功能(CSCF)单元,通过向上层的服务平台提供标准的接口,使业务控制独立于呼叫控制。为了实现接入的独立性与 Internet 互操作的平滑性,IMS 尽量采用与 IETF 一致的因特网标准,采用基于 IETF 定义的会话初始协议(SIP)的会话控制能力,并进行了移动特性方面的扩展。IMS 的网络设备全面支持 SIP,SIP 成为 IMS 域唯一的会话控制协议。这一特点实现了端到端的 SIP 信令互通,同时也顺应了终端智能化的网络发展趋势,使网络的业务提供和发布具有更大的灵活性。

### 4. 接入无关性

IMS 网络的通信端点(终端)通过 IP-CAN(IP Connectivity Access Network)与网络连通。只要是 IP 接入,不管是固定还是无线,都可以使用 IMS 业务。例如,WCDMA 的无线接入网络(RAN)及分组域(PS Domain)网络构成了移动的 IP-CAN,用户通过分组域的 GGSN 接入到外部 IP 网络。支持 WLAN、WiMAX、xDSL 等不同的接入技术的结果会产生不同的 IP-CAN 类型。正是这种端到端的 IP 连通性,使得 IMS 真正与接入无关,不再承担媒体控制器的角色,不需要通过控制综合接入设备(IAD)、接入网关(AG)等实现对不同类型终端的接入适配和媒体控制。在 IMS 网络中,IMS 与 IP-CAN 的关系主要体现在 QoS 和计费方面,但并不关心底层接入技术的差异。

### 5. 提供丰富而动态的组合业务

IMS 定义了标准的基于 SIP 的 ISC(IP Multimedia Service Control)接口,使业务层与控制层完全分离。IMS 通过基于 SIP 的 ISC 接口,支持三种业务提供方式,即独立的 SIP 应用服务器方式、OSA SCS 方式和 IM-SSF 方式(接入传统智能网,体现业务继承性)。IMS 的核心控制网不再需要处理业务逻辑,而是通过分析用户签约数据的初始过滤规则(iFC)触发到指定的应用服务器,由应用服务器完成业务逻辑处理。如 3GPP 与 OMA 组织协作定义的 PoC(Push-to-talk over Cellular)业务实现过程中,PoC 业务的业务逻辑和媒体处理完全由 PoC Server 负责,IMS 网络只为 PoC 业务提供基础能力支持,包括用户注册、地址解析和路由、安全、计费、SIP 压缩等。在这样的方式下,IMS 成为一个真正意义上的控制层设备。基于 SIP 的 ISC 接口更有利于节约业务开发成本,可使业务快速推出。

### 6. 提供一致的归属业务

IMS 的业务由归属地统一触发,所有的业务信令都要回到归属网络。无论用户漫游到何地,都能够得到与在归属网络一致的业务体验。IMS 向用户提供了虚拟归属业务环境(VHE)的能力,采用集中式的 HSS 数据库,实现用户一致的注册和业务触发功能,终端无论是漫游还是其他运营商的网络都能通过访问本地或网络的 P-CSCF 接入到 IMS 中,从而建立用户终端与其归属 HSS 及 S-CSCF 的信令通路,由归属地的 S-CSCF 控制用户业务并根据用户签约数据将业务触发到本网 AS 或第三方的应用上,保障了业务一致性,使用户无论在何处接入,采用何种接入方式均可享受与在归属地一样的业务感受。

## 7.1.3　IMS 与软交换技术的比较

IMS 和软交换都基于 IP 分组网,都实现了控制与承载的分离,大部分的协议都相似或者完全相同,许多网关设备和终端设备可以通用。IMS 和软交换的主要区别在于:

(1)IMS 的网络更加标准和统一,全部采用会话初始协议(SIP)作为呼叫控制和业务控制的信令,软交换中更多的使用 H. 248 协议,SIP 只是可用于呼叫控制的多种协议的一种。由于软交换网络主要采用 H. 248 协议,软交换的体系主要基于主从控制,使得网络控制与具体的接入手段关系密切。IMS 体系采用基于 IP 承载的 SIP 协议,IP 技术与承载媒体无关的特性使得 IMS 体系可以支持各类接入方式,使得 IMS 的应用范围可以从移动网逐步扩大到固定领域。

(2)在软交换控制与承载分离的基础上,IMS 更进一步的实现了呼叫控制层和业务控制层的分离。传统软交换虽然将大部分增值业务分离出来放到了业务层,但其自身仍然保留了一些补充业务。IMS 进一步将保留的业务放在了业务层的应用服务器中,做到了呼叫控制和业务的彻底分离。

(3)IMS 设计了外置数据库——归属用户服务器(HSS)集中存放用户数据,用于用户鉴权、位置查询和存储用户业务触发规则。因此 IMS 技术与软交换技术相比,在移动性管理、漫游管理和 QOS 保证方面,有更多优势。

# 7.2 IMS 网络架构

## 7.2.1 IMS 网元

IMS 的主要功能实体包括呼叫/会话功能实体(Call Session Control Function,CSCF)、归属用户服务器(Home Subscriber Server, HSS)、媒体网关控制实体(MGCF)和媒体网关(MGW)等。CSCF 主要负责对多媒体会话进行处理,其功能包括多媒体会话控制、地址翻译以及对业务协商进行服务转换等。根据网络组网的功能划分,CSCF 有三种类型,分别为代理 CSCF(Proxy-CSCF,P-CSCF)、查询 CSCF(Interrogating-CSCF, I-CSCF)和服务 CSCF(Serving-CSCF, S-CSCF)。P-CSCF 是 IMS 系统中用户的第一个接触点,所有的 SIP 信令都必须通过 P-CSCF 才能进入 IMS 网络。I-CSCF 提供到归属网络的入口,为了 IMS 网络的安全,需要将归属网络的拓扑隐藏起来,可通过归属用户服务器 HSS 灵活选择 S-CSCF,并将 SIP 信令路由到 S-CSCF。S-CSCF 是 IMS 的核心,位于归属网络,提供 UE 会话控制和注册服务。HSS 类似于移动网络的HLR,是 IMS 中所有与用户和服务相关的数据的主要存储器。存储在 HSS 中的数据主要包括用户身份、注册信息、接入参数和服务触发信息等。IMS 的网元如表 7-1 所示。

表 7-1　IMS 网元及功能

| IMS 网元 | 功　能 |
| --- | --- |
| P-CSCF、I-CSCF、S-CSCF | 呼叫控制 |
| HSS、SLF | 数据库 |
| SIP-AS、OSA-AS、IMS-SSF | 业务平台 |
| MRFC、MRFP | 媒体资源 |
| MGCF、IM-MGW、BGCF | 对外接口 |
| PDF/PEP、DNS/ENUM、NAT/ALG | 其他网元 |

### 1. 呼叫控制实体(CSCF)

IMS 的核心处理部件是 CSCF(Call Session Control Function),按功能分为 P-CSCF、I-CSCF、S-CSCF 三个逻辑实体。在这些功能实体中,P-CSCF 完成用户终端及接入网和 IMS核心网络的隔离,使用户终端和接入网络无法直接了解 IMS 网络的内部结构,即使某个 P-CSCF即使受到攻击也不会影响网络的正常工作。P-CSCF 还可以进一步提供信令的 NAT 穿越、协议转换等由网络外围设备完成的附加功能。IMS 中的 I-CSCF 完成不同运营商之间 IMS 网络的隔离,在保证网络互通的同时使运营商之间无法了解对方的网络结构和资源情况,保证网络的安全。

（1）P-CSCF 主要完成如下功能：用户 IMS 业务的代理功能、信令的安全功能、承载的授权功能、计费策略下载功能。

在用户设备（UE）获得 IMS 服务时，P-CSCF 是首先要联系的第一个节点。所有的 SIP 信令，无论来自 UE，还是发给 UE，都必须经过 P-CSCF。UE 通过一个"本地 CSCF 发现"流程来得到 P-CSCF 的地址。P-CSCF 的作用就像一个代理服务器，它把收到的请求和服务进行处理或转发，主要完成和用户接入的相关功能。另外，P-CSCF 分离业务的接入与控制，以便控制归属业务。

（2）I-CSCF 类似于 IMS 的关口节点，提供本域用户服务节点分配、路由查询及 IMS 域间拓扑隐藏功能。一个运营商的网络中可以有多个 I-CSCF。

I-CSCF 的功能主要有：为发起 SIP 注册请求的用户分配或指派一个 S-CSCF；将从其他网络来的 SIP 请求路由到 S-CSCF 或提供 S-CSCF 的地址；计费记录生成；网间拓扑结构隐藏等。

（3）S-CSCF（Serving CSCF）位于归属网络，在 IMS 核心网中处于核心的控制地位，主要完成用户的认证、注册、业务授权、业务触发、业务路由、计费等功能。

### 2. 数据库实体

（1）HSS（Home Subscriber Server）是 IMS 中所有与用户和服务器相关数据的主要存储服务器，存储在 HSS 中 IMS 相关的数据主要包括：
- IMS 用户标识、号码和地址信息；
- IMS 用户安全信息：用户网络接入控制的鉴权和授权信息；
- IMS 用户在 IMS 系统内的位置信息；
- IMS 用户的签约业务信息。

HSS 的主要功能有：支持移动性管理、支持呼叫和会话建立、支持用户安全和接入授权、业务定制、支持业务应用等。

（2）SLF（Subscription Locator Function）的基本功能包括：
- I-CSCF/S-CSCF 在登记注册及事务建立过程中，通过查询 SLF，获得用户签约数据所在的 HSS 的域名。
- SIP AS 可以使用 Sh+接口查询 SLF，以确定包含某用户数据的 HSS 域名。
- 在一个单 HSS 的 IMS 系统中，SLF 并不需要；在多 HSS 的情况下，可与 HSS 合设。

### 3. IMS 的业务平台

IMS 的应用服务器包括 SIP AS、IM-SSF、OSA-SCS、SCIM 等。

（1）SIP AS：业务的存放及执行者。IM、Presence、PoC 等业务都可以通过 SIP AS 实现，SIP AS 可以基于业务影响一个 SIP 会话。

（2）IM-SSF：一种特殊类型的 AS，用来负责基于 CAMEL 智能网的特性（如触发 DP 点、CAMEL 服务交换的有限状态机等），提供一个 CAP 接口。

（3）OSA-SCS：开放业务接入的业务能力服务器，负责为第三方 AS 提供接口，并为第三方安全接入 IM 子系统提供标准方式。OSA 参考架构定义了一个 OSA AS，它通过 OSA API 为客户端的应用提供一个逻辑执行环境。

（4）SCIM：业务能力交互管理，一种特殊类型的 SIP AS，负责管理其他 AS 之间的交换操作。

### 4. IMS 的媒体资源

IMS 的媒体资源包括两个部分：MRFC（Multimedia Resource Function Controller）和 MRFP(Multimedia Resource Function Processor)。

（1）MRFC 位于 IMS 控制面，其基本功能包括：

• 接收来自 AS 或者 S-CSCF 的 SIP 控制命令并控制 MRFP 上的媒体资源，支持增强的媒体控制；

• 控制 MRFP 中的媒体资源，包括输入媒体流的混合（如多媒体会议）、媒体流接收的处理（如音频的编解码）；

• 生成 MRFP 资源使用的相关计费信息，并传达到 CCF。

（2）MRFP 作为网络公共资源，控制与其他 IMS 终端或 IM-MGW 之间的 IP 用户面承载连接，在 MRFC 控制下提供资源服务。其基本功能包括：

• 支持媒体流混合（多方会议）的功能；

• 支持多媒体信息播放（放音、流媒体）；

• 支持媒体内容解析处理（码变换、语音识别等）。

### 5. IMS 的对外接口设备

完成对外接口功能的网元可实现 IMS 网络与其他网络之间的通信，包含的网元为：MGCF、IM-MGW、BGCF。

（1）MGCF(Media Gateway Control Function)的基本功能包括：

• 实现 IMS 与 PSTN 或电路域 CS 的控制面交互；

• 通过 H.248 控制 IM-MGW 完成 PSTN 或 CS TDM 承载与 IMS 域用户面的实时转换。

（2）IM-MGW(IMS-Media Gateway Function)主要完成 IMS 与 PSTN 及 CS 域用户面宽窄带承载互通及必要的编解码变换。

（3）BGCF(Breakout Gateway Control Function)的主要功能是为 IMS 到 PSTN/CS 的呼叫选择 MGCF。

### 6. IMS 网络的其他网元

（1）PDF&PEP。PDF(Policy Decision Function)根据应用层相关信息进行承载资源的授权决策，将其映射到 IP QoS 参数传递给 GGSN 中的策略执行点 PEP(Policy Enforcement Point)，完成 QoS 资源的控制处理，为 IMS 业务提供 QoS 保证。

（2）DNS(Domain Name System)服务器负责 URL 地址到 IP 地址的解析。SIP URL 是通过 SIP 呼叫他人的 SIP 地址方案，换言之，一个 SIP URL 就是一个用户的 SIP 电话号码，SIP URL 格式与电子邮件地址一样。

（3）ENUM(E.164 Number URI Mapping)服务器负责电话号码到 URL 的转换。

（4）NAT/ALG 设备。NAT（Network Address Translation）/ALG（Application Level Gateway)设备负责将 IMS SIP 信令地址及 SIP 信令所包含的 SDP 地址信息进行转换或解析，从而实现 SIP 控制面 UDP/IP 公私网地址及相应承载面 RTP/IP 公私网地址变换。

### 7.2.2  IMS 接口

IMS 接口如图 7-2 所示,接口功能见表 7-2。

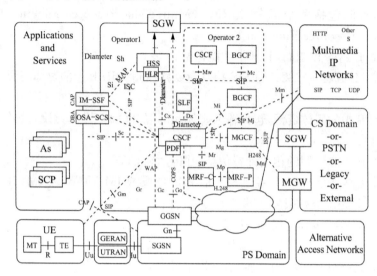

图 7-2  IMS 接口

### 表 7-2  IMS 接口及功能

| 序号 | 接口 | 相关设备 | 功能描述 | 接口协议 |
|---|---|---|---|---|
| 1 | Cx | I-CSCF,S-CSCF,HSS | I-CSCF/S-CSCF 和 HSS 通信 | Diameter |
| 2 | Dh | SIP AS,OSA,SLF,IM-SSF,HSS | 在多个 HSS 部署的情况下,AS 用来查找正确的 HSS | Diameter |
| 3 | Dx | I-CSCF,S-CSCF,SLF | 在多个 HSS 部署的情况下,I-CSCF,S-CSCF 用来查找正确的 HSS | Diameter |
| 4 | Gm | UE,P-CSCF | UE 和 CSCF 通信 | SIP |
| 5 | Go | PDF,GGSN | 运营商用来实现 GPRS 网络媒体的 QOS 控制,并实现 IMS 和 GPRS 网路的计费关联 | COPS(R5),Diameter(R6+) |
| 6 | Gq | P-CSCF,PDF | P-CSCF 和 PDF 交换策略控制信息 | Diameter |
| 7 | ISC | S-CSCF,I-CSCF,AS | CSCF 和 AS 通信 | SIP |
| 8 | Ma | I-CSCF-,AS | 把 SIP 请求发送给 SIP 请求里面的公共服务标识符所指示的 AS | SIP |
| 9 | Mg | MGCF-,I-CSCF | MGCF 把 ISUP 信令翻译成 SIP 信令,并把 SIP 信令转发给 I-CSCF | SIP |
| 10 | Mi | S-CSCF-,BGCF | S-CSCF 和 BGCF 通信 | SIP |
| 11 | Mj | BGCF-,MGCF | 同一个网络中的 BGCF 和 MGCF 间通信 | SIP |
| 12 | Mk | BGCF-,BGCF | 不同网络间 BGCF 之间的通信 | SIP |
| 13 | Mm | I-CSCF,S-CSCF, external IP network | IMS 和外部 IP 网之间的通信 | SIP |
| 14 | Mn | MGCF,IM-MGW | 用来控制用户层的媒体资源 | H.248 |
| 15 | Mp | MRFC,MRFP | MRFC 控制 MRFP | H.248 |
| 16 | Mr | S-CSCF,MRFC | S-CSCF 和 MRFC 通信 | SIP |
| 17 | Mw | P-CSCF,I-CSCF,S-CSCF | CSCF 间通信 | SIP |

| 序号 | 接口 | 相关设备 | 功能描述 | 接口协议 |
|---|---|---|---|---|
| 18 | Rf | P-CSCF, I-CSCF, S-CSCF, BGCF, MRFC, MGCF, AS, CCF | 设备和 CCF 交换离线计费信息 | Diameter |
| 19 | Ro | AS, MRFC, S-CSCF, OCS | 设备和 OCS 交换在线计费信息 | Diameter |
| 20 | Sh | SIP AS, OSA SCS, HSS | SIP AS/OSA SCS 和 HSS 通信 | Diameter |
| 21 | Si | IM-SSF, HSS | IM-SSF 和 HSS 通信 | MAP |
| 22 | Ut | UE, AS(SIP AS, OSA SCS, IM-SSF) | 方便用户管理和配置服务参数 | HTTP(S), XCAP |

### 7.2.3 IMS 协议

IMS 主要用到了 SIP(Session Initiation Protocol)、Diameter 协议、COPS 协议(Common Open Policy Service)和 H.248 协议。

#### 1. SIP

SIP 是由 IETF 制定的面向 Internet 会议和电话的信令协议。SIP 协议具有简单、易于扩展、便于实现等诸多优点,是 NGN 和 3G 多媒体子系统域中的重要协议。

SIP 是一种应用层的协议,可以建立、修改或者中止多媒体会话或者呼叫。SIP 消息有两种类型:请求和响应。请求消息从客户机发到服务器。响应消息从服务器发到客户机。SIP 请求消息包含三个元素:请求行、头、消息体。SIP 响应消息包含三个元素:状态行、头、消息体。请求行和头域根据业务、地址和协议特征定义了呼叫的本质,消息体独立于 SIP 并且可包含任何内容,如 SDP 或 ISUP。

#### 2. Diameter 协议

认证、授权及计费体制是网络运营的基础。Diameter 协议是由 IETF 开发的,基于 RADIUS 构建的 AAA 协议。Diameter 协议包括基本协议、NAS(网络接入服务)协议,EAP(可扩展鉴别)、MIP(移动 IP)、CMS(密码消息语法)协议等。Diameter 协议支持移动 IP、NAS 请求和移动代理的认证、授权和计费工作,协议的实现与 RADIUS 类似。

#### 3. COPS 协议

COPS 协议是 IETF 开发的一种简单的查询和响应协议,主要用于策略服务器(PDP)与其客户机(PEP)之间交换策略信息。

IMS E2E QoS 体系架构基于业务的策略控制机制而实现,提供 QoS 动态控制。IMS QoS 支持机制用于保证 IP 传送层中的 QoS 参数,如带宽、传输速率、端到端时延、端到端抖动及误码率能够提前得到保证并可以进行测量。IMS QoS 支持机制是基于策略控制的机制,因而用户的会话建立过程与传统不同(如 R99),基于策略的会话管理有策略授权认证等过程。在 IMS 建立会话前,参与会话的 UE 之间首先要进行媒体协商。媒体协商启动后,IMS 会话控制将根据用户的个人业务、媒体信息及所应用的接纳控制和本地策略控制,进行相应的资源授权。所授权的参数返回给用户终端为建立传输承载进行资源预留。成功资源预留后的 UE 完成媒体协商并进入会话状态,IMS 的会话控制通过资源保证以达到 QoS 资源分配。

IMS E2E QoS 体系架构中涉及的功能实体有代理-呼叫服务控制功能(P-CSCF)、策略判决功能(PDF)、策略执行功能(PEP(GGSN/AR))、UE 等。

**4. H. 248 协议**

H. 248 协议是 IETE、ITU-T 制定的媒体网关控制协议,用于媒体网关控制器(MGC)和媒体网关之间的通信,实现 MGC 对 MG 控制的一个非对等协议。

**5. Parlay/OSA**

Parlay/OSA 由一系列的编程 API 组成,抽象底层网络的网络能力,定义多个业务能力特征(Service Capability Feature,SCF),包括呼叫处理能力 SCF、与用户交互能力 SCF、移动 NESCF、数据会话控制 NSCF、终端能力 SCF、统一消息 SCF、连接管理 SCF 及策略管理 SCF 等。这些抽象的业务编程 API 可以使业务层的业务编写方不必了解网络细节而直接使用下层网络的网络能力,是实现标准的业务运行环境的必要条件。

## 7.3　SIP 与 SDP

SIP 是 IETF 制定的多媒体通信协议。SIP 采用一种模块化结构,请求/应答模式,基于文本方式。由于 SIP 简单,升级方便,扩展灵活,因此 3GPP 在 WCDMA R5 中采用了 SIP 作为 IMS 的会话控制协议。3GPP 并没有定义一个新的 SIP,而针对移动业务的特点对 SIP 进行扩展。SIP 由 SIP 基本协议和一系列针对移动业务的 SIP 扩展组成。SIP 基本协议由 IETF 请求说明文档(RFC3261)定义,SIP 扩展则由一系列 RFC 文档组成,主要包括 RFC3455、RFC3311、RFC3262、RFC 3325 等多个文档。

会话描述协议(SDP)用来传送呼叫的媒体类型和格式等信息,SDP 描述的信息封装在相关的传送协议中发送,如封装在 SIP、H. 248 协议中传送。SDP 提供了描述从会话信息到会话参与者的格式。因此,SDP 既有会话级参数,又包含媒体级参数。会话级参数包括会话者名称、会话发起者、会话时间等信息;媒体级信息包括媒体类型、端口号、媒体传输协议、媒体编解码格式等。

### 7.3.1　SIP 的网络结构及成员功能

SIP 采用客户机/服务器(C/S)的工作方式,SIP 网络包含两类成员:用户代理(User Agent)和网络服务器(Network Server),如图 7-3 所示。

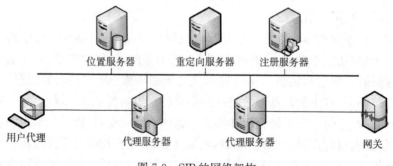

图 7-3　SIP 的网络架构

用户代理(User Agent)分为两个部分:

- 用户代理客户端(User Agent Client),负责发起呼叫;
- 用户代理服务器(User Agent Server),负责接受呼叫并做出响应。

　　用户代理服务器端和用户代理客户端组成用户代理,存在于用户终端中。用户代理按照是否保存状态可分为有状态代理、有部分状态用户代理和无状态用户代理。

　　网络服务器包括代理服务器(Proxy Server)、重定向服务器(Redirect Server)、注册服务器(Register Server)和位置服务器(Location Server)。

- 代理服务器(Proxy Server)负责接收用户代理发来的请求,根据网络策略将请求转发给相应的服务器,并根据收到的应答对用户做出响应。代理服务器在转发请求之前可能解释、改写和翻译原请求消息中的内容,主要功能是路由、认证鉴权、计费监控、呼叫控制和业务提供等。
- 重定向服务器(Redirect Server)接收用户请求,把请求中的原地址映射为新地址,返回给客户端,客户端根据此地址重新发送请求。用于在需要时将用户新的位置返回给呼叫方,呼叫方可以根据得到的新位置重新呼叫。
- 注册服务器(Register Server)用于接收和处理用户端的注册请求,完成用户地址的注册。注册服务器还支持用户鉴权。注册服务器一般配置在代理服务器和重定向服务器之中,并且一般都配有位置服务器的功能。
- 位置服务器(Location Server):位置服务器与其他 SIP 服务器可以通过任何非 SIP 协议(如 SQL、DAP 和 CORBA 等)来连接位置服务器。位置服务器的主要功能是提供位置查询服务,通常是由代理服务器或重定向服务器来查询被叫可能的地址信息。

　　SIP 服务器完全由纯软件实现,以上几种服务器均为逻辑概念,可以根据需要运行于各种工作站或专用设备中。具体实现时,这些功能可共存于一个物理设备,也可以分布在不同的物理实体中。在一个具体呼叫事件中,UAC、UAS、Proxy Server、Redirect Server 扮演的角色不同,但这样的角色并非固定不变。一个用户终端在会话建立时扮演 UAS,而在主动发起拆除连接时则扮演 UAC。一个服务器在正常呼叫时作为 Proxy Server,而如果其所管理的用户移动到了别处,或者网络对被呼叫地址有特别策略,则它扮演 Redirect Server,告知呼叫发起方该用户新的位置。

　　除了以上部件,网络还需要提供位置目录服务,以便在呼叫接续过程中定位被叫方(服务器或用户端)的具体位置。这部分协议不是 SIP 的范畴,可选用轻量目录访问协议(LDAP)等。

　　在理论上,SIP 呼叫可以只有双方的用户代理参与,而不需要网络服务器。之所以设置网络服务器,主要是服务提供者运营管理的需要。运营商通过网络服务器可以实现用户认证、管理和计费等功能,并根据策略对用户呼叫进行有效的控制。另外,SIP 网络中引入一系列应用服务器,可提供丰富的智能业务。

　　SIP 的组网很灵活,可根据情况定制。在网络服务器的分工方面:位于网络核心的服务器,处理大量的请求负责重定向等工作,是无状态的,它个别地处理每个消息,而不必跟踪纪录一个会话的全过程;处于网络边缘的服务器处理局部有限数量的用户呼叫,是有状态的,负责对每个会话进行管理和计费,需要跟踪一个会话的全过程。这样的协调工作既保证了对用户和会话的可管理性,又使网络核心负担大大减轻,实现可伸缩性,基本可以接入无限量的用户。SIP 网络具有很强的重路由选择能力,具有很好的弹性和健壮性。

　　IMS 中的用户代理为用户设备(UE)。IMS 中的代理服务器和注册服务器即为呼叫会话控制功能(CSCF)的网络实体。

### 7.3.2　SIP URL 结构

SIP 使用 SIP 的通用资源定位器(Uniform Resource Locator,URL)来标识用户,并根据 URL 进行寻址。SIP 的通用资源定位器采用与简单邮件发送协议和远程登录协议等一致的 URL 格式,即"用户名+主机名":USER@HOST 格式。用户名部分是用户名或电话号码,主机名部分可以是 DNS 域名,也可以是 IP 地址。SIP 地址必须包括主机名,可以包括用户名、端口号和参数等,采用与 mailto、http 等类似的格式,是为了扩展在网页、邮件等的应用。

(1)URL 形式:USER@HOST;

(2)URL 格式:SIP:用户名:口令@主机:端口;传送参数;用户参数;方法参数;生存期参数;服务器地址参数。

URL 用途:代表主机上的某个用户,可指示 From, To , Request URI, Contact 等 SIP 头部字段。

(3)SIP URL 应用举例:

- Sip:j. doe@big. com。
- Sip:j. doe:secret@big. com;transport=tcp;subject=project。
- Sip:+1-212-555-1212:1234@gateway. com;user=phone。
- Sip:alice@10. 1. 2. 3。
- Sip:alice@register. com;method=REGISTER。

### 7.3.3　SIP 消息格式

SIP 是 IETF 提出的在 IP 网络上进行多媒体通信的应用层控制协议,可用于建立、修改、终结多媒体会话和呼叫,SIP 采用基于文本格式的客户-服务器方式,以文本的形式表示消息的语法、语义和编码,客户机发起请求,服务器进行响应。SIP 独立于底层协议,可基于 TCP、UDP 或 SCTP,采用其应用层可靠机制来保证消息的可靠传送。

SIP 消息有两种:客户机到服务器的请求消息(Request),服务器到客户机的响应消息(Response)。

图 7-4　SIP 的消息结构

SIP 消息由一个起始行(Start-Line)、一个或多个字段(Field)组成的消息头,以及可选消息体(Message Body)组成。其中,在消息头中,用来描述消息体(Message Body)的头称为实体头(Entity Header)。SIP 消息的格式如图 7-4 所示。

按照请求消息和应答消息之分,起始行也分为请求行(Request-Line)和状态行(Status-Line)两种,其中请求行是请求消息的起始行,状态行是响应消息的起始行。

消息头分通用头(general-header)、请求头(request-header)、响应头(response-header)和实体头(entity-header)四种。请求消息的消息头包括通用头、请求头、实体头三种;应答消息的消息头包括通用头、应答头和实体头三种。消息头(Message Header)给出了关于请求或应答的更多信息,一般包括消息的来源、规定的消息接收方,另外还包括一些其他方面的重要信息。

消息体(Message Body)通常描述将要建立会话的类型和所交换的媒体。对于一个既定的呼叫,消息体可以指出呼叫方使用何种编码方式,如使用 G. 729 进行语音编码,或使用 H. 263 进行视频编码。但是要注意的是,SIP 并不具体定义消息体的内容或结构,其结构或内容使用另外一个协议来描述，如会话描述协议（SDP）或 ISUP 等。SIP 不特别关心消息体的确切内容，它只关心消息体的内容能否从一方传递到另一方，消息体只在会话的两端检查。因此，消息体可以看做是一个封装，SIP 只负责将其从一方传递到另一方，而并不检查里面的具体内容。

### 7.3.4　消息类型

#### 1. SIP 请求消息

SIP 请求消息是由客户端发往服务器端的消息，通过一个请求行作为起始行。请求行包含方法名、请求的 URL、协议版本号。

请求消息的格式如下：

　　Request＝Request-Line
　　＊(general-header｜request-header｜entity-header)
　　CRLF
　　［message body］

请求行（Request-Line）包括三部分内容：方法（Method）、Request-URI 和协议版本（SIP-Version）。最后以回车键结束，各个元素间用空格键字符间隔：

　　Request-Line＝Method SP Request-URI SP SIP-Version CRLF

SIP 用术语"method"对说明部分加以描述，Method 标识区分大小写。

Method＝"INVITE"｜"ACK"｜"OPTIONS"｜"BYE"｜"CANCEL"｜REGISTER"

请求方法（Method）共定义 6 类：INVITE、ACK、BYE、CANCEL、REGISTER、OPTIONS。

（1）INVITE：通过邀请用户参与来发起一次呼叫。

（2）ACK：请求用于证实 UAC 已收到对于 INVITE 请求的最终响应，和 INVITE 消息配套使用。

（3）BYE：用户代理用此方法指示释放呼叫。

（4）CANCEL：该方法用于取消一个尚未完成的请求，对于已完成的请求则无影响。

（5）REGISTER：客户使用该方法在服务器上登记列于 To 字段中的地址。

（6）OPTIONS：用于询问服务能力。

#### 2. SIP 响应消息

响应消息格式如下：

　　Response＝Status-Line
　　＊(general-header｜response-header｜entity-header)
　　CRLF
　　［message-body］

状态行（Status-Line）包括三个部分内容：协议版本、状态码（Status-Code）及相关的文本说明，以回车键结束，各个元素间用空格字符（SP）间隔，除了在最后的 CRLF 序列中，这一行别的地方不许使用回车或换行字符。

　　Status-Line＝SIP-version SP Status-Code SP Reason-Phrase CRLF

SIP 用三位整数的状态码（Status-code）和原因码（Reason-code）来表示对请求做出的回答。状态码用于机器识别操作，原因短语（Reason-Phrase）是对状态码的简单文字描述，用于人工识别操作，其格式如下：

Status-Code＝1xx(Informational)

2xx(Success)

3xx(Redirection)

4xx(Client Error)

5xx(Server Error)

6xx(Global Failure)

状态码的第一个数字定义响应的类别,在 SIP/2.0 中从 100 至 699,定义如下所述。

(1)1xx(Informational)通知:请求已经收到,继续处理请求。

(2)2xx(Success)成功:行动已经成功收到、理解和接受。

(3)3xx(Redirection)重定向:为完成呼叫请求,还须采取进一步的动作。

(4)4xx(Client Error):请求有语法错误或不能被服务器执行。客户机需修改请求,然后再重发请求。

(5)5xx(Server Error):服务器出错,不能执行合法请求。

(6)6xx(Global Failure):任何服务器都不能执行请求。

其中,1xx 响应为暂时响应(Provisional Response),其他响应为最终响应(Final Response)。

### 7.3.5　头部格式与主要的 SIP 字段

SIP 的消息头与 HTTP 在语法规则和定义上很相似,首先是字段名(Field Name),字段名不分大小写;后面是冒号;然后是字段值。字段值与冒号间可有多个前导空格(LWS),其格式如下:

message-header＝field-name"："[field-value]CRLF

field-name＝token

field-value＝ ＊(field-content|LWS)

SIP 的主要消息头字段有以下 6 种。

**1. From**

所有的请求和响应消息必须包含此字段,以指示请求的发起者。服务器将此字段从请求消息中复制到响应消息。

该字段的一般格式为:

From:显示名〈SIP URL〉;tag＝xxx

From 字段的示例有:

From:"A. G. Bell"＜sip:agb@bell-telephone. com＞

**2. To**

该字段指明请求的接收者,其格式与 From 相同,仅第一个关键词代之以 To。所有的请求和响应都必须包含此字段。

**3. Call ID**

该字段用以唯一标识一个特定的邀请或标识某一客户所有的登记。用户可能会收到数个参加同一会议或呼叫的邀请,其 Call ID 各不相同,用户可以利用会话描述中的标识,如 SDP 中 O(源)字段的会话标识和版本号判定这些邀请是否重复。

该字段的一般格式为：

Call ID：本地标识@主机

其中，主机应为全局定义域名或全局可选路 IP 地址。

Call ID 的示例可为：

Call ID：f81d4fae-7dec-11d0-a765-00a0c91e6bf6@foo.bar.com

### 4. Cseq

命令序号，客户在每个请求中应加入此字段，由请求方法和一个十进制序号组成。序号初值可为任意值，其后具有相同的 Call ID 值，但不同请求方法、头部或消息体的请求，其 Cseq 序号应加 1。重发请求的序号保持不变。ACK 和 CANCEL 请求的 Cseq 值与对应的 INVITE 请求相同，BYE 请求的 Cseq 值应大于 INVITE 请求，由代理服务器并行分发请求的 Cseq 值相同。服务器将请求中的 Cseq 值复制到响应消息中。

Cseq 的示例为：

Cseq：4711 INVITE

### 5. Via

该字段用以指示请求经历的路径。它可以防止请求消息传送产生环路，并确保响应和请求的消息选择同样的路径。

该字段的一般格式为：

Via：发送协议　发送方；参数

其中，发送协议的格式为：

协议名/协议版本/传送层

发送方为发送方主机和端口号。

Via 字段的示例可为：

Via：SIP/2.0/UDP first.example.com；4000

### 6. Contact

该字段用于 INVITE、ACK 和 REGISTER 请求及成功响应、呼叫进展响应和重定向响应消息，其作用是给出其后和用户直接通信的地址。

Contact 字段的一般格式为：

Contact：地址；参数

其中，Contact 字段中给定的地址不限于 SIP URL，也可以是电话、传真等 URL 或 mailto：URL。其示例可为：

Contact："Mr.Watson"<sip：waston@worcester.bell-telephone.com>

以上头字段共同提供了大部分的关键路由信息，因此在所有的 SIP 请求消息中都是必选头字段。下面举一个 SIP 消息头实例：

Request：INVITE sip：0755526778086@10.41.6.1 SIP/2.0

Via：SIP/2.0/UDP 10.66.74.136；5060；branch=z9hG4bK06e576dd265b

To："0755526778086"<sip：0755526778086@10.41.6.1>

From："#0*109316"<sip："#0*109316@10.41.6.1>；tag=884a420a-2394757326332659

Call-ID:244b577919265a-884a420a@10.66.74136

Cseq:23939 INVITE

Contact:＜sip：♯0＊109316@10.66.74.136:5060＞

Max-Forwards:70

User-Agent:ZTE MULTIMEDIA SIPPHONE/V1.0 04-01-10

Content-Type:application/sdp

Content-Length:288

### 7.3.6   SDP

**1.SDP 的概念及内容**

会话描述协议(SDP)为会话通知、会话邀请和其他形式的多媒体会话初始化等目的提供了多媒体会话描述。SDP 文本信息内容包括:

- 会话名称和意图;
- 会话持续时间;
- 构成会话的媒体;
- 有关接收媒体的信息(地址等)。

**2.SDP 的语法结构**

SDP 的信息是文本信息,采用 UTF-8 编码中的 ISO 10646 字符集。

(1)SDP 会话描述如下。

v＝(协议版本)

o＝(所有者/创建者和会话标识符)

s＝(会话名称)

i＝＊(会话信息)

u＝＊(URI 描述)

e＝＊(Email 地址)

p＝＊(电话号码)

c＝＊(连接信息,如果包含在所有的媒体中,则不需要该字段)

b＝＊(带宽信息)

(2)一个或更多时间描述如下。

z＝＊(时间区域调整)

k＝＊(加密密钥)

a＝＊(零个或多个会话属性行)

零个或多个媒体描述(如下所示)

(3)时间描述如下。

t＝(会话活动时间)

r＝＊(零或多次重复次数)

(4)媒体描述:

m＝媒体名称和传输地址)

i＝ ＊（媒体标题）

c＝ ＊（连接信息,如果包含在会话层,则该字段可选）

b＝ ＊（带宽信息）

k＝ ＊（加密密钥）

a＝ ＊（零个或多个会话属性行）

3. SDP 的举例描述

(1)v＝0(版本为 0)。

(2)o＝bell536557652353687637INIP4128.3.4.5(会话源:用户名 bell,会话标识 53655765,
版本 2353687637,网络类型 internet,地址类型 Ipv4,地址 128.3.4.5)

(3)s＝Mr. Watson,comehere(会话名:Mr. Watson,comehere)。

(4)i＝A Seminar on the session description protocol(会话信息:)。

(5)t＝31493286000(起始时间:t＝3149328600(NTP 时间值),终止时间:无)。

(6)c＝IN IP4 kton. bell-tel. com (连接数据:网络类型 internet,地址类型 Ipv4,连接地址
kton. bell-tel. com)。

(7)m＝audio 50002 RTP/AVP 0 3 4 5(媒体格式:媒体类型 audio,端口号 50002,传送层协
议 RTP/AVP,媒体编码格式列表为 0、3、4、5)。

(8)a＝rtpmap:0PCMU/8000(媒体编码格式 0,编码方式 PCMU,采样频率为 8kHz)。

(9)a＝rtpmap:3GSM/8000(媒体编码格式 3,编码方式 GSM,采样频率为 8kHz)。

(10)a＝rtpmap:4G723/8000(媒体编码格式 4,编码方式 G723,采样频率为 8kHz)。

(11)a＝rtpmap:5DVI4/8000(媒体编码格式 5,编码方式 DVI4,采样频率为 8kHz)。

### 7.3.7　SIP 的信令流程

1. 注册注销过程

SIP 为用户定义了注册和注销过程,目的是可以动态建立用户的逻辑地址和其当前联系地
址之间的对应关系,以便实现呼叫路由和对用户移动的支持。逻辑地址和联系地址的分离也方
便了用户,它不论在何处,使用何种设备,都可以通过唯一的逻辑地址进行通信。

如图 7-5 所示,注册注销过程通过 REGISTER 消息和 200 成功响应来实现。在注册注销
时,用户将其逻辑地址和当前联系地址通过 REGISTER 消息发送给其注册服务器,注册服务器
对该请求消息进行处理,并以 200 成功响应消息通知用户注册注销成功。

图 7-5　SIP 注册注销流程

**2. 呼叫过程**

SIP IP 电话系统中的呼叫通过 INVITE 邀请请求、成功响应和 ACK 确认请求的三次握手来实现,即当主叫用户代理要发起呼叫时,它构造一个 INVITE 消息,并发送给被叫。被叫收到邀请后决定接受该呼叫,就回送一个成功响应(状态码为 200)。主叫方收到成功响应后向对方发送 ACK 请求。被叫收到 ACK 请求后,呼叫成功建立。

呼叫的终止通过 BYE 请求消息来实现。当参与呼叫的任一方要终止呼叫时,它就构造一个 BYE 请求消息,并发送给对方。对方收到 BYE 请求后,释放与此呼叫相关的资源,回送一个成功响应,表示呼叫已经终止。

当主被叫双方已建立呼叫,如果任一方想要修改当前的通信参数(通信类型、编码等),可以通过发送一个对话内的 INVITE 请求消息(称为 re-INVITE)来实现。

**3. 能力查询过程**

SIP IP 电话系统还提供了一种让用户在不打扰对方用户的情况下查询对方通信能力的手段,可查询的内容包括:对方支持的请求方法(methods)、支持的内容类型、支持的扩展项、支持的编码等。

能力查询通过 OPTIONS 请求消息来实现。当用户代理想要查询对方的能力时,它构造一个 OPTIONS 请求消息并发送给对方。对方收到该请求消息后,将自己支持的能力通过响应消息回送给查询者。如果此时自己可以接受呼叫,就发送成功响应(状态码为 200),如果此时自己忙,就发送自身忙响应(状态码为 486)。因此,能力查询过程也可以用于查询对方的忙闲状态,看是否能够接受呼叫。见图 7-6 的(16)和(17)消息。

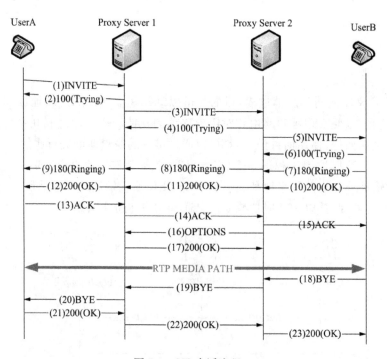

图 7-6   SIP 会话流程一

### 4. 重定向过程

当重定向服务器(其功能可包含在代理服务器和用户终端中)收到主叫用户代理的 INVITE 邀请消息时,通过查找定位服务器发现该呼叫应该被重新定向(重定向的原因有多种,如用户位置改变、实现负荷分担等),就构造一个重定向响应消息(状态码为 3xx),将新的目标地址回送给主叫用户代理。主叫用户代理收到重定向响应消息后逐一向新的目标地址发送 INVITE 邀请,直至收到成功响应并建立呼叫。如果尝试了所有的新目标都无法建立呼叫,则本次呼叫失败。

用户终端启动重定向的呼叫模型如图 7-7 所示。该重定向行为由 SIP 终端发起。假设用户 C 当前正在开会或进行其他重要事务,在自己的 SIP 终端上设置了条件屏蔽,在这期间,只有重要客户的呼叫才能够接进来,其他用户的呼叫将会被接续到新的地址。在此期间,当用户 A(用户 A 为普通用户)呼叫用户 B 时,B 的 SIP 话机将会发送重定向消息(3××消息),告知网络服务器(软交换机 2)将此呼叫接续到新的地址。网络服务器收到重定向消息,根据 3××消息中的内容将呼叫路由到新的地址。

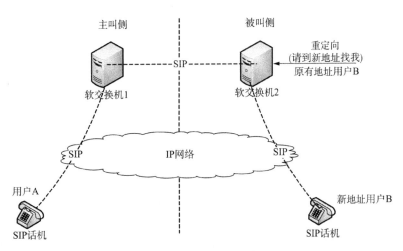

图 7-7　重定向的呼叫模型

下例是典型的 sip 电话正常呼叫流程:设主叫的 IP 地址为 219.150.170.175;被叫的 IP 地址为 219.150.170.177;软交换的 IP 地址 219.150.172.66。设主叫先挂机,流程图参见图 7-8。

(1)主叫摘机拨号。

INVITE: sip:5361201@219.150.172.66SIP/2.0

Via: SIP/2.0/UDP219.150.170.175:5060;branch=z9hG4bK56fb62b7

To:"5361201"<sip:5361201@219.150.172.66>

From:"5361203"<sip:5361203@219.150.

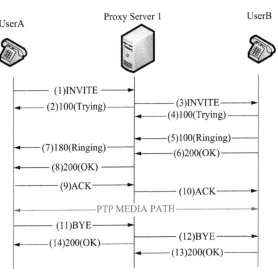

图 7-8　SIP 会话流程二

172.66＞;tag＝afaa96db-30263

    Call-ID:1b4659ea-afaa96db@219.150.170.175

    CSeq:15688INVITE

    Contact:＜sip:5361203@219.150.170.175:5060＞

    Max-Forwards:70

    User-Agent:ZTEMULTIMEDIASIPPHONE/V1.004-01-10

    Content-Type:application/sdp　　//表示是 SDP 会话描述

    Content-Length:266　　//消息体为 266 字节

    v＝0　　//版本为 0

    o＝5361203333958426736080019723　　//会话源:用户名 5361203,会话标识 3339584267,版本 3608019723,网络类型 internet,地址类型 Ipv4,地址主叫 ip219.150.170.175

    INIP4219.150.170.175

    s＝sessionSDP　　//会话名:sessionSDP

    c＝INIP4219.150.170.175　　//连接数据:网络类型 internet,地址类型 Ipv4,连接地址 219.150.170.175

    t＝00　　//无开始和结束时间

    m＝audio10000RTP/AVP048　　//媒体格式:媒体类型 audio,端口号 10000,传送层协议 RTP/AVP,格式列表为 0、4、8

    a＝ptime:20　　//媒体分组的时长 20s

    a＝rtpmap:0PCMU/8000　　//媒体编码格式 0,编码方式 PCMU,采样频率为 8kHz

    a＝rtpmap:4G723/8000　　//媒体编码格式 4,编码方式 G723,采样频率为 8kHz

    a＝rtpmap:8PCMA/8000　　//媒体编码格式 8,编码方式 PCMA,采样频率为 8kHz

    m＝video10002RTP/AVP34　　//媒体格式:媒体类型 video,端口号 10002,传送层协议 RTP/AVP,格式列表为 34

    a＝rtpmap:34H263/90000　　//媒体编码格式 34,编码方式 H263,采样速度为 90kHz

  (2)软交换应答 Trying。

    SIP/2.0100Trying

    Via:SIP/2.0/UDP219.150.170.175:5060;branch＝z9hG4bK56fb62b7

    To:"5361201"＜sip:5361201@219.150.172.66＞

    From:"5361203"＜sip:5361203@219.150.172.66＞;tag＝afaa96db-30263

    Call-ID:1b4659ea-afaa96db@219.150.170.175

    CSeq:15688INVITE

  (3)软交换转发 INVITE 到被叫。

    INVITE:sip:5361201@219.150.170.177SIP/2.0

    Via:SIP/2.0/UDP219.150.172.66:5060;branch＝751e6026.0

    Via:SIP/2.0/UDP219.150.170.175:5060;branch＝z9hG4bK56fb62b7

    To:"5361201"＜sip:5361201@219.150.172.66＞

From:"5361203"＜sip:5361203@219. 150. 172. 66＞;tag＝afaa96db-30263

Call-ID:1b4659ea-afaa96db@219. 150. 170. 175

CSeq:15688INVITE

Contact:＜sip:5361203@219. 150. 170. 175:5060＞

Max-Forwards:69

Record-Route:＜sip:219. 150. 172. 66＞

User-Agent:ZTEMULTIMEDIASIPPHONE/V1. 004-01-10

Content-Type:application/sdp

Content-Length:266

v＝0

o＝53612033339584267360801972 3INIP4219. 150. 170. 175

s＝sessionSDP

c＝INIP4219. 150. 170. 175

t＝00

m＝audio10000RTP/AVP048

a＝ptime:20

a＝rtpmap:0PCMU/8000

a＝rtpmap:4G723/8000

a＝rtpmap:8PCMA/8000

m＝video10002RTP/AVP34

a＝rtpmap:34H263/90000

（4）被叫应答 Trying。

SIP/2. 0100Trying

Via:SIP/2. 0/UDP219. 150. 172. 66:5060;branch＝751e6026. 0

Via:SIP/2. 0/UDP219. 150. 170. 175:5060;branch＝z9hG4bK56fb62b7

To:"5361201"＜sip:5361201@219. 150. 172. 66＞

From:"5361203"＜sip:5361203@219. 150. 172. 66＞;tag＝afaa96db-30263

Call-ID:1b4659ea-afaa96db@219. 150. 170. 175

CSeq:15688INVITE

Record-Route:＜sip:219. 150. 172. 66＞

Content-Length:0

（5）被叫应答 Ringing。

SIP/2. 0180Ringing

Via:SIP/2. 0/UDP219. 150. 172. 66:5060;branch＝751e6026. 0

Via:SIP/2. 0/UDP219. 150. 170. 175:5060;branch＝z9hG4bK56fb62b7

To:"5361201"＜sip:5361201@219. 150. 172. 66＞;tag＝jmNAzkktW56kiV0M1Y

From:"5361203"＜sip:5361203@219. 150. 172. 66＞;tag＝afaa96db-30263

Call-ID:1b4659ea-afaa96db@219. 150. 170. 175

CSeq:15688INVITE

Record-Route:＜sip:219. 150. 172. 66＞

Contact：＜sip：5361201@219.150.170.177＞

Content-Length：0

（6）被叫应答 OK。

SIP/2.0200OK

Via：SIP/2.0/UDP219.150.172.66：5060；branch＝751e6026.0

Via：SIP/2.0/UDP219.150.170.175：5060；branch＝z9hG4bK56fb62b7

To："5361201"＜sip：5361201@219.150.172.66＞；tag＝jmNAzkktW56kiV0M1Y

From："5361203"＜sip：5361203@219.150.172.66＞；tag＝afaa96db-30263

Call-ID：1b4659ea-afaa96db@219.150.170.175

CSeq：15688INVITE

Record-Route：＜sip：219.150.172.66＞

Allow：INVITE,ACK,OPTIONS,BYE,CANCEL,MESSAGE,INFO,UPDATE

Contact：＜sip：5361201@219.150.170.177＞

Content-Type：application/sdp　　　　　//表述 SDP 会话描述

Content-Length：218　　　　　　　　　//消息长度字节数 218

v＝0　　　　　　　　　　　　　　　　//版本号

o＝53612013339584268360 8019724　　//会话源：用户名 5361201,会话标识 3339584268,版

INIP4219.150.172.66　　　　　　　　本 3608019724,网络类型 internet,地址类型 Ipv4,地

　　　　　　　　　　　　　　　　　址 219.150.172.66

s＝SDPSessionForC&SMoIP　　　　　　//会话名：SDPSessionForC&SMoIP

c＝INIP4219.150.170.177　　　　　　//连接数据：网络类型 internet,地址类型 Ipv4,连接

　　　　　　　　　　　　　　　　　地址 219.150.170.177

t＝00　　　　　　　　　　　　　　　//开始结束时间,无

m＝audio40000RTP/AVP0　　　　　　　//被叫匹配的媒体格式：媒体类型 audio,端口号 40000,

　　　　　　　　　　　　　　　　　传送层协议 RTP/AVP,媒体编码格式列表为 0

a＝rtpmap：0PCMU/8000　　　　　　　//媒体编码格式 0,编码方式 PCMU,抽样频率为 8kHz

m＝video 40002 RTP/AVP 3 4　　　　//媒体格式：媒体类型 video,端口号 40002,传送层协

　　　　　　　　　　　　　　　　　议 RTP/AVP,格式列表为 3、4

a＝rtpmap：3 4 H263/90000　　　　　//媒体编码格式 3、4,编码方式 H263,抽样频率为 90kHz

（7）软交换转发 Ringing。

SIP/2.0180Ringing

Via：SIP/2.0/UDP219.150.170.175：5060；branch＝z9hG4bK56fb62b7

To："5361201"＜sip：5361201@219.150.172.66＞；tag＝jmNAzkktW56kiV0M1Y

From："5361203"＜sip：5361203@219.150.172.66＞；tag＝afaa96db-30263

Call-ID：1b4659ea-afaa96db@219.150.170.175

CSeq：15688INVITE

Contact：＜sip：5361201@219.150.170.177＞

Record-Route：＜sip：219.150.172.66＞

Content-Length：0

（8）软交换转发 OK。

SIP/2. 0200OK

Via：SIP/2. 0/UDP219. 150. 170. 175：5060；branch＝z9hG4bK56fb62b7

To："5361201"＜sip：5361201@219. 150. 172. 66＞；tag＝jmNAzkktW56kiV0M1Y

From："5361203"＜sip：5361203@219. 150. 172. 66＞；tag＝afaa96db-30263

Call-ID：1b4659ea-afaa96db@219. 150. 170. 175

CSeq：15688INVITE

Contact：＜sip：5361201@219. 150. 170. 177＞

Allow：INVITE，ACK，OPTIONS，BYE，CANCEL，MESSAGE，INFO，UPDATE

Record-Route：＜sip：219. 150. 172. 66＞

Content-Type：application/sdp

Content-Length：218

v＝0

o＝5361201333958426836080197724INIP4219. 150. 172. 66

s＝SDPSessionForC&SMoIP

c＝INIP4219. 150. 170. 177

t＝00

m＝audio40000RTP/AVP0

a＝rtpmap：0PCMU/8000

m＝video40002RTP/AVP34

a＝rtpmap：34H263/90000

(9)主叫发送 ACK。

ACKsip：219. 150. 172. 66SIP/2. 0

Via：SIP/2. 0/UDP219. 150. 170. 175：5060；branch＝z9hG4bK56fb62b7

To："5361201"＜sip：5361201@219. 150. 172. 66＞；tag＝jmNAzkktW56kiV0M1Y

From："5361203"＜sip：5361203@219. 150. 172. 66＞；tag＝afaa96db-30263

Call-ID：1b4659ea-afaa96db@219. 150. 170. 175

CSeq：15688ACK

Contact：＜sip：5361203@219. 150. 170. 175：5060＞

Max-Forwards：70

Route：＜sip：5361201@219. 150. 170. 177＞

(10)软交换转发 ACK。

ACKsip：5361201@219. 150. 170. 177SIP/2. 0

Via：SIP/2. 0/UDP219. 150. 172. 66：5060；branch＝4b781cbf. 0

Via：SIP/2. 0/UDP219. 150. 170. 175：5060；branch＝z9hG4bK56fb62b7

To："5361201"＜sip：5361201@219. 150. 172. 66＞；tag＝jmNAzkktW56kiV0M1Y

From："5361203"＜sip：5361203@219. 150. 172. 66＞；tag＝afaa96db-30263

Call-ID：1b4659ea-afaa96db@219. 150. 170. 175

CSeq：15688ACK

Contact：＜sip：5361203@219. 150. 170. 175：5060＞

Max-Forwards：69

（11）主叫挂机。

BYEsip：219.150.172.66SIP/2.0

Via：SIP/2.0/UDP219.150.170.175；5060；branch＝z9hG4bK5b9377ab

To：”5361201”＜sip：5361201@219.150.172.66＞；tag＝jmNAzkktW56kiV0M1Y

From：”5361203”＜sip：5361203@219.150.172.66＞；tag＝afaa96db-30263

Call-ID：1b4659ea-afaa96db@219.150.170.175

CSeq：15689BYE

Max-Forwards：70

Route：＜sip：5361201@219.150.170.177＞

User-Agent：ZTEMULTIMEDIASIPPHONE/V1.004-01-10

（12）软交换转发 BYE。

BYEsip：5361201@219.150.170.177SIP/2.0

Via：SIP/2.0/UDP219.150.172.66；5060；branch＝03e255d5.0

Via：SIP/2.0/UDP219.150.170.175；5060；branch＝z9hG4bK5b9377ab

To：”5361201”＜sip：5361201@219.150.172.66＞；tag＝jmNAzkktW56kiV0M1Y

From：”5361203”＜sip：5361203@219.150.172.66＞；tag＝afaa96db-30263

Call-ID：1b4659ea-afaa96db@219.150.170.175

CSeq：15689BYE

Max-Forwards：69

User-Agent：ZTEMULTIMEDIASIPPHONE/V1.004-01-10

（13）被叫应答 OK。

SIP/2.0200OK

Via：SIP/2.0/UDP219.150.172.66；5060；branch＝03e255d5.0

Via：SIP/2.0/UDP219.150.170.175；5060；branch＝z9hG4bK5b9377ab

To：”5361201”＜sip：5361201@219.150.172.66＞；tag＝jmNAzkktW56kiV0M1Y

From：”5361203”＜sip：5361203@219.150.172.66＞；tag＝afaa96db-30263

Call-ID：1b4659ea-afaa96db@219.150.170.175

CSeq：15689BYE

Content-Length：0

（14）软交换转发 OK。

SIP/2.0200OK

Via：SIP/2.0/UDP219.150.170.175；5060；branch＝z9hG4bK5b9377ab

To：”5361201”＜sip：5361201@219.150.172.66＞；tag＝jmNAzkktW56kiV0M1Y

From：”5361203”＜sip：5361203@219.150.172.66＞；tag＝afaa96db-30263

Call-ID：1b4659ea-afaa96db@219.150.170.175

CSeq：15689BYE

Content-Length：0

## 7.3.8   IMS 中的 SIP 扩展

由于 SIP 的灵活性，因此 3GPP 在 R5 中采用 SIP 作为会话控制协议来设计 IMS。3GPP 没有定义一个新的 SIP,而只是以某种方式使用 IETF 定义的 SIP。因此,在公用移动网中的如低带宽、漫游、安全需求、服务质量(QoS)和计费管制等特定需求对 SIP 也都会有特定的要求。

3GPP 在 IMS 中既不定义新的 SIP 消息也不定义私有的 SIP 包头,而是使用在 RFC 3261 中定义的 SIP,并且为某些 SIP 扩展的支持,在 IETF RFCs 中都有定义,最重要的扩展如下所述。

1)压缩

因为无线接口是稀有资源,IMS 会话必须有效使用带宽,因此,对媒体流和信令消息进行压缩很必要。在 IMS 中,对 SIP 信令的压缩(SigComp)必须支持。UE 和 P-CSCF 完成 SIP 消息的压缩和解压缩。

2)安全

IMS 使用 AKA 完成对用户的鉴权。AKA 是 3GPP 的特定鉴权机制,它基于存储在 ISIM 和网络中的共享密钥。AKA 参数会映射给 SIP 使用的 HTTP-Digest 验证。而且,IMS 需要对经过空中接口从 UE 传来的消息进行完整性检查。因此,UE 和 P-CSCF 需支持 IP 安全协议(IPSec)规定的完整性保护,不过 IPSec 加密目前在 IMS 中不需要使用。

3)指定的 CSCF 路由

IMS 提供的业务由归属网络运营商控制,即使对于漫游用户也一样。SIP 完成此需求必须要有业务路由发现、路径头机制和松散路由功能。

4)私有包头

IMS 需要在 UE 和 CSCF 之间或 CSCF 和 CSCF 之间传输消息中移动网的特定信息。比如 Cell-ID、访问网络名称或计费标识在私有包头中传送。

5)Precondition

IMS 重视 UE 资源管理,实现的解决方案是基于 SDP 提供/回答机制及相关 SIP 和 SDP Precondition 扩展。Precondition 扩展的使用导致特定的 SIP 呼叫流程,IMS 通过使用位于 GGSN 和 P-CSCF 之间 Go 接口完成对媒体资源的策略控制。

6)网络发起的呼叫释放

在移动网中,有时需要网络释放一个正在进行的呼叫原因是无线覆盖不完全,预付费账户空或者管理等。从网络侧送出一个 BYE 请求给 UE 就可以解决这个问题。虽然这不符合 SIP 原则,那就是代理服务器不允许发 BYE 消息。但是,由于缺乏更好的解决方法,IETF 接受了 3GPP 的需求和此解决方案。

7)SIP 时钟

针对移动网无线接口的特点,3GPP 对 SIP 的定时器取值进行了调整。例如,RFC3261 对 T1 (RTT)定时器默认设置为 500ms,而在移动网络中对于涉及无线接口的部分,如 CSCF 到 UE 及 UE 的处理上则将 T1 的默认值设置为 2s;对于核心网中不涉及无线接口处理的各功能实体之间还保留其默认值为 500ms。对于 T2,T4 定时器的取值,也存在同样的处理。在网络功能实体之间,默认值仍然分别为 4s 和 5s,而在 CSCF 到 UE 及 UE 的处理上则分别取值为 16s 和 17s。

8)头部及类型扩展

对 SIP 的一些头部进行参数扩展,如对 WWW-authenticate 头部进行参数扩展,定义一个新的 auth-param 参数字段,用在对 REGISTER 请求的 401(Unauthorized)响应中,此字段又包括 integrity-key 和 cipher-key 两个具体参数等。

对 SIP 中的消息体 MIME 类型增加了 application/3gpp-ims＋xml 类型,即 3GPP IM CN subsystem XML body,version 1,同时约定此类型内容不允许发送到 3GPP 的网络以外。

# 7.4　编号规则

IMS 网络的编号应考虑归属网络域名、私有用户标识、公有用户标识、公共业务标识和设备标识。

### 1. 归属网络域名

归属网络域名用于标识 IMS 用户所归属的 IMS 网络，IMS 用户的归属网络域名存储在用户的 ISIM 卡中。对于没有 ISIM 的固定用户，可以在固定终端上配置用户的归属网络域名。对于没有 ISIM 卡的移动用户，可以在移动终端上配置用户的归属网络域名，或者从移动用户的 IMSI 号码中导出归属网络域名。归属网络域名的格式遵循"域名"的分配方式，如 Operator.com。考虑到运营商 IMS 网络互通的问题，归属网络域名应保证全球唯一。

### 2. 私有用户标识（IMPI）

IMS 系统中的每一个用户都有一个或多个私有用户标识（IMPI），也称为 PVI，私有用户标识是分配给用户的静态签约数据，在归属网络用户签约有效期内有效。IMPI 是归属网络运营者提供的全球唯一标识，可以在归属网络中从网络角度标识用户签约数据。IMPI 在所有的注册请求消息中使用，由 UE 传送给网络，用于注册、授权、管理、计费等目的。

私有用户标识采用网络接入标识符（NAI）的形式，即 User Name@Realm。对于移动用户，私有用户标识的 User Name 部分为移动用户的 IMSI 号码，即 IMSI@Realm。对于固定用户，因为没有 IMSI 号码，需要为固定终端配置私用用户标识，固定用户私有用户标识的 User Name 部分可以采用用户的 E. 164 号码，即 E. 164@Realm。对于 Realm 部分，IMS 用户私有用户标识的域名部分可以和用户的归属网络域名相同，即 User Name@归属网络域名。对于没有 ISIM 的移动用户，归属网络域名需要从 IMSI 中导出。

### 3. 公有用户标识（IMPU）

IMS 系统中的每个用户都有一个或多个用户公有标识（IMPU），也称为 PUI。公有用户标识是用户在 IMS 网络中通信的标识，公有用户标识用于 SIP 消息的路由。一个 IMS 用户可以分配一个或多个公有用户标识，公有用户标识可以采用 SIP URI 或者 Tel URI 的格式。

IMS 用户需要与 PSTN、软交换和 PLMN 用户进行互通，其他网络均采用 E. 164 号码的编号规则，为了遵从用户的使用习惯，要求使用 Tel URI 机制的 URI 语法表示传统的 E. 164 号码，用于支持 IMS 用户 E. 164 号码的编号。在 IMS 网络中，Tel URI 格式的公有用户标识不用于 SIP 消息的路由，需要将 Tel URI 转换成相应的 SIP URI 后在 IMS 网络内进行路由。

IMS 用户至少需要分配一个 SIP URI 格式的公有用户标识用于消息的路由。SIP URI 的格式为 SIP：User@Domain。SIP URI 的 User，即用户名部分可以为数字或字母，如 SIP：1234567@Domain，SIP：Alex@Domain 和 SIP：1234567@Domian，User＝Phone 都是 SIP URI。如果 IMS 用户已经分配了 E. 164 号码，E. 164 号码可作为 IMS 用户 SIP URI 的用户名。用户名可以采用字母或字符的方式，可由用户自行申请。在同一个 IMS 域名内部的用户名不允许重复。IMS 用户 SIP URI 的域名部分可以和用户的归属网络域名相同，也可以不同。建议 SIP URI 的域名和用户的归属网络域名相同，并遵循归属网络域名的分配原则。

#### 4. 公共业务标识(PSI)

公共业务标识用于标识 IMS 网络中的业务,是在一个应用服务器上为某种业务所创建的特定资源,用于将 IMS 域的业务路由到相应的服务器上。每个公共业务标识存储在 HSS 中,由一个应用服务器管理,该应用服务器根据公共业务标识执行相应的逻辑控制。公共业务标识的创建可以是动态也可以是静态的,需要在应用服务器的控制下管理和使用公共业务标识。公共业务标识的格式可以是 SIP URI 或 Tel URI。SIP URI 格式的公共业务标识的域名部分由 IMS 运营商定义,可以为应用服务器归属的 IMS 网络归属网络域名。用户部分可以由 IMS 运营商定义,也可以由用户或 IMS 系统动态创建。公共业务标识可以是一个确定的 PSI,也可以是一个通配符 PSI,如"SIP: Chatlist * @Example. com",能与通配符相匹配的 PSI 都可以触发业务,如"SIP: Chatlistl @ Example. com","SIP: ChatlistA * @Example. com","SIP: Chatlistabc * @Example. com"等。

#### 5. 网络设备标识

网络设备的 URI 标识用于识别 IMS 网络中的 P-CSCF、I-CSCF、S-CSCF、BGCF、MGCF 等网元设备。网络设备标识的地址解析可以通过公共的 DNS 服务器、运营商私有的 DNS 服务器或者通过静态配置来完成。网络设备 URI 标识可以采用如下格式:"xxxx. IMS 归属网络域名",如北京的 S-CSCF 网元设备标识可以表示为"SCSCF. BJ. IMS. CN"。

# 7.5　SIP 在 IMS 中的应用

下面通过三种典型的通信流程来分析 IMS 中各个实体的协作过程。在图 7-9 中,虚线表示控制信令,实线表示 IP 承载的媒体流。前面已经提到,IMS 的业务由归属地统一触发,所有的业务处理信令都要回到归属网络。这样无论用户漫游到何地,都能够得到与在归属网络一致的业务体验。即用户的注册、会话等业务,均要回到归属网络进行处理。

### 7.5.1　IMS 用户注册流程

IMS 用户注册流程如图 7-9 所示。

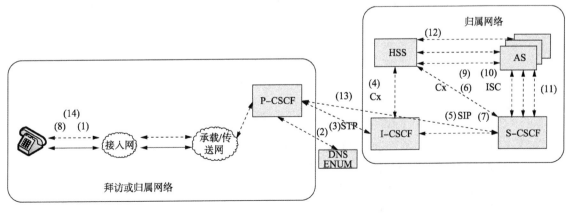

图 7-9　IMS 用户注册流程图

（1）IMS 用户发出注册请求消息；

（2）P-CSCF 通过 DNS 得到用户归属网的 I-CSCF；

（3）P-CSCF 把注册消息转到 I-CSCF；

（4）I- CSCF 查询 HSS，为用户另外选择一个 S-CSCF；

（5）CSCF 将消息转到 S-CSCF；

（6）S-CSCF 从 HSS 得到用户的认证信息；

（7）S-CSCF 通知用户重新认证；

（8）用户重新发起注册（前 5 步）；

（9）通过认证，S-CSCF 通知 HSS；

（10）S-CSCF 从 HSS 上下载用户数据；

（11）S-CSCF 通知 AS 进行第三方注册；

（12）AS 从 HSS 中得到用户数据（可选）；

（13）P-CSCF 向 S-CSCF 订阅注册事件通知；

（14）用户向 S-CSCF 订阅注册事件通知。

### 7.5.2　IMS 基本会话流程

IMS 基本会话流程如图 7-10 所示。会话流程如下所述。

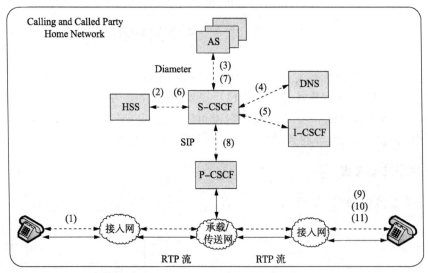

图 7-10　IMS 基本会话流程图

（1）用户发起会话请求，消息到达 S-CSCF；

（2）S-CSCF 从 HSS 中下载用户数据（可选）；

（3）S-CSCF 触发业务，AS 进行业务逻辑控制；

（4）S-CSCF 通过 DNS 得到被叫所在 IMS 域的 I-CSCF；

（5）CSCF 通过 HSS 中查询得到被叫用户注册的 S-CSCF；

（6）S-CSCF 从 HSS 中得到被叫用户的用户数据；

（7）S-CSCF 触发业务，AS 进行业务逻辑控制；

（8）会话请求被路由到被叫用户；

(9)双方进行资源协商和预留；

(10)对被叫振铃；

(11)被叫用户应答,会话建立。

### 7.5.3 IMS 到 CS 互通流程

IMS 到 CS 互通流程如图 7-11 所示,其互通流程如下所述。

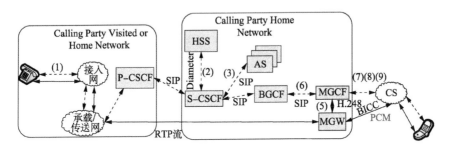

图 7-11 IMS 到 CS 互通流程图

(1)IMS 用户发起会话请求,消息到达 S-CSCF；

(2)S-CSCF 从 HSS 中下载用户数据(可选)；

(3)S-CSCF 触发业务,AS 进行业务逻辑控制；

(4)S-CSCF 将会话请求转给 BGCF,BGCF 转给 MGCF；

(5)MGCF 控制 MGW 为会话在 CS 域会话中继；

(6)双方进行资源协商和预留；

(7)MGCF 向被叫用户发送 IAM；

(8)对被叫用户振铃；

(9)被叫用户应答,会话建立。

### 7.5.4 CS 到 IMS 互通流程

CS 到 IMS 互通流程如图 7-12 所示。其互通流程如下所述。

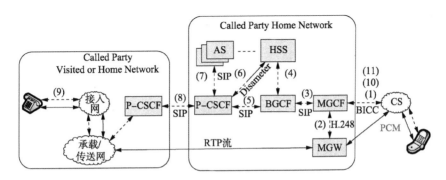

图 7-12 CS 到 IMS 互通流程图

(1)CS 用户发起会话请求；

(2)MGCF 为会话分配中继；

(3)MGCF 向被叫用户发送 INVITE 消息；

(4)CSCF 查询 HSS 得到被叫用户注册的 S-CSCF；

(5)I-CSCF 把请求转给 S-CSCF；

(6)S-CSCF 从 HSS 中下载用户数据(可选)；

(7)S-CSCF 触发业务到 AS,AS 进行业务逻辑控制；

(8)会话请求被路由到 IMS 用户；

(9)双方进行资源协商和预留；

(10)对被叫用户振铃；

(11)被叫用户应答,会话建立。

## 思考题

1. IMS 与软交换有哪些异同?

2. IMS 通过什么方式解决移动问题?

3. SIP 作为文本型协议与比特型协议相比有哪些优势?

4. 分析 SIP 在软交换网络和 IMS 网络中的应用。

5. 分析 IMS 注册流程与移动注册流程的异同。

# 参考文献

卞佳丽等.2005.现代交换原理与通信网技术.北京:北京邮电大学出版社.

陈建亚等.2003.软交换与下一代网络.北京:北京邮电大学出版社.

陈维言.1996.电话交换技术.北京:北京邮电大学出版社.

陈锡生.1999.现代电信交换.北京:北京邮电大学出版社.

陈媛媛.2010.程控交换设备组网与配置.成都:西南交通大学出版社.

程宝平等.2007.IMS原理与应用.北京:机械工业出版社.

窦文华.2007.计算机网络前沿技术.长沙:国防科学技术大学出版社

龚向阳.2006.宽带通信网原理.北京:北京邮电大学出版社.

桂海源,张碧玲.2008.信令系统.北京:北京邮电大学出版社.

桂海源.2000.程控交换与宽带交换.北京:中国人民大学出版社

桂海源等.2009.软交换与NGN.北京:人民邮电出版社.

郭梯云.2000.移动通信.西安:西安电子科技大学出版社.

胡乐明等.2007.IMS技术原理及应用.北京:电子工业出版社.

纪越峰.2002.现代通信技术.北京:北京邮电大学出版社.

金惠文,陈建亚,纪红.2000.现代交换原理.北京:电子工业出版社.

金惠文等.2011.现代交换原理.3版.北京:电子工业出版社.

雷振明.1995.现代电信交换基础.北京:人民邮电出版社.

李生红等.2008.现代交换原理.北京:机械工业出版社.

李天蓉,陈德慧,余翔等.2002.现代电信交换原理.北京:科学技术文献出版社.

罗进文,王喆.2003.信令网技术教程.北京:人民邮电出版社.

毛京莉,李文海.2007.现代通信网.3版.北京:北京邮电大学出版社.

毛京丽.2010.宽带IP网络.北京:人民邮电出版社.

糜正琨.2005.软交换组网与业务.北京:人民邮电出版社.

祁玉生.1999.现代移动通信系统.北京:人民邮电出版社.

秦国,秦亚莉,韩彬霞.2006.现代通信网概论.北京:人民邮电出版社.

软交换和固网智能化系列丛书编写组.2008.华为软交换系统维护指南.北京:人民邮电出版社.

商书明.2008.数字程控交换技术与应用.北京:北京理工大学出版社.

孙雄.2004.软交换技术的网络应用模式探讨.电信科学,(9):64～66

唐宝民等.2005.通信网基础.北京:机械工业出版社.

万晓榆.2003.下一代网络技术与应用.北京:人民邮电出版社.

吴功宜.2007.计算机网络高级教程.北京:清华大学出版社.

谢希仁.2007.计算机网络.4版.大连:大连理工大学出版社.

信息产业部.2003.电信网编号计划(2003年版).北京:人民邮电出版社.

徐士良,葛兵,谭浩强.2010.计算机软件技术基础.北京:清华大学出版社.

叶敏.2001.程控数字交换与现代通信网.北京:北京邮电大学出版社.

尤克.2008.现代交换技术.北京:机械工业出版社.

翟俊生.2006.IMS框架体系及协议分析.电信工程技术与标准化,(2):27～30

张继荣等.2004.现代交换技术.西安:西安电子科技大学出版社.

张毅等. 2007. 电信交换原理. 北京：电子工业出版社.

赵慧玲，叶华等. 2002. 以软交换为核心的下一代网络技术. 北京：人民邮电出版社.

中兴通讯 NC 教育管理中心. 2009. 现代程控交换技术原理与应用：原理、设备、仿真实践. 北京：人民邮电出版社.

Metz C Y. 1999. IP Switching Protocols and Architectures. New York：McGraw-Hill, Inc.

Forouzan B A. 2000. TCP/IP Protocol Suite. New York：McGraw-Hill, Inc.

Bic L F，Shaw A C. 2005. 操作系统原理. 梁洪亮等译. 北京：清华大学出版社.

Tabbane S. 2001. 无线移动通信网络. 李新付等译. 北京：电子工业出版社.

Tanenbaum A S. 2003. Computer Networks. London：Prentice Hall.

RFC2917，A Core MPLS IP VPN Architecture.

RFC3031，Multiprotocol Label Switching Architecture.

# 附表 1 爱尔兰呼损公式计算表(1)：
## 已知 $A$ 和 $m$，求 $E=Em(A)$ 的计算表

| A\m | 11 | 12 | 13 | 14 | 15 | 16 | 17 | 18 | 19 | 20 |
|---|---|---|---|---|---|---|---|---|---|---|
| 7.1 | 0.050716 | 0.029133 | 0.015662 | 0.007880 | 0.003716 | 0.001646 | 0.000687 | 0.000271 | 0.000101 | 0.000036 |
| 7.2 | 0.053802 | 0.031272 | 0.017025 | 0.008680 | 0.004149 | 0.001864 | 0.000789 | 0.000315 | 0.000119 | 0.000043 |
| 7.3 | 0.056973 | 0.033498 | 0.018463 | 0.009535 | 0.004619 | 0.002103 | 0.000902 | 0.000366 | 0.000141 | 0.000051 |
| 7.4 | 0.060226 | 0.035809 | 0.019976 | 0.010449 | 0.005128 | 0.002366 | 0.001029 | 0.000423 | 0.000165 | 0.000061 |
| 7.5 | 0.063557 | 0.038206 | 0.021566 | 0.011421 | 0.005678 | 0.002655 | 0.001170 | 0.000487 | 0.000192 | 0.000072 |
| 7.6 | 0.066964 | 0.040685 | 0.023233 | 0.012455 | 0.006271 | 0.002970 | 0.001326 | 0.000560 | 0.000224 | 0.000085 |
| 7.7 | 0.070444 | 0.043247 | 0.024976 | 0.013551 | 0.006908 | 0.003313 | 0.001499 | 0.000641 | 0.000260 | 0.000100 |
| 7.8 | 0.073994 | 0.045889 | 0.026796 | 0.014709 | 0.007591 | 0.003687 | 0.001689 | 0.000731 | 0.000300 | 0.000117 |
| 7.9 | 0.077610 | 0.048609 | 0.028692 | 0.015933 | 0.008321 | 0.004092 | 0.001898 | 0.000832 | 0.000346 | 0.000137 |
| 8.0 | 0.081288 | 0.051406 | 0.030665 | 0.017221 | 0.009101 | 0.004530 | 0.002127 | 0.000945 | 0.000398 | 0.000159 |
| 8.1 | 0.085027 | 0.054278 | 0.032713 | 0.018575 | 0.009931 | 0.005002 | 0.002378 | 0.001069 | 0.000455 | 0.000184 |
| 8.2 | 0.088821 | 0.057222 | 0.034836 | 0.019996 | 0.010813 | 0.005511 | 0.002651 | 0.001206 | 0.000520 | 0.000213 |
| 8.3 | 0.092669 | 0.060235 | 0.037034 | 0.021484 | 0.011748 | 0.006057 | 0.002949 | 0.001358 | 0.000593 | 0.000246 |
| 8.4 | 0.096567 | 0.063317 | 0.039304 | 0.023039 | 0.012738 | 0.006643 | 0.003272 | 0.001524 | 0.000674 | 0.000283 |
| 8.5 | 0.100511 | 0.066464 | 0.041647 | 0.024662 | 0.013783 | 0.007269 | 0.003621 | 0.001707 | 0.000763 | 0.000324 |
| 8.6 | 0.104499 | 0.069673 | 0.044061 | 0.026353 | 0.014884 | 0.007937 | 0.003999 | 0.001907 | 0.000862 | 0.000371 |
| 8.7 | 0.108527 | 0.072943 | 0.046543 | 0.028110 | 0.016042 | 0.008648 | 0.004406 | 0.002125 | 0.000972 | 0.000423 |
| 8.8 | 0.112592 | 0.076270 | 0.049094 | 0.029935 | 0.017259 | 0.009403 | 0.004844 | 0.002363 | 0.001093 | 0.000481 |
| 8.9 | 0.116691 | 0.079652 | 0.051711 | 0.031827 | 0.018534 | 0.010204 | 0.005314 | 0.002621 | 0.001226 | 0.000545 |
| 9.0 | 0.120821 | 0.083087 | 0.054393 | 0.033785 | 0.019868 | 0.011052 | 0.005817 | 0.002900 | 0.001372 | 0.000617 |
| 9.1 | 0.124979 | 0.086571 | 0.057137 | 0.035809 | 0.021262 | 0.011948 | 0.006355 | 0.003203 | 0.001532 | 0.000696 |
| 9.2 | 0.129163 | 0.090102 | 0.059943 | 0.037898 | 0.022716 | 0.012893 | 0.006929 | 0.003529 | 0.001706 | 0.000784 |
| 9.3 | 0.133369 | 0.093678 | 0.062807 | 0.040051 | 0.024230 | 0.013888 | 0.007540 | 0.003881 | 0.001896 | 0.000881 |
| 9.4 | 0.137595 | 0.097296 | 0.065728 | 0.042267 | 0.025804 | 0.014933 | 0.008190 | 0.004259 | 0.002102 | 0.000987 |
| 9.5 | 0.141839 | 0.100953 | 0.068705 | 0.044544 | 0.027437 | 0.016030 | 0.008878 | 0.004664 | 0.002327 | 0.001104 |
| 9.6 | 0.146097 | 0.104647 | 0.071734 | 0.046883 | 0.029131 | 0.017178 | 0.009608 | 0.005098 | 0.002569 | 0.001232 |
| 9.7 | 0.150368 | 0.108375 | 0.074814 | 0.049281 | 0.030884 | 0.018379 | 0.010378 | 0.005562 | 0.002831 | 0.001371 |
| 9.8 | 0.154649 | 0.112134 | 0.077943 | 0.051738 | 0.032697 | 0.019634 | 0.011191 | 0.006056 | 0.003114 | 0.001524 |
| 9.9 | 0.158938 | 0.115923 | 0.081119 | 0.054251 | 0.034568 | 0.020941 | 0.012048 | 0.006583 | 0.003418 | 0.001689 |
| 10.0 | 0.163232 | 0.119739 | 0.084339 | 0.056819 | 0.036497 | 0.022302 | 0.012949 | 0.007142 | 0.003745 | 0.001869 |
| 10.1 | 0.167531 | 0.123580 | 0.087601 | 0.059441 | 0.038484 | 0.023717 | 0.013895 | 0.007736 | 0.004096 | 0.002064 |
| 10.2 | 0.171831 | 0.127442 | 0.090903 | 0.062116 | 0.040527 | 0.025185 | 0.014886 | 0.008365 | 0.004471 | 0.002275 |
| 10.3 | 0.176131 | 0.131325 | 0.094244 | 0.064841 | 0.042626 | 0.026708 | 0.015924 | 0.009030 | 0.004871 | 0.002502 |
| 10.4 | 0.180429 | 0.135226 | 0.097620 | 0.067615 | 0.044780 | 0.028284 | 0.017009 | 0.009732 | 0.005299 | 0.002748 |

| A\m | 11 | 12 | 13 | 14 | 15 | 16 | 17 | 18 | 19 | 20 |
|---|---|---|---|---|---|---|---|---|---|---|
| 10.5 | 0.184723 | 0.139142 | 0.101030 | 0.070436 | 0.046988 | 0.029914 | 0.018141 | 0.010471 | 0.005754 | 0.003011 |
| 10.6 | 0.189012 | 0.143073 | 0.104472 | 0.073302 | 0.049249 | 0.031596 | 0.019321 | 0.011250 | 0.006237 | 0.003295 |
| 10.7 | 0.193294 | 0.147015 | 0.107943 | 0.076212 | 0.051561 | 0.033332 | 0.020549 | 0.012068 | 0.006750 | 0.003598 |
| 10.8 | 0.197568 | 0.150967 | 0.111442 | 0.079164 | 0.053924 | 0.035121 | 0.021825 | 0.012926 | 0.007294 | 0.003923 |
| 10.9 | 0.201832 | 0.154928 | 0.114967 | 0.082156 | 0.056337 | 0.036961 | 0.023150 | 0.013825 | 0.007869 | 0.004270 |
| 11.0 | 0.206085 | 0.158894 | 0.118515 | 0.085186 | 0.058797 | 0.038852 | 0.024523 | 0.014765 | 0.008476 | 0.004640 |
| 11.1 | 0.210326 | 0.162865 | 0.122085 | 0.088253 | 0.061304 | 0.040795 | 0.025945 | 0.015748 | 0.009116 | 0.005034 |
| 11.2 | 0.214553 | 0.166840 | 0.125675 | 0.091355 | 0.063856 | 0.042787 | 0.027416 | 0.016773 | 0.009790 | 0.005453 |
| 11.3 | 0.218765 | 0.170815 | 0.129282 | 0.094489 | 0.066452 | 0.044828 | 0.028935 | 0.017841 | 0.010499 | 0.005897 |
| 11.4 | 0.222963 | 0.174791 | 0.132907 | 0.097655 | 0.069090 | 0.046917 | 0.030502 | 0.018952 | 0.011243 | 0.006368 |
| 11.5 | 0.227143 | 0.178765 | 0.136545 | 0.100851 | 0.071770 | 0.049054 | 0.032118 | 0.020107 | 0.012024 | 0.006866 |
| 11.6 | 0.231306 | 0.182737 | 0.140197 | 0.104074 | 0.074489 | 0.051237 | 0.033781 | 0.021306 | 0.012841 | 0.007393 |
| 11.7 | 0.235450 | 0.186704 | 0.143860 | 0.107323 | 0.077245 | 0.053466 | 0.035491 | 0.022549 | 0.013695 | 0.007948 |
| 11.8 | 0.239576 | 0.190665 | 0.147533 | 0.110596 | 0.080039 | 0.055739 | 0.037248 | 0.023836 | 0.014588 | 0.008533 |
| 11.9 | 0.243681 | 0.194620 | 0.151213 | 0.113893 | 0.082867 | 0.058055 | 0.039051 | 0.025167 | 0.015518 | 0.009149 |
| 12.0 | 0.247766 | 0.198567 | 0.154901 | 0.117210 | 0.085729 | 0.060413 | 0.040900 | 0.026543 | 0.016488 | 0.009796 |
| 12.1 | 0.251829 | 0.202506 | 0.158593 | 0.120547 | 0.088623 | 0.062812 | 0.042794 | 0.027963 | 0.017496 | 0.010474 |
| 12.2 | 0.255870 | 0.206434 | 0.162290 | 0.123901 | 0.091548 | 0.065250 | 0.044732 | 0.029426 | 0.018544 | 0.011186 |
| 12.3 | 0.259889 | 0.210352 | 0.165989 | 0.127273 | 0.094501 | 0.067727 | 0.046714 | 0.030934 | 0.019632 | 0.011930 |
| 12.4 | 0.263885 | 0.214257 | 0.169689 | 0.130659 | 0.097482 | 0.070242 | 0.048738 | 0.032485 | 0.020760 | 0.012708 |
| 12.5 | 0.267857 | 0.218150 | 0.173390 | 0.134058 | 0.100489 | 0.072792 | 0.050805 | 0.034079 | 0.021929 | 0.013520 |
| 12.6 | 0.271806 | 0.222030 | 0.177089 | 0.137470 | 0.103521 | 0.075378 | 0.052912 | 0.035716 | 0.023137 | 0.014367 |
| 12.7 | 0.275730 | 0.225895 | 0.180786 | 0.140892 | 0.106576 | 0.077996 | 0.055060 | 0.037395 | 0.024386 | 0.015249 |
| 12.8 | 0.279629 | 0.229745 | 0.184479 | 0.144324 | 0.109652 | 0.080647 | 0.057246 | 0.039116 | 0.025675 | 0.016167 |
| 12.9 | 0.283504 | 0.233579 | 0.188168 | 0.147764 | 0.112749 | 0.083329 | 0.059472 | 0.040879 | 0.027005 | 0.017120 |
| 13.0 | 0.287353 | 0.237397 | 0.191852 | 0.151210 | 0.115865 | 0.086040 | 0.061734 | 0.042683 | 0.028375 | 0.018110 |
| 13.1 | 0.291176 | 0.241198 | 0.195530 | 0.154663 | 0.118999 | 0.088780 | 0.064032 | 0.044526 | 0.029785 | 0.019136 |
| 13.2 | 0.294974 | 0.244982 | 0.199200 | 0.158119 | 0.122149 | 0.091547 | 0.066366 | 0.046410 | 0.031235 | 0.020199 |
| 13.3 | 0.298746 | 0.248747 | 0.202862 | 0.161579 | 0.125314 | 0.094340 | 0.068734 | 0.048332 | 0.032725 | 0.021299 |
| 13.4 | 0.302491 | 0.252494 | 0.206515 | 0.165041 | 0.128492 | 0.097157 | 0.071135 | 0.050293 | 0.034255 | 0.022436 |
| 13.5 | 0.306210 | 0.256222 | 0.210158 | 0.168505 | 0.131684 | 0.099998 | 0.073568 | 0.052291 | 0.035823 | 0.023610 |
| 13.6 | 0.309903 | 0.259930 | 0.213791 | 0.171968 | 0.134886 | 0.102860 | 0.076032 | 0.054325 | 0.037430 | 0.024821 |
| 13.7 | 0.313569 | 0.263618 | 0.217413 | 0.175431 | 0.138099 | 0.105744 | 0.078525 | 0.056396 | 0.039075 | 0.026069 |
| 13.8 | 0.317208 | 0.267286 | 0.221023 | 0.178891 | 0.141321 | 0.108647 | 0.081048 | 0.058501 | 0.040759 | 0.027354 |
| 13.9 | 0.320821 | 0.270934 | 0.224620 | 0.182349 | 0.144551 | 0.111568 | 0.083597 | 0.060641 | 0.042479 | 0.028676 |
| 14.0 | 0.324407 | 0.274560 | 0.228205 | 0.185804 | 0.147788 | 0.114507 | 0.086174 | 0.062814 | 0.044236 | 0.030035 |
| 14.1 | 0.327966 | 0.278166 | 0.231776 | 0.189253 | 0.151030 | 0.117462 | 0.088775 | 0.065019 | 0.046030 | 0.031431 |

| A\m | 11 | 12 | 13 | 14 | 15 | 16 | 17 | 18 | 19 | 20 |
|---|---|---|---|---|---|---|---|---|---|---|
| 14.2 | 0.331498 | 0.281750 | 0.235332 | 0.192698 | 0.154278 | 0.120432 | 0.091401 | 0.067256 | 0.047859 | 0.032863 |
| 14.3 | 0.335003 | 0.285312 | 0.238874 | 0.196137 | 0.157529 | 0.123415 | 0.094050 | 0.069523 | 0.049724 | 0.034332 |
| 14.4 | 0.338482 | 0.288852 | 0.242401 | 0.199569 | 0.160782 | 0.126412 | 0.096722 | 0.071820 | 0.051622 | 0.035836 |
| 14.5 | 0.341933 | 0.292371 | 0.245912 | 0.202994 | 0.164038 | 0.129420 | 0.099414 | 0.074145 | 0.053554 | 0.037376 |
| 14.6 | 0.345358 | 0.295867 | 0.249408 | 0.206410 | 0.167295 | 0.132439 | 0.102126 | 0.076499 | 0.055520 | 0.038951 |
| 14.7 | 0.348756 | 0.299340 | 0.252887 | 0.209818 | 0.170552 | 0.135468 | 0.104857 | 0.078879 | 0.057517 | 0.040560 |
| 14.8 | 0.352128 | 0.302791 | 0.256349 | 0.213216 | 0.173809 | 0.138505 | 0.107606 | 0.081284 | 0.059546 | 0.042204 |
| 14.9 | 0.355473 | 0.306220 | 0.259794 | 0.216605 | 0.177064 | 0.141550 | 0.110371 | 0.083715 | 0.061605 | 0.043882 |
| 15.0 | 0.358792 | 0.309626 | 0.263222 | 0.219983 | 0.180316 | 0.144602 | 0.113153 | 0.086169 | 0.063695 | 0.045593 |
| 15.1 | 0.362084 | 0.313008 | 0.266632 | 0.223350 | 0.183566 | 0.147660 | 0.115949 | 0.088646 | 0.065814 | 0.047337 |
| 15.2 | 0.365350 | 0.316368 | 0.270024 | 0.226706 | 0.186812 | 0.150723 | 0.118759 | 0.091145 | 0.067961 | 0.049113 |
| 15.3 | 0.368590 | 0.319706 | 0.273398 | 0.230049 | 0.190054 | 0.153790 | 0.121582 | 0.093665 | 0.070135 | 0.050921 |
| 15.4 | 0.371803 | 0.323020 | 0.276753 | 0.233381 | 0.193291 | 0.156860 | 0.124417 | 0.096205 | 0.072336 | 0.052760 |
| 15.5 | 0.374991 | 0.326311 | 0.280090 | 0.236699 | 0.196522 | 0.159933 | 0.127263 | 0.098764 | 0.074563 | 0.054630 |
| 15.6 | 0.378153 | 0.329579 | 0.283408 | 0.240005 | 0.199747 | 0.163007 | 0.130119 | 0.101342 | 0.076815 | 0.056529 |
| 15.7 | 0.381290 | 0.332824 | 0.286707 | 0.243296 | 0.202965 | 0.166083 | 0.132985 | 0.103936 | 0.079092 | 0.058457 |
| 15.8 | 0.384401 | 0.336046 | 0.289987 | 0.246574 | 0.206176 | 0.169158 | 0.135858 | 0.106547 | 0.081391 | 0.060414 |
| 15.9 | 0.387487 | 0.339245 | 0.293248 | 0.249838 | 0.209379 | 0.172234 | 0.138740 | 0.109174 | 0.083713 | 0.062399 |
| 16.0 | 0.390547 | 0.342421 | 0.296489 | 0.253087 | 0.212573 | 0.175308 | 0.141628 | 0.111815 | 0.086057 | 0.064411 |
| 16.1 | 0.393583 | 0.345574 | 0.299710 | 0.256321 | 0.215759 | 0.178380 | 0.144521 | 0.114469 | 0.088421 | 0.066449 |
| 16.2 | 0.396594 | 0.348705 | 0.302912 | 0.259541 | 0.218935 | 0.181450 | 0.147420 | 0.117137 | 0.090805 | 0.068513 |
| 16.3 | 0.399580 | 0.351812 | 0.306095 | 0.262744 | 0.222102 | 0.184516 | 0.150324 | 0.119816 | 0.093209 | 0.070602 |
| 16.4 | 0.402542 | 0.354897 | 0.309257 | 0.265932 | 0.225258 | 0.187580 | 0.153231 | 0.122507 | 0.095631 | 0.072715 |
| 16.5 | 0.405479 | 0.357959 | 0.312400 | 0.269105 | 0.228404 | 0.190638 | 0.156141 | 0.125208 | 0.098070 | 0.074852 |
| 16.6 | 0.408393 | 0.360999 | 0.315522 | 0.272261 | 0.231539 | 0.193693 | 0.159053 | 0.127919 | 0.100526 | 0.077011 |
| 16.7 | 0.411282 | 0.364016 | 0.318625 | 0.275401 | 0.234663 | 0.196741 | 0.161966 | 0.130638 | 0.102997 | 0.079192 |
| 16.8 | 0.414148 | 0.367011 | 0.321708 | 0.278525 | 0.237775 | 0.199785 | 0.164881 | 0.133365 | 0.105484 | 0.081395 |
| 16.9 | 0.416990 | 0.369984 | 0.324771 | 0.281632 | 0.240875 | 0.202821 | 0.167796 | 0.136100 | 0.107985 | 0.083618 |
| 17.0 | 0.419809 | 0.372934 | 0.327814 | 0.284723 | 0.243963 | 0.205852 | 0.170710 | 0.138842 | 0.110500 | 0.085860 |
| 17.1 | 0.422604 | 0.375862 | 0.330837 | 0.287797 | 0.247038 | 0.208874 | 0.173624 | 0.141589 | 0.113027 | 0.088122 |
| 17.2 | 0.425377 | 0.378769 | 0.333840 | 0.290854 | 0.250101 | 0.211890 | 0.176536 | 0.144341 | 0.115566 | 0.090402 |
| 17.3 | 0.428127 | 0.381653 | 0.336823 | 0.293893 | 0.253150 | 0.214897 | 0.179446 | 0.147098 | 0.118117 | 0.092700 |
| 17.4 | 0.430854 | 0.384516 | 0.339786 | 0.296916 | 0.256186 | 0.217896 | 0.182354 | 0.149859 | 0.120678 | 0.095014 |
| 17.5 | 0.433559 | 0.387357 | 0.342729 | 0.299922 | 0.259209 | 0.220886 | 0.185258 | 0.152623 | 0.123248 | 0.097344 |
| 17.6 | 0.436241 | 0.390177 | 0.345652 | 0.302910 | 0.262218 | 0.223868 | 0.188159 | 0.155390 | 0.125828 | 0.099690 |
| 17.7 | 0.438902 | 0.392976 | 0.348556 | 0.305881 | 0.265213 | 0.226839 | 0.191056 | 0.158158 | 0.128417 | 0.102051 |
| 17.8 | 0.441541 | 0.395753 | 0.351440 | 0.308834 | 0.268194 | 0.229801 | 0.193948 | 0.160928 | 0.131013 | 0.104425 |

| A\m | 11 | 12 | 13 | 14 | 15 | 16 | 17 | 18 | 19 | 20 |
|---|---|---|---|---|---|---|---|---|---|---|
| 17.9 | 0.444158 | 0.398509 | 0.354304 | 0.311770 | 0.271161 | 0.232753 | 0.196836 | 0.163699 | 0.133616 | 0.106813 |
| 18 | 0.446754 | 0.401244 | 0.357149 | 0.314689 | 0.274114 | 0.235695 | 0.199718 | 0.166471 | 0.136225 | 0.109213 |
| 18.1 | 0.449328 | 0.403959 | 0.359973 | 0.317590 | 0.277052 | 0.238626 | 0.202594 | 0.169242 | 0.138840 | 0.111625 |
| 18.2 | 0.451882 | 0.406653 | 0.362779 | 0.320473 | 0.279975 | 0.241546 | 0.205464 | 0.172012 | 0.141461 | 0.114048 |
| 18.3 | 0.454415 | 0.409326 | 0.365565 | 0.323339 | 0.282884 | 0.244455 | 0.208328 | 0.174781 | 0.144086 | 0.116482 |
| 18.4 | 0.456927 | 0.411979 | 0.368332 | 0.326188 | 0.285777 | 0.247353 | 0.211184 | 0.177549 | 0.146715 | 0.118926 |
| 18.5 | 0.459418 | 0.414612 | 0.371079 | 0.329019 | 0.288656 | 0.250239 | 0.214034 | 0.180314 | 0.149348 | 0.121379 |
| 18.6 | 0.461890 | 0.417225 | 0.373808 | 0.331832 | 0.291520 | 0.253114 | 0.216875 | 0.183076 | 0.151983 | 0.123840 |
| 18.7 | 0.464341 | 0.419818 | 0.376517 | 0.334628 | 0.294368 | 0.255976 | 0.219709 | 0.185836 | 0.154621 | 0.126310 |
| 18.8 | 0.466772 | 0.422392 | 0.379207 | 0.337407 | 0.297201 | 0.258826 | 0.222535 | 0.188592 | 0.157261 | 0.128787 |
| 18.9 | 0.469184 | 0.424945 | 0.381879 | 0.340167 | 0.300019 | 0.261665 | 0.225352 | 0.191344 | 0.159902 | 0.131271 |
| 19 | 0.471576 | 0.427480 | 0.384531 | 0.342911 | 0.302822 | 0.264490 | 0.228161 | 0.194092 | 0.162544 | 0.133761 |
| 19.1 | 0.473949 | 0.429995 | 0.387165 | 0.345637 | 0.305609 | 0.267303 | 0.230960 | 0.196835 | 0.165186 | 0.136257 |
| 19.2 | 0.476303 | 0.432491 | 0.389781 | 0.348346 | 0.308381 | 0.270103 | 0.233751 | 0.199573 | 0.167828 | 0.138759 |
| 19.3 | 0.478638 | 0.434967 | 0.392378 | 0.351037 | 0.311137 | 0.272891 | 0.236531 | 0.202306 | 0.170469 | 0.141264 |
| 19.4 | 0.480954 | 0.437426 | 0.394956 | 0.353712 | 0.313878 | 0.275665 | 0.239302 | 0.205034 | 0.173110 | 0.143774 |
| 19.5 | 0.483252 | 0.439865 | 0.397517 | 0.356369 | 0.316603 | 0.278427 | 0.242063 | 0.207755 | 0.175749 | 0.146288 |
| 19.6 | 0.485531 | 0.442286 | 0.400059 | 0.359008 | 0.319313 | 0.281175 | 0.244814 | 0.210470 | 0.178386 | 0.148804 |
| 19.7 | 0.487792 | 0.444689 | 0.402584 | 0.361631 | 0.322007 | 0.283910 | 0.247555 | 0.213178 | 0.181021 | 0.151323 |
| 19.8 | 0.490035 | 0.447073 | 0.405090 | 0.364237 | 0.324686 | 0.286631 | 0.250285 | 0.215879 | 0.183653 | 0.153845 |
| 19.9 | 0.492261 | 0.449440 | 0.407579 | 0.366826 | 0.327349 | 0.289339 | 0.253005 | 0.218574 | 0.186282 | 0.156368 |
| 20 | 0.494468 | 0.451789 | 0.410050 | 0.369398 | 0.329997 | 0.292033 | 0.255714 | 0.221260 | 0.188908 | 0.158892 |
| 20.1 | 0.496658 | 0.454119 | 0.412504 | 0.371953 | 0.332629 | 0.294714 | 0.258411 | 0.223939 | 0.191530 | 0.161417 |
| 20.2 | 0.498831 | 0.456433 | 0.414940 | 0.374491 | 0.335246 | 0.297382 | 0.261098 | 0.226611 | 0.194148 | 0.163942 |
| 20.3 | 0.500987 | 0.458729 | 0.417359 | 0.377013 | 0.337847 | 0.300035 | 0.263773 | 0.229274 | 0.196762 | 0.166468 |
| 20.4 | 0.503125 | 0.461007 | 0.419761 | 0.379518 | 0.340433 | 0.302675 | 0.266437 | 0.231929 | 0.199371 | 0.168992 |
| 20.5 | 0.505247 | 0.463269 | 0.422146 | 0.382007 | 0.343003 | 0.305301 | 0.269090 | 0.234575 | 0.201975 | 0.171516 |
| 20.6 | 0.507353 | 0.465514 | 0.424514 | 0.384480 | 0.345558 | 0.307913 | 0.271731 | 0.237212 | 0.204574 | 0.174039 |
| 20.7 | 0.509442 | 0.467742 | 0.426865 | 0.386936 | 0.348097 | 0.310512 | 0.274360 | 0.239841 | 0.207167 | 0.176560 |
| 20.8 | 0.511514 | 0.469953 | 0.429199 | 0.389375 | 0.350621 | 0.313096 | 0.276977 | 0.242460 | 0.209755 | 0.179080 |
| 20.9 | 0.513571 | 0.472148 | 0.431517 | 0.391799 | 0.353130 | 0.315667 | 0.279583 | 0.245070 | 0.212336 | 0.181597 |
| 21 | 0.515611 | 0.474326 | 0.433819 | 0.394207 | 0.355624 | 0.318224 | 0.282176 | 0.247671 | 0.214911 | 0.184111 |
| 21.1 | 0.517636 | 0.476488 | 0.436104 | 0.396598 | 0.358103 | 0.320767 | 0.284758 | 0.250262 | 0.217480 | 0.186623 |
| 21.2 | 0.519645 | 0.478634 | 0.438373 | 0.398974 | 0.360566 | 0.323296 | 0.287327 | 0.252844 | 0.220042 | 0.189131 |
| 21.3 | 0.521638 | 0.480764 | 0.440626 | 0.401334 | 0.363015 | 0.325811 | 0.289885 | 0.255415 | 0.222597 | 0.191635 |
| 21.4 | 0.523617 | 0.482879 | 0.442864 | 0.403679 | 0.365448 | 0.328312 | 0.292430 | 0.257977 | 0.225144 | 0.194136 |
| 21.5 | 0.525580 | 0.484978 | 0.445085 | 0.406008 | 0.367867 | 0.330800 | 0.294962 | 0.260528 | 0.227685 | 0.196633 |

| A\m | 11 | 12 | 13 | 14 | 15 | 16 | 17 | 18 | 19 | 20 |
|---|---|---|---|---|---|---|---|---|---|---|
| 21.6 | 0.527528 | 0.487061 | 0.447291 | 0.408321 | 0.370270 | 0.333273 | 0.297483 | 0.263069 | 0.230217 | 0.199125 |
| 21.7 | 0.529461 | 0.489129 | 0.449482 | 0.410619 | 0.372659 | 0.335733 | 0.299991 | 0.265600 | 0.232742 | 0.201613 |
| 21.8 | 0.531380 | 0.491182 | 0.451657 | 0.412902 | 0.375033 | 0.338179 | 0.302487 | 0.268121 | 0.235259 | 0.204096 |
| 21.9 | 0.533284 | 0.493220 | 0.453816 | 0.415170 | 0.377392 | 0.340611 | 0.304970 | 0.270630 | 0.237768 | 0.206574 |
| 22 | 0.535173 | 0.495243 | 0.455961 | 0.417423 | 0.379737 | 0.343030 | 0.307441 | 0.273130 | 0.240269 | 0.209046 |

# 附表 2　爱尔兰呼损公式计算表(2)：已知 $m$ 和 $E$，求 $A$ 的计算表

| $m\backslash E$ | 0.001 | 0.002 | 0.005 | 0.010 | 0.020 | 0.030 | 0.050 | 0.070 | 0.100 | 0.200 |
|---|---|---|---|---|---|---|---|---|---|---|
| 10 | 3.092 | 3.427 | 3.961 | 4.461 | 5.084 | 5.529 | 6.216 | 6.776 | 7.511 | 9.685 |
| 11 | 3.651 | 4.022 | 4.610 | 5.160 | 5.842 | 6.328 | 7.076 | 7.687 | 8.487 | 10.857 |
| 12 | 4.231 | 4.637 | 5.279 | 5.876 | 6.615 | 7.141 | 7.950 | 8.610 | 9.474 | 12.036 |
| 13 | 4.831 | 5.270 | 5.964 | 6.607 | 7.402 | 7.967 | 8.835 | 9.543 | 10.470 | 13.222 |
| 14 | 5.446 | 5.919 | 6.663 | 7.352 | 8.200 | 8.803 | 9.730 | 10.485 | 11.473 | 14.413 |
| 15 | 6.077 | 6.582 | 7.376 | 8.108 | 9.010 | 9.650 | 10.633 | 11.434 | 12.484 | 15.608 |
| 16 | 6.722 | 7.258 | 8.100 | 9.875 | 9.828 | 10.505 | 11.544 | 12.390 | 13.500 | 16.807 |
| 17 | 7.373 | 7.946 | 9.834 | 9.652 | 10.656 | 11.368 | 12.461 | 13.353 | 14.522 | 18.010 |
| 18 | 8.046 | 8.644 | 9.578 | 10.427 | 11.491 | 12.238 | 13.385 | 14.321 | 15.548 | 19.216 |
| 19 | 8.724 | 9.351 | 10.331 | 11.230 | 12.333 | 13.115 | 14.315 | 15.294 | 16.579 | 20.424 |
| 20 | 9.411 | 10.068 | 11.092 | 12.031 | 13.182 | 13.997 | 15.249 | 16.271 | 17.613 | 21.635 |
| 21 | 10.108 | 10.793 | 11.860 | 12.838 | 14.036 | 14.884 | 16.189 | 17.253 | 18.651 | 22.848 |
| 22 | 10.812 | 11.525 | 12.635 | 13.651 | 14.896 | 15.778 | 17.132 | 18.238 | 19.692 | 24.064 |
| 23 | 11.524 | 12.265 | 13.416 | 14.470 | 15.761 | 16.675 | 18.080 | 19.227 | 20.737 | 25.281 |
| 24 | 12.243 | 13.011 | 14.204 | 15.295 | 16.631 | 17.577 | 19.031 | 20.219 | 21.784 | 26.499 |
| 25 | 12.969 | 13.763 | 14.997 | 16.125 | 17.505 | 18.483 | 19.985 | 21.215 | 22.833 | 27.720 |
| 26 | 13.701 | 14.522 | 15.795 | 16.959 | 18.383 | 19.392 | 20.943 | 22.212 | 23.885 | 28.941 |
| 27 | 14.439 | 15.285 | 16.598 | 17.797 | 19.265 | 20.305 | 21.904 | 23.213 | 24.930 | 30.164 |
| 28 | 15.182 | 16.054 | 17.406 | 18.640 | 20.150 | 21.221 | 22.867 | 24.216 | 25.995 | 31.388 |
| 29 | 15.930 | 16.828 | 18.218 | 19.487 | 21.039 | 22.140 | 23.833 | 25.221 | 27.053 | 32.614 |
| 30 | 16.684 | 17.606 | 19.034 | 20.337 | 21.932 | 23.062 | 24.802 | 26.228 | 28.113 | 33.840 |
| 31 | 17.442 | 18.389 | 19.854 | 21.191 | 22.827 | 23.987 | 25.773 | 27.238 | 29.174 | 35.067 |
| 32 | 18.205 | 19.176 | 20.678 | 22.048 | 23.725 | 24.914 | 26.746 | 28.249 | 30.237 | 36.295 |
| 33 | 19.972 | 19.966 | 21.505 | 22.909 | 24.626 | 25.844 | 27.721 | 29.262 | 31.301 | 37.524 |
| 34 | 19.743 | 20.761 | 22.336 | 23.772 | 25.529 | 26.776 | 28.698 | 30.277 | 32.367 | 38.754 |
| 35 | 20.517 | 21.559 | 23.169 | 24.638 | 26.435 | 27.711 | 29.677 | 31.293 | 33.434 | 39.985 |
| 36 | 21.296 | 22.361 | 24.006 | 25.507 | 27.343 | 28.647 | 30.657 | 32.311 | 34.503 | 41.216 |
| 37 | 22.078 | 23.166 | 24.846 | 26.378 | 28.254 | 29.585 | 31.640 | 33.330 | 35.572 | 42.448 |
| 38 | 22.864 | 23.974 | 25.689 | 27.252 | 29.166 | 30.526 | 32.624 | 34.351 | 36.643 | 43.680 |
| 39 | 23.652 | 24.785 | 26.534 | 28.129 | 30.081 | 31.468 | 33.609 | 35.373 | 37.715 | 44.913 |
| 40 | 24.444 | 25.599 | 27.382 | 29.007 | 30.997 | 32.412 | 34.596 | 36.396 | 38.787 | 46.147 |
| 41 | 25.239 | 26.416 | 28.232 | 29.888 | 31.916 | 33.357 | 35.421 | 35.584 | 39.861 | 47.381 |
| 42 | 26.037 | 27.235 | 29.085 | 30.771 | 32.836 | 34.305 | 36.574 | 38.446 | 40.936 | 48.616 |
| 43 | 26.837 | 28.057 | 29.940 | 31.656 | 33.758 | 35.253 | 37.565 | 39.473 | 42.011 | 49.851 |
| 44 | 27.641 | 28.882 | 30.797 | 32.543 | 34.682 | 36.203 | 38.557 | 40.501 | 43.088 | 51.086 |

续表

| $m \backslash E$ | 0.001 | 0.002 | 0.005 | 0.010 | 0.020 | 0.030 | 0.050 | 0.070 | 0.100 | 0.200 |
|---|---|---|---|---|---|---|---|---|---|---|
| 45 | 28.447 | 29.708 | 31.656 | 33.432 | 35.607 | 37.155 | 39.550 | 41.529 | 44.165 | 52.322 |
| 46 | 29.255 | 30.538 | 32.517 | 34.322 | 36.534 | 38.108 | 40.545 | 42.559 | 45.243 | 53.559 |
| 47 | 30.066 | 31.369 | 33.381 | 35.215 | 37.462 | 39.062 | 41.540 | 43.590 | 46.322 | 54.796 |
| 48 | 30.879 | 32.203 | 34.246 | 36.109 | 38.392 | 40.018 | 42.537 | 44.621 | 47.401 | 56.033 |
| 49 | 31.694 | 33.039 | 35.113 | 37.004 | 39.323 | 40.975 | 43.534 | 45.654 | 48.481 | 57.270 |
| 50 | 32.512 | 33.876 | 35.982 | 37.901 | 40.255 | 41.933 | 44.533 | 46.687 | 49.562 | 58.508 |
| 51 | 33.33 | 34.72 | 36.85 | 38.80 | 41.19 | 42.89 | 45.53 | 47.72 | 50.64 | 59.75 |
| 52 | 34.15 | 35.56 | 37.72 | 39.70 | 42.12 | 43.85 | 46.53 | 48.76 | 51.73 | 60.98 |
| 53 | 34.98 | 36.40 | 38.60 | 40.60 | 43.06 | 44.81 | 47.53 | 49.79 | 52.81 | 62.22 |
| 54 | 35.80 | 37.25 | 39.74 | 41.50 | 44.00 | 45.78 | 48.54 | 50.83 | 53.89 | 63.46 |
| 55 | 36.63 | 38.09 | 40.35 | 42.41 | 44.94 | 46.74 | 49.54 | 51.86 | 54.98 | 64.70 |
| 56 | 37.46 | 38.94 | 41.23 | 43.31 | 45.88 | 47.70 | 50.554 | 52.90 | 56.06 | 65.94 |
| 57 | 38.29 | 39.79 | 42.11 | 44.22 | 46.82 | 48.67 | 51.55 | 53.94 | 5.14 | 67.18 |
| 58 | 39.12 | 40.64 | 42.99 | 45.13 | 47.76 | 49.63 | 52.55 | 54.98 | 58.23 | 68.42 |
| 59 | 39.96 | 41.50 | 43.87 | 46.04 | 48.70 | 50.60 | 53.56 | 56.02 | 59.32 | 69.66 |
| 60 | 40.79 | 42.35 | 44.76 | 46.95 | 49.64 | 51.57 | 54.57 | 57.06 | 60.40 | 0.90 |
| 61 | 41.63 | 43.21 | 45.64 | 47.86 | 50.59 | 52.54 | 55.57 | 58.10 | 61.49 | 72.14 |
| 62 | 42.37 | 44.07 | 46.53 | 48.77 | 51.53 | 53.51 | 56.58 | 59.14 | 62.58 | 73.38 |
| 63 | 43.31 | 44.93 | 47.42 | 49.69 | 52.48 | 54.48 | 57.59 | 60.18 | 68.66 | 74.63 |
| 64 | 44.16 | 45.79 | 48.30 | 50.60 | 53.43 | 55.45 | 58.60 | 61.22 | 64.75 | 75.87 |
| 65 | 45.00 | 46.65 | 49.19 | 51.52 | 54.38 | 56.42 | 59.01 | 62.27 | 65.84 | 77.11 |
| 66 | 45.84 | 47.51 | 50.09 | 52.44 | 55.33 | 57.39 | 60.62 | 63.31 | 66.93 | 78.35 |
| 67 | 46.69 | 48.38 | 50.98 | 53.35 | 56.27 | 58.37 | 61.63 | 64.35 | 68.02 | 79.50 |
| 68 | 47.54 | 49.24 | 51.87 | 54.27 | 57.23 | 59.34 | 62.64 | 65.40 | 69.11 | 80.83 |
| 69 | 48.39 | 50.11 | 52.77 | 55.19 | 58.18 | 60.32 | 63.65 | 66.44 | 70.20 | 82.08 |
| 70 | 49.24 | 50.98 | 53.66 | 56.11 | 59.13 | 31.67 | 64.67 | 67.49 | 71.29 | 83.32 |
| 71 | 50.09 | 51.85 | 54.56 | 57.03 | 60.08 | 62.27 | 65.68 | 68.53 | 72.38 | 84.56 |
| 72 | 50.94 | 52.72 | 55.46 | 57.96 | 61.04 | 63.24 | 66.69 | 69.58 | 73.47 | 85.80 |
| 73 | 51.80 | 53.59 | 56.35 | 58.88 | 61.99 | 64.22 | 67.71 | 70.62 | 74.56 | 87.05 |
| 74 | 52.65 | 54.46 | 57.25 | 59.80 | 62.94 | 65.20 | 68.72 | 71.67 | 75.65 | 88.29 |
| 75 | 53.51 | 55.34 | 58.15 | 60.73 | 63.90 | 66.18 | 69.74 | 72.72 | 76.74 | 89.53 |
| 76 | 54.37 | 56.21 | 59.05 | 64.65 | 64.86 | 67.16 | 80.75 | 73.77 | 77.83 | 90.78 |
| 77 | 55.23 | 57.09 | 59.96 | 62.58 | 65.81 | 68.14 | 71.77 | 74.81 | 78.93 | 92.02 |
| 78 | 56.09 | 57.96 | 60.86 | 63.51 | 66.77 | 69.12 | 72.79 | 75.86 | 80.02 | 93.26 |
| 79 | 56.95 | 58.84 | 61.76 | 64.43 | 67.73 | 70.10 | 73.80 | 76.91 | 81.11 | 94.51 |
| 80 | 57.81 | 59.72 | 62.67 | 65.36 | 68.69 | 71.08 | 74.82 | 77.96 | 82.20 | 95.75 |
| 81 | 58.67 | 60.60 | 63.57 | 66.29 | 69.65 | 72.06 | 75.84 | 79.01 | 83.30 | 96.99 |

续表

| $m\backslash E$ | 0.001 | 0.002 | 0.005 | 0.010 | 0.020 | 0.030 | 0.050 | 0.070 | 0.100 | 0.200 |
|---|---|---|---|---|---|---|---|---|---|---|
| 82 | 59.54 | 61.84 | 64.48 | 67.22 | 70.61 | 73.04 | 76.86 | 80.06 | 84.39 | 98.24 |
| 83 | 60.40 | 62.36 | 65.39 | 68.15 | 71.57 | 74.02 | 77.87 | 81.11 | 85.48 | 99.48 |
| 84 | 61.27 | 63.24 | 66.29 | 69.08 | 72.53 | 75.01 | 78.89 | 82.16 | 86.58 | 100.73 |
| 85 | 62.14 | 64.13 | 67.20 | 70.02 | 73.49 | 75.99 | 79.91 | 83.21 | 87.67 | 101.97 |
| 86 | 63.00 | 65.01 | 68.11 | 70.95 | 74.45 | 76.97 | 80.93 | 84.26 | 88.77 | 103.21 |
| 87 | 93.87 | 65.90 | 69.02 | 71.88 | 75.42 | 77.96 | 81.95 | 85.31 | 89.86 | 104.46 |
| 88 | 64.74 | 66.78 | 69.93 | 72.81 | 76.38 | 78394 | 82.97 | 86.36 | 90.96 | 105.70 |
| 89 | 65.61 | 67.67 | 70.84 | 73.75 | 77.34 | 79.93 | 93.99 | 87.41 | 92.05 | 106.95 |
| 90 | 66.48 | 68.56 | 71.76 | 74.68 | 78.31 | 80.91 | 85.01 | 88.46 | 93.15 | 108.19 |
| 91 | 67.36 | 69.44 | 72.67 | 75.62 | 79.27 | 81.90 | 86.40 | 89.52 | 94.24 | 109.44 |
| 92 | 68.23 | 70.33 | 73.58 | 76.56 | 80.24 | 82.89 | 87.06 | 90.57 | 95.34 | 110.68 |
| 93 | 69.10 | 71.22 | 74.50 | 77.49 | 81.20 | 83.87 | 88.08 | 91.62 | 96.43 | 111.93 |
| 94 | 69.98 | 72.11 | 75.41 | 78.43 | 82.17 | 84.86 | 89.10 | 92.67 | 97.53 | 113.17 |
| 95 | 70.85 | 73.00 | 76.32 | 79.37 | 83.13 | 85.85 | 90.12 | 93.73 | 98.66 | 114.42 |
| 96 | 71.73 | 73.90 | 77.24 | 80.31 | 84.10 | 86.84 | 91.15 | 94.78 | 99.72 | 115.66 |
| 97 | 72.61 | 74.79 | 78.16 | 81.24 | 85.07 | 87.83 | 92.17 | 95.83 | 100.82 | 116.91 |
| 98 | 73.48 | 75.68 | 79.07 | 82.18 | 86.06 | 88.82 | 93.19 | 96.89 | 101.92 | 118.15 |
| 99 | 74.36 | 76.57 | 79.99 | 83.12 | 87.00 | 89.80 | 94.22 | 97.94 | 103.01 | 119.40 |
| 100 | 75.24 | 77.47 | 80.91 | 84.06 | 87.97 | 90.79 | 95.24 | 98.99 | 104.11 | 120.64 |